DE

LA COSMOGONIE

DE

MOISE,

COMPARÉE AUX FAITS GÉOLOGIQUES.

Par Marcel de SERRES,

CONSEILLER ET PROFESSEUR DE MINÉRALOGIE ET DE GÉOLOGIE

À LA FACULTÉ DES SCIENCES DE MONTPELLIER.

> Élevé dans toute la science des Égyptiens, mais supérieur à son siècle, Moïse nous a laissé une cosmogonie dont l'exactitude se vérifie chaque jour d'une manière admirable. Les observations géologiques récentes s'accordent parfaitement avec la Genèse, sur l'ordre dans lequel ont été successivement créés tous les êtres organisés.
>
> (Cuvier, discours sur les révolutions du globe.)

PARIS.

LAGNY FRÈRES, LIBRAIRES,

RUE BOURBON LE CHATEAU, N. 1.

STRASBOURG.		NANCY.
DERIVAUX, LIBRAIRE.		CONTY, LIBRAIRE.

1838

DE LA COSMOGONIE

DE

MOÏSE.

DE LA COSMOGONIE DE MOÏSE,

COMPARÉE AUX FAITS GÉOLOGIQUES,

Par Marcel de SERRES,

CONSEILLER ET PROFESSEUR DE MINÉRALOGIE ET DE GÉOLOGIE

A LA FACULTÉ DES SCIENCES DE MONTPELLIER.

> Élevé dans toute la science des Égyptiens, mais supérieur à son siècle, Moïse nous a laissé une cosmogonie dont l'exactitude se vérifie chaque jour d'une manière admirable. Les observations géologiques récentes s'accordent parfaitement avec la Genèse, sur l'ordre dans lequel ont été successivement créés tous les êtres organisés.
>
> (Cuvier, *discours sur les revolutions du globe.*)

PARIS.

LAGNY FRÈRES, LIBRAIRES,
RUE BOURBON LE CHATEAU, N. 1.

STRASBOURG.	NANCY.
DERIVAUX, LIBRAIRE.	CONTY, LIBRAIRE.

1838

TABLE DES MATIÈRES.

DES ÉDITEURS.

L'ouvrage que nous publions aujourd'hui est composé depuis plusieurs années ; des circonstances indépendantes de la volonté de son auteur, ont empêché qu'il fût plus tôt livré au public.

Ce long retard a donné à l'auteur l'occasion d'en faire la matière de plusieurs leçons ; il a vu avec plaisir ce sujet inspirer un intérêt véritable aux personnes éclairées qui suivent les cours de la faculté des sciences de Montpellier. Ce retard a encore procuré une plus grande satisfaction à M. Marcel de SERRES ; c'est l'accord qu'il a cru remarquer entre l'ouvrage que vient de publier M. Buckland, et celui qu'il soumet maintenant au jugement et à l'attention des hommes instruits.

En effet, dans le Traité de minéralogie et de géologie, considérées dans leurs rapports avec la théologie naturelle, M. Buckland a consacré un chapitre à l'examen de la question de savoir, si le récit de Moïse s'accorde avec les faits géologiques. Sans hésitation, l'auteur nous démontre qu'il existe un accord remarquable entre les faits naturels et ceux qui nous ont été transmis par l'écrivain sacré.

Du reste, ainsi que le fait observer l'illustre géologue anglais, la question qu'il s'agit d'examiner n'est pas relative à l'exactitude de ce récit, mais à notre manière de l'interpréter. L'objet de Moïse n'a pas été de nous apprendre comment, mais par qui le monde a été créé. En nous donnant une idée de la création, son but a été d'empêcher les hommes enclins à l'idolâtrie, d'adorer les objets les plus brillants de la nature, le soleil, la lune et les étoiles. Aussi, le législateur des Hébreux s'est attaché à leur persuader que, loin d'être des dieux, ces astres, comme les autres objets de la nature, avaient été créés par un être éternel, infini et tout-puissant.

Cet aperçu peut faire juger l'accord qui règne entre les deux géologues; il est même si grand, que l'on pourrait croire qu'ils se sont communiqué leurs pensées, si la distance qui les sépare, et le long espace de temps qui s'est écoulé depuis que le géologue de Montpellier avait confié son manuscrit à un des plus savants professeurs de Paris, ne démontrait positivement le contraire.

Une pareille harmonie dans les idées et dans les expressions des deux écrivains est à la fois une preuve de la justesse de leurs observations, aussi bien que de la vérité d'un livre qui mérite nos respects, autant par sa grande ancienneté, que par les faits qui y sont consignés, et dont la science de nos jours vient enfin de reconnaître l'exactitude.

L'ouvrage du géologue anglais a obtenu un succès prodigieux. Deux éditions de 5,000 exemplaires chacune ont été épuisées avant d'être sorties des mains des imprimeurs. Un pareil succès peut-il nous en faire espérer un semblable pour celui du géologue français ? nous n'osons nous en flatter ; mais ne devons-nous pas avoir quelque confiance dans l'esprit religieux qui s'est manifesté récemment parmi nous, et dans l'ardent amour de la vérité, qui dirige maintenant les recherches et les travaux des hommes éclairés ?

AVANT-PROPOS.

Le caractère sérieux du siècle auquel nous appartenons, et la tendance religieuse qui s'est récemment manifestée dans toutes les classes de la société, doit nous faire espérer que l'on nous saura quelque gré d'avoir entrepris un travail en harmonie avec ces idées. Aussi croyons-nous que, dans son examen, on songera moins à l'écrivain qu'à l'objet important de son travail. Ce sujet est assez grave pour mériter une sérieuse attention et attirer les réflexions des hommes éclairés.

Nous espérons également que les hommes même les plus religieux ne liront pas avec méfiance les observations auxquelles nous nous sommes livré ; car l'étude des phénomènes naturels conduit nécessairement à la connaissance de quelques-uns des plus nobles attributs de la divinité, et à la manifestation de sa toute puissance. Ces hommes ne repousseront pas, sans doute, des recherches faites avec scrupule et conscience, dans le but unique de la vérité. Ils ne verront peut-être pas non plus, sans quelque intérêt, les recherches géologiques en cela d'accord avec l'Écriture, nous conduire à penser que l'ère de la création de l'univers est bien antérieure à celle du genre humain, dont l'apparition remonte à peine au-delà de sept mille ans. Il y a plus encore ; d'après ces recherches comme d'après la Genèse, la création de l'homme aurait été précédée par l'apparition d'un grand nombre de végétaux et d'animaux qui tour à tour ont successivement brillé et disparu de dessus la surface de la terre. Oui, nous le disons hautement, la géologie comme toutes les autres sciences, lorsqu'elles sont bien comprises, devient un puissant et fort auxiliaire de la révélation ; car si elle est la vérité, les sciences ne peuvent se trouver en opposition avec elle.

Ceux donc qui considèrent la Bible comme la parole de Dieu ont tort de craindre que l'observation des phénomènes naturels, dont l'origine comme celle de la révélation dérive de Dieu même, puisse amener à des conséquences contraires à la vérité, dont cette révélation n'est qu'une émanation. Les persécuteurs de Galilée ne seraient-ils pas maintenant tout au moins humiliés de voir les découvertes de ce grand homme, où ils appréhendaient quelque danger pour la religion, être devenues, comme les travaux de Kepler et de Newton, une des plus fortes preuves des plus sublimes et des plus nobles attributs du créateur.

Si notre travail consacré à prouver que les phénomènes naturels s'accordent avec le récit de la création, est entaché de quelques inexactitudes, ces inexactitudes ne peuvent qu'être infiniment légères, d'après toutes les précautions que nous avons prises pour les éviter, et les hommes habiles que nous avons consultés. C'est aussi avec une pleine conviction que nous avons pris la plume, non pour défendre un livre qui n'a pas besoin de notre soutien, mais pour démontrer aux hommes, qui n'ont pas le loisir de cultiver une science encore à son berceau, que ses découvertes sont loin d'être en opposition avec les faits qui s'y trouvent consignés. Ce but nous a puissamment encouragé, et puissions-nous avoir été assez heureux pour l'avoir atteint.

Nous ne pouvons terminer ces premières lignes sans prévenir le lecteur de tous les avantages que nous a fournis la lecture de la nouvelle traduction de la Bible de M. de Genoude et celle de M. Cahen, dont les notes nous ont été si utiles. Ces notes ont eu pour nous, non seulement l'avantage d'éclaircir les doutes que nous nous étions formés sur divers passages de la Genèse; mais surtout celui de nous amener à une interprétation plus exacte du texte hébreu que nous avions tant d'intérêt à bien comprendre. Puissent ces deux hommes distingués agréer l'expression de la gratitude que nous leur devons, et sentir que si notre travail a quelque mérite, ils doivent en partie se l'attribuer.

INTRODUCTION.

A mesure que les sciences s'étendent et se per-
fectionnent, elles doivent porter leurs regards
aussi bien sur les faits sensibles et physiques
que sur les vérités que peuvent renfermer les
ouvrages de l'antiquité. Parmi les œuvres des premiers temps et que les siècles n'ont point anéanties, il est un livre surtout qui doit à tous égards
fixer l'attention des hommes éclairés. La haute
science dont il est empreint, le style sublime avec
lequel il est écrit, ont trop constamment excité
l'étonnement et l'admiration des âges passés,
pour ne pas mériter un sérieux et profond examen, de la part de ceux qui cherchent et pour-
suivent avec ardeur la connaissance de la vérité.

Cette admiration et cet étonnement auraient
été sans doute plus grands encore, si la Genése
avait été considérée sous les rapports qu'elle parait

avoir avec les faits géologiques. En effet, l'accord
que l'on remarque entre le récit qu'elle nous donne
de la création et ces mêmes faits, est si frappant,
que l'on dirait que la première page du premier
des livres, n'est en quelque sorte que le résumé
des observations scientifiques les plus récentes(1).
C'est là une vérité trop long-temps méconnue,
mais que le plus grand des naturalistes modernes,
Cuvier, a fait sentir bien avant nous, avec cette
profondeur de talent qu'il a portée dans tous ses
travaux. La science oblige seulement à considé-

(1) La Genèse que l'on attribue avec raison à Moïse est
le plus ancien livre connu ; car la naissance de Moïse remonte, à ce qu'il paraît, à plus de 35 siècles, c'est-à-dire,
à l'an 3562 avant les temps actuels. Il n'est aucun écrivain
connu, dont les ouvrages remontent à une si haute antiquité.
Enfin, il n'est pas moins certain que du temps de Moïse il
n'y avait pas encore de grand empire en Asie, et que la civilisation d'aucune nation ne remonte guère à plus de 4000
ans avant l'époque actuelle. Les plus anciennes colonies
d'Égypte ou de Phénicie qui ont arraché la Grèce à l'état
sauvage, remontent à peu près à la même époque. La bar-
barie et l'ignorance de tous les peuples des bords de la Méditerranée attestent également la nouveauté de leurs établissements, et cette nouveauté confirme la grande catastrophe
qui a renouvelé le genre humain, il y a au moins 5000 ans.
Ainsi la vérité du récit de Moïse, qui nous a transmis le souvenir de ce grand événement, est à la fois prouvée par les
nombreux phénomènes du globe, par l'examen de quelques-
unes de ses parties, par les traditions des peuples, et par les
monuments irrécusables de leur civilisation.

rer comme des époques indéterminées et dont
rien ne peut nous permettre de fixer ni la date
ni la durée, ce que l'on a long-temps nommé
les jours de la création. C'est la seule modification que les observations de la science nous for-
cent à faire au sens ordinaire et le plus généralement adopté au texte hébreu ; heureusement
ce récit considéré dans son ensemble, et ce texte
envisagé en lui-même, se prêtent parfaitement
à ce mode d'interprétation. En effet, plus on
approfondit cette interprétation, plus on lui
trouve de justesse, soit que l'on y arrive par l'é-
tude des différents phénomènes qui se sont succédés pendant les sept époques de la création, soit
que l'on y parvienne par l'étude unique du texte
hébreu, preuve évidente que la vérité est une, et
qu'une fois aperçue, tous les moyens y conduisent également.

La science qui, à son berceau, cherchait, par
suite d'une fausse philosophie, des armes pour
combattre ce que le commun des hommes a constamment respecté, doit donc proclamer hautement
les conséquences auxquelles l'ont conduite les observations les plus consciencieuses et les plus positives. En effet, consultons à la fois les livres saints,
les observations géologiques et les faits dont les
entrailles de la terre nous ont conservé le souvenir, et nous serons convaincus que la terre a été

long-temps privée d'êtres vivants, et qu'à l'apparition de ces êtres, leurs générations s'y sont succédé en raison inverse de la complication de leur organisation. L'homme, le plus parfait des êtres au physique comme au moral, a donc dû venir le dernier sur cette terre, et couronner ainsi en quelque sorte, l'œuvre du créateur. C'est aussi ce que nous apprennent les livres saints et les couches terrestres les plus récemment déposées.

Tel est l'ordre de la création que Moïse nous a révélé; tel est aussi celui que la science moderne, cette géologie, dont le nom n'existait pas, il y a un demi-siècle, nous a forcé de reconnaître depuis qu'elle a étudié les diverses couches terrestres. Dans le sein de ces couches sont ensevelies ces antiques générations, ces races éteintes, preuves irrécusables des grandes et diverses modifications que notre globe a successivement éprouvées, modifications qui ont précédé ou suivi chaque ordre et chaque système de création.

La science marche donc d'accord avec la religion, et ce résultat peut être considéré comme le plus heureux et le plus digne des efforts des hommes civilisés. C'est vers ce but que doivent tendre nos recherches scientifiques. Pour l'atteindre, nous avons comparé le récit de Moïse avec les faits géologiques, afin que chacun puisse juger de leur concordance avec ce même récit, et par conséquent apprécier les documents qu'il nous a transmis; si l'on veut donner à notre travail une sérieuse attention, on sera probablement convaincu avec nous de l'exactitude d'une cosmogonie, qui a frappé également l'illustre Cuvier, et qui lui a fait dire que toutes les observations géologiques en confirment pleinement la vérité.

On aurait du reste une bien imparfaite idée de la Bible, si l'on supposait qu'elle ne s'accorde qu'avec les faits géologiques. Les progrès de la physique, de l'histoire naturelle, de l'archéologie et de l'histoire, sont venus appuyer de leur imposante autorité, ce qu'elle nous apprend touchant les faits physiques ou les documents historiques. Il y a plus encore, les découvertes des voyageurs modernes ont confirmé les faits dont elle nous a transmis le souvenir, et ont démontré de la manière la plus incontestable qu'ils s'accordent avec ce que nous apprennent les monuments de l'antiquité.

N'est-ce pas à l'aide des renseignements précieux que fournit la Bible, que M. Léon de Laborde a pu parcourir tout récemment l'Arabie avec fruit. Les renseignements que donne l'Écriture sur cette contrée sont surtout remarquables par leur justesse, lorsqu'on veut remonter à une époque reculée de l'histoire de ce pays.

L'Écriture nous fait connaître les peuples et

les divers territoires de l'Arabie, avec une plus grande exactitude que les auteurs et les voyageurs les plus modernes, ainsi que le fait observer l'écrivain que nous venons de citer. Ce qui doit surtout nous surprendre, l'emplacement fixé par la Bible aux différentes peuplades arabes, se rapporte assez exactement à la division des territoires qu'ont adoptée de nos jours les diverses tribus.

Les importants travaux de M. Champollion le jeune, et particulièrement ceux que nous lui devons sur l'ancienne Égypte, ont également confirmé et appuyé de leur autorité la vérité et l'exactitude des événements racontés par les livres saints et qui se rattachent à l'histoire de ce pays. La découverte faite par cet illustre savant des traits du roi Roboam, petit-fils de David, sur les monuments de l'Égypte, et ceux du roi Sésac, figurés sur les mêmes monuments, est venue fournir en quelque sorte une vérification de l'Écriture. Ce Sésac n'est autre que ce Pharaon cité par la Bible et dont, d'après les traditions qu'elle nous a transmises, Dieu se serait servi pour châtier l'impiété de Roboam. Ce Pharaon n'est pas cependant ce prince puissant, dans lequel Newton et Bossuet étaient portés à reconnaître le grand Sésostris ; car ce monarque vivait à une époque bien plus ancienne que le Sésac, vainqueur de Roboam. Tout, dans cette réprésentation du roi vainqueur et du roi vaincu, dont la figure juive annonce assez le pays qui l'a vu naître, ce roi de Juda ici tenu enchaîné par Sésac, ce conquérant qui, d'après l'Écriture, s'empara du royaume des fils courageux de Jacob, tout confirme cette tradition et s'accorde avec ce qu'elle nous apprend de ces grands événements.

Ces monuments détruisent donc l'assertion de Volney, qui voulait que le Pentateuque fût moderne, et eût été rédigé seulement après la captivité des Juifs à Babylone. Les monuments de l'ancienne Égypte, bien antérieurs à cette captivité, ne peuvent nous tromper, et ils nous apprennent évidemment le contraire.

Après ces travaux, nous devrions sans doute parler de ceux de Wilkinson sur l'Égypte, de Robert-Ker-Porter sur Babylone, et de Paravey sur les livres écrits aussi en hiéroglyphes conservés à la Chine, et qui ont ouvert des voies nouvelles et jusqu'à présent inconnues, aux recherches et aux labeurs des archéologues ; mais leur examen nous entraînerait beaucoup trop loin. Nous dirons seulement qu'à l'aide de ces livres, qu'on ne peut bien apprécier que dans l'idiome du pays, on est parvenu à démontrer que la Chronologie égyptienne, la seule authentique et réelle, est celle d'Ératosthène et non celle de Manethon qu'ont suivie cependant Champollion et quelques autres savants. Cette chronologie est en parfaite harmonie avec les listes données par Ératosthène et avec celle des livres saints qui se retrouvent mot à mot dans les prétendues listes regardées à tort comme celles des souverains du céleste empire.

L'aperçu que nous venons de tracer, quoique étranger en apparence, au plan de notre travail, suffira sans doute, pour prouver que si la Genèse concorde parfaitement avec les faits géologiques nouvellement observés, le reste de l'Écriture Sainte est également d'accord avec les nouvelles découvertes dues aux pénibles et laborieuses recherches de nos historiens et de nos archéologues. Un livre qui s'harmonise si bien avec les faits physiques qui ne peuvent nous tromper, ne saurait être démenti par les monuments et les traditions des hommes, dont il est la première comme la plus fidèle expression. La Genèse, où des hommes pieux vont constamment puiser des sujets de méditation pour raffermir leur foi, mérite donc d'être étudiée sous des rapports nouveaux. Puisse notre travail attirer l'attention des hommes sérieux sur un livre qui contient des vérités si sublimes, et qui offre aux recherches des savants un champ si vaste et pourtant si peu exploré.

De la Cosmogonie

DE MOÏSE,

COMPARÉE AUX FAITS GÉOLOGIQUES.

On a tant écrit sur la Cosmogonie de Moïse, qu'il semble difficile d'ajouter quelque chose aux observations qui ont été faites sur le livre le plus ancien dont l'Occident soit en possession. En effet, la Genèse remonte à plus de 3562 ans, et l'on sait que la chronologie d'aucun des peuples de l'Occident et même de l'Orient ne s'étend par un fil continu à plus de trois mille ans, avant les temps actuels (1). Aucun d'eux ne nous offre, du

---

(1) Tout en convenant que la Bible est le plus ancien des livres que nous possédons, certains écrivains ont voulu faire admettre qu'il existait des monuments d'une plus haute antiquité. Ils ont cité comme une preuve de la vérité de leur assertion, ceux que l'on découvre de toutes parts sur le sol de l'Égypte.

Ces monuments ont été, comme on le sait, l'objet principal

moins avant cette époque, ni même deux ou trois siècles plus tard, une suite de faits liés ensemble, avec quelque vraisemblance et quelque certitude.

Aussi, les premiers qui ont étudié les livres que nous sommes en droit d'attribuer à Moïse, pénétrés de leurs beautés qu'ils ont d'ailleurs considérées comme inspirées, leur ont accordé un respect éminemment religieux. Les livres sacrés ont été considérés par eux comme la vérité même,

---

des recherches de Champollion, et voici quel en a été le résultat. « D'après les dates certaines que portent tous les mo-
» numents existant en Égypte, et sur lesquels doit désor-
» mais se fonder la chronologie égyptienne, aucun d'eux,
» dit Champollion (lettre à M. Wiseman), n'est nullement
» antérieur à 2200 ans avant notre ère. » C'est certainement une très haute antiquité. Elle n'est pourtant antérieure
que de 475 ans à celle de la Bible qui remonte à 3562 ans
avant l'époque actuelle ou à 1725 ans avant l'ère chrétienne.

Cet habile antiquaire observe, en outre, « qu'en adop-
» tant la chronologie et la succession des rois donnés par les
» monuments égyptiens, l'histoire égyptienne concorde par-
» faitement avec les livres saints. Ainsi, par exemple,
» Abraham arriva en Égypte vers 1900, c'est-à-dire, sous
» les rois pasteurs ; des rois de race égyptienne n'auraient
» pas permis à un étranger d'entrer dans leur pays. C'est
» également sous un roi pasteur, que Joseph fut ministre en
» Égypte et y établit ses frères, ce qui n'eût pu avoir lieu,
» sous des rois de race égyptienne. Le chef de la dynastie
» dite des Diospolitains, considérée comme la XVIIIe, est le
» *rex novus qui ignorabat Joseph* de l'écriture sainte, lequel
» étant de race égyptienne, ne devait point connaître Joseph

à laquelle on ne doit rien ajouter ni rien retrancher. De pareilles idées n'ont point été partagées
par la plupart des philosophes des temps modernes, et surtout par ceux du siècle qui vient de
finir. Ceux-ci portant dans toutes les discussions
cet esprit de scepticisme qui les animait n'ont
voulu voir dans le récit du législateur des Hébreux, que des idées incohérentes, en contradic-

---

» ministre des rois usurpateurs ; c'est celui qui réduisit les
» Hébreux en esclavage.

« La captivité dura autant que la XVIIIe dynastie, et
» ce fut sous Ramsès V dit Aménophis, au commencement
» du quinzième siècle que Moïse délivra les Hébreux. Ceci
» se passait dans l'adolescence de Sésostris qui succéda im-
» médiatement à son père, et fit ses conquêtes en Asie, pen-
» dant que Moïse et Israël erraient durant quarante ans
» dans le désert. C'est pour cela que les livres saints ne doi-
» vent point parler de ce grand conquérant. Tous les autres
» rois d'Égypte nommés dans la Bible se retrouvent sur les
» monuments égyptiens, dans le même ordre de succession
» et aux époques précises où les livres saints les placent. La
» Bible en écrit mieux les véritables noms, que ne l'ont fait
» les historiens grecs.

Enfin Champollion finit par dire, « qu'il est curieux de
» savoir ce qu'auront à répondre ceux qui ont malicieu-
» sement avancé, que les études égyptiennes tendaient à af-
» faiblir la croyance dans les documents historiques fournis
» par les livres de Moïse. L'application de ses découvertes
» lui paraissent au contraire venir invinciblement à leur
» appui ».

Telle est l'opinion du plus illustre archéologue de notre
époque, sur un livre dont les premiers chapitres méritent
surtout notre attention.

tion avec les faits physiques les mieux démontrés.

Étonné de cette diversité d'opinion, nous avons cherché à en reconnaitre les causes, et pour cela, nous avons examiné la Genèse sous un rapport purement scientifique, en comparant les faits qu'elle renferme avec ceux dont nous devons la connaissance aux observations récentes. Avant tout, nous avons cherché à nous tenir en garde contre les préventions des philosophes du dix-huitième siècle, et contre l'admiration excessive de quelques théologiens. Nous avons fait plus encore, nous nous sommes défendu de l'impression profonde que produit la lecture des livres saints, lorsqu'on les étudie, non seulement sous les rapports religieux, mais encore dans le but unique d'y rechercher et d'y découvrir la vérité. Nous avons donc étudié la Genèse, non dans le dessein d'y trouver de nouvelles preuves de la vérité d'une religion, la plus belle comme la plus consolante des croyances de l'homme pensant, mais seulement dans des vues tout à fait humaines et purement scientifiques.

Ainsi dégagé de toute prévention, il nous a été facile de reconnaitre avec quelle mauvaise foi, et nous pourrions dire avec quelle ignorance, certains philosophes du siècle passé ont jugé un livre qu'ils n'ont jamais bien compris, et qu'ils ne pouvaient même pas comprendre, la science n'étant pas encore assez avancée. Il est donc vrai en pareille matière, comme du reste en toute autre, que peu de lumières ne conduisent jamais qu'à l'erreur, la vérité ne pouvant jaillir que d'un grand nombre et d'une grande masse de lumières. Aussi avons-nous cherché à profiter de toutes celles que les sciences physiques ont répandues depuis peu sur la plupart des phénomènes naturels, et à la lueur d'un pareil flambeau, nous avons comparé le récit que Moïse fait de la création avec les idées nouvelles qu'a données sur ce sujet la connaissance de la structure de notre globe. Le résultat de cet examen nous a singulièrement étonné, nous devons l'avouer; car il nous a prouvé, que ce récit taxé de ridicule et d'incohérent, était cependant plus d'accord avec les faits géologiques les plus constants que les systèmes imaginés par les plus beaux et les plus brillants génies.

C'est à la démonstration de cette vérité que nous consacrerons ce travail; nous l'adresserons particulièrement à ceux qui cherchent la vérité de bonne foi, sans d'autre motif que celui d'arriver à sa découverte. Nous considérerons donc Moïse comme le plus ancien écrivain qui nous ait laissé quelques idées sur la formation de cette terre, que nous avons tant d'intérêt à bien connaître.

Que l'on ne pense pas que nous voulions sup-

poser que Moïse ait entendu le moins du monde
faire un traité de géologie ; un but plus élevé
dirigeait sa pensée. Le législateur des Hébreux,
loin d'écrire pour des physiciens ou des naturalistes, n'a eu sans doute d'autre objet que de rappeler aux Hébreux la grandeur et la puissance
infinie de Dieu, manifestée par les œuvres de la
création. Mais en remplissant un pareil dessein,
il n'a pu s'empêcher d'exprimer sur la formation
du monde, des idées dont la vérité long-temps con-
testée, a été cependant démontrée par les découvertes de notre siècle.

Heureux, si nous parvenons à prouver que des
observations de plusieurs milliers d'années ont
été nécessaires pour nous dévoiler un certain
nombre de faits consignés dans le récit que nous
allons examiner.

Mais il ne faut pas croire pour cela que la révélation ait eu en vue d'éclaircir quelques points
des sciences physiques ; car une telle révélation,
on n'aurait pas été comprise, ou aurait été nécessairement incomplète. Ainsi, une révélation des
sciences astronomiques, telle que ces sciences
étaient du temps de Copernic, aurait paru imparfaite après les découvertes de Newton, et la révélation de la science de Newton aurait paru insuffisante à La Place. De même la révélation de
toute la science chimique du dix-huitième siècle

aurait paru incomplète comparativement à la science d'aujourd'hui, autant que ce qui est maintenant connu dans cette science paraîtra probablement insuffisant avant la fin de notre siècle. Ce raisonnement, applicable au cercle entier des connaissances humaines, suffit pour faire sentir qu'une telle révélation n'aurait pu convenir qu'à des êtres d'un ordre plus élevé que nous, qui sommes loin d'avoir cette omniscience qu'il aurait fallu posséder pour comprendre une pareille révélation ; omniscience que Dieu, dans sa bonté infinie, réserve peut-être pour notre bonheur à venir.

Avant de discuter la cosmogonie de Moïse, nous devons nous demander ce qu'il faut entendre par les six jours mentionnés dans la Genèse, et quelle durée on doit leur attribuer. Ces jours doivent-ils enfin être considérés ou non, comme des périodes de temps indéterminées, et convient-il de penser que la création a été successive ou instantanée ?

Cette dernière question étudiée dans les derniers temps, par l'observation des phénomènes de la nature, semble avoir été résolue de manière à ne laisser aucun doute dans les esprits, même les plus difficiles. En effet les résultats obtenus par une science qui n'avait pas été soupçonnée des anciens philosophes, semblent prouver avec la dernière évidence, que la création a été nécessairement successive, et que les six jours dont il est question dans la Genèse, sont des espaces de temps indéterminés, dont il est impossible de fixer le terme et la durée.

Les faits physiques annoncent encore qu'entre la création des premiers êtres organisés, qui ont apparu sur la surface du globe, et celle de l'homme, de nombreuses modifications, ou, si l'on veut, plusieurs révolutions ont eu lieu, et ont anéanti les espèces primitivement créées, auxquelles ont succédé plus tard nos races actuelles. Chose bien remarquable, la succession de ces antiques générations, dont nous ne trouvons aucune trace sur la surface du globe, reconnue dans les couches terrestres, s'y est montrée exactement dans le même ordre, que celui du magnifique tableau de la création présentée par Moïse.

Toutes ces révolutions sont évidemment antérieures à l'apparition de l'homme ; car son existence n'a été troublée que par la dernière, qui a ravagé la plus grande partie de la surface du globe, et y a dispersé ces immenses dépôts de cailloux roulés qui en attestent la violence.

Comment après de tels faits, supposer que de pareilles ou de semblables révolutions, et d'aussi nombreuses modifications ont pu s'opérer dans des intervalles de temps aussi courts que le seraient les six jours de la création. Serait-ce parce que leurs traces n'auraient pas pénétré une grande épaisseur de notre planète, ou qu'elles n'auraient troublé que quelques régions peu étendues. Mais elles apparaissent dans toutes les parties du monde. Les deux hémisphéres, tous les continents, toutes les iles, offrent le même ordre et le même genre de phénomènes. Il y a plus encore, nous le reconnaissons partout et aussi avant que nos travaux nous permettent de fouiller l'intérieur de cette terre, où tant de vicissitudes se sont succédé. Dès-lors il est sensible que produites successivement, ces révolutions ont dû exiger une longue suite de siècles, et comme à chacune d'elles correspond une série d'espéces totalement différentes de celles qui avaient d'abord été détruites, et de celles qui ont été anéanties plus tard, la création des êtres organisés a dû être successive et non instantanée.

Ces faits indiquent en même temps que les six jours de la création ne peuvent être considérés comme analogues à nos jours de vingt-quatre heures, mais plutôt comme des périodes de temps indéterminées.

Voyons maintenant si le texte de l'Écriture bien étudié ne nous conduira pas aux mêmes conséquences que celles qui se déduisent de l'observation des faits géologiques. Il est d'abord essentiel de se fixer sur le sens que Moïse parait avoir attaché au mot hébreux יום jour, dont il s'est servi. Cette expression n'a pas été, ce semble, constamment bien interprétée; car dans la version grecque, elle a été rendue par ἡμέρα et dans la vulgate par le mot *Dies*, que l'on a fini par assimiler à nos jours de vingt-quatre heures.

Mais est-ce bien là le véritable sens du mot *Iom*; c'est ce qui peut paraître sujet à des doutes, lorsqu'on réfléchit que ces expressions grecques et latines ont été souvent employées pour désigner des espaces de temps indéterminés ou des époques et non pas uniquement pour indiquer des intervalles aussi courts que le sont nos jours de vingt-quatre heures.

Pour déterminer avec exactitude et précision le sens qu'un écrivain a attaché à une expression, on doit, ce semble, considérer non seulement celui qu'il lui a donné dans une partie de ses écrits, mais surtout dans leur ensemble. En appliquant ce principe, qui ne peut-être contesté, à la question qui nous occupe, il est facile de reconnaitre que dans le langage de l'Écriture, le mot *Iom* ne semble pas avoir un sens fixe et invariable. Il signifie en général plutôt un espace de temps indéterminé qu'une époque précise et limitée comme nos jours de vingt-quatre heures (1).

____

(1) En effet le mot יום Iom est souvent pris pour temps,

Dans la Genèse même, Moïse l'emploie dans ce sens ; en effet, après avoir détaillé les œuvres successives de la création, il en fait une sorte de récapitulation, en disant : « Telles ont été les gé- « nérations des êtres, au jour où Dieu créa le « ciel et la terre. »

Or évidemment dans ce passage, ce mot *Iom* signifie non pas un jour de vingt-quatre heures, mais plutôt les six jours ou les six époques de la création et répond au mot temps ou à des époques indéterminées. D'ailleurs, ainsi que l'a observé Deluc, comment, en parlant de la première époque, Moïse aurait-il pu l'assimiler à nos jours de vingt-quatre heures, puisque ceux-ci sont mesurés par des révolutions de la terre sur son axe, en présence du soleil, et que cet astre n'a été

époque. *Ba Iom* in tempore ; *Ba Iom a en*, in tempore isto. Ainsi l'expression hébraïque םוי traduite par jour, signifie dans son acception ordinaire, comme d'après un grand nombre d'interprètes, un espace de temps, une époque, une manifestation réelle, ou une œuvre quelconque. La même opinion a été également partagée par M. S. Cahen dans sa traduction de la Bible ; cet écrivain y a même persisté depuis les attaques dont cette partie de sa traduction a été l'objet. Il observe, dans sa réponse, ce nous semble avec raison, que cette doctrine est loin d'attaquer la sanctification du septième jour instituée en mémoire du repos de la septième époque de la création.

Voy. la réponse de M. S. Cahen aux observations faites sur sa traduction. Paris, 1832.

approprié qu'à la quatrième époque, ou au quatrième jour, à éclairer et à répandre la lumière
sur la terre. Moïse n'a donc point voulu parler
d'un jour de vingt-quatre heures, mais bien d'une
période d'une longueur indéterminée.

Aussi l'expression *Iom* du texte hébreu a-t-elle
été employée dans ce sens, en d'autres endroits
de la Genèse, où le mot *Matin* désigne le commencement, et le mot *Soir* la fin de chaque période. C'est du reste la seule manière d'entendre
cette désignation de chacun des jours ou de chacune des époques dont parle la Genèse. Ainsi fut
le soir, ainsi fut le matin, ce fut le premier jour
et ainsi de tous les autres (1).

En effet l'intervalle du soir et du matin ne
fait qu'une portion d'un jour de vingt-quatre
heures et non un de ces jours, au lieu que le
commencement et la fin d'une période la constituent et la complètent.

Il n'y a pas de doute à cet égard, si, en consultant bien le sens du texte hébreu, on le traduit,
non en disant que du soir et du matin se fit le

---

(1) On lit également dans Daniel, *usquè ad vesperam et
manè dies duo millia trecenti;* VIII. 14. Il est bien évident
ici que ces mots soir et matin, s'appliquent à la fin et au
commencement d'une période et ne se rapportent nullement
à des portions de nos jours de vingt-quatre heures.

premier jour, et ainsi des autres, l'on ne voit autre chose dans ce passage que ce qui y est réellement, c'est-à-dire, que de la fin jusqu'au commencement ce fut la première ou la seconde ou la troisième époque; car l'on sait que contrairement à nos idées, les Hébreux plaçaient constamment la fin d'une période ou d'une époque avant son commencement (1).

Cette opinion, adoptée d'abord par Burnet, Whiston et Deluc, l'a été également par Dom Calmet, l'abbé Frayssinous et enfin par Kirwan et Cuvier. Si elle ne l'a pas été par la plupart des commentateurs de la Bible, c'est moins parce qu'ils ne l'ont point considérée comme fondée, que dans la crainte d'altérer en

---

(1) M. Cahen dans l'excellente traduction de la Bible qu'il vient de publier, fait observer que le mot hébreu dit uniquement *un jour* et non le *premier* jour. Le nombre cardinal est mis ici pour l'ordinal *premier* ; ce qui se pratique assez souvent en hébreu, de même qu'en arabe. D'ailleurs observe-t-il encore, ce jour unique ne pouvait pas être le premier : nous trouvons également ce changement en latin ; car *unus* est souvent mis au lieu de *primus*.

Du reste il ne s'agit pas ici d'un jour ordinaire, puisque le soleil n'était pas encore approprié à marquer cet intervalle de temps. Il n'est pas probable que cette mesure dépendît de la rotation de la terre elle-même. L'expression de jour serait donc employée ici au figuré pour signifier une époque ou des intervalles de temps indéterminés.

quelque manière, un texte qu'ils regardaient comme sacré.

Cependant, récemment M. Letronne, aux lumières duquel personne ne rend plus hommage que nous, n'a pas cru pouvoir partager ce mode d'interprétation; d'après lui, cette interprétation serait tout à fait contraire à l'ensemble du texte et le rendrait complètement inintelligible. « Ce » récit, a-t-il ajouté, demeure véritablement » inexplicable, lorsqu'on part du point de vue » scientifique; mais il devient clair et facile, » comme le reste du chapitre de la Genèse, quand » on ne veut y voir que l'expression native de » ces idées élémentaires qui se sont présentées à » tous les peuples dans l'enfance de la civilisa- » tion. »

M. Letronne n'ayant pas autrement fait connaître les motifs de son opinion, et en quoi cette interprétation contrarierait le texte hébreu et le rendrait inintelligible, nous nous en tiendrons à l'opinion de Deluc et de Kirwan; car il nous semble avec ce dernier, que lorsqu'un sens raisonnable peut être donné à une expression, dont la valeur n'est pas parfaitement déterminée, il vaut mieux l'adopter que de s'attacher au sens précis et littéral. C'est surtout dans des cas pareils, que s'applique dans toute sa force, ce vieil adage, que la lettre tue et l'esprit seul vivifie.

D'ailleurs, le langage de Moïse peut-il être comparé à celui du physicien qui disserte, ou du savant qui discute sur une question controversée. Encore même, sous ce rapport, n'est-il pas dans les sciences, un langage de convention, qui, s'il était pris dans son sens littéral et rigoureux, conduirait aux plus graves erreurs. Ainsi l'Annuaire du bureau des longitudes ne parle-t-il pas constamment du cours du soleil, de son lever, de son coucher, quoique dans l'opinion des savants qui le rédigent, tout cela ne soit qu'apparent.

Ces expressions sont aujourd'hui tellement consacrées par l'usage, que ceux qui les emploient ne réfléchissent pas plus sur leur véritable sens que ceux dont ils les tiennent, et à tel point que tout autre langage paraîtrait aux uns et aux autres tout au moins extraordinaire, si ce n'est peut-être ridicule.

N'employons-nous pas nous-même et constamment le mot *jour* dans le sens et la signification d'époque ? Ne disons-nous pas communément les beaux jours de la Grèce, et par ces mots, n'entendons-nous pas la brillante époque et le beau siècle de cette contrée, à laquelle nous devons, nous peuples modernes, une partie de notre civilisation ?

Du reste cette opinion est loin d'être en opposition avec les doctrines religieuses. En effet, d'après un évêque illustre, qui, dans ses conférences sur la religion, a porté le plus sérieux examen sur cette question, il est permis de voir dans chacun des six jours, autant de périodes indéterminées, et d'entendre de cette manière ces divers passages de la Genèse, dont le sens n'est pas entièrement fixé. Aussi St.-Augustin dit expressément qu'il ne faut pas se hâter de prononcer sur la nature des jours de la création, ni affirmer qu'ils fussent semblables à ceux dont se compose la semaine ordinaire (1). Revenant sur la même idée, dans le plus fini de ses ouvrages, la Cité de Dieu, il ajoute qu'il nous est difficile et même impossible d'imaginer, et à plus forte raison de dire quelle était la nature de ces jours (2).

Or d'après ce passage n'est-il pas évident qu'aux yeux de Saint-Augustin, les jours ou les époques de la Genèse ne pouvaient être assimilés à des espaces de temps ausssi faciles à concevoir qu'à embrasser, que le sont des jours semblables à nos jours de vingt-quatre heures (3); aussi

---

(1) De Genes. ad litteram. Lib. iv. N° 44.

(2) Qui dies cujusmodi sint aut perdifficile nobis, aut etiam, impossibile est cogitare, quanto magis dicere. De civitate Dei. Lib. ii. Cap. vii. Voyez les conférences sur la religion, par l'évêque d'Hermopolis. Tome II. Conf. 2.

(3) Daniel prend aussi les jours de la semaine pour des

n'est-ce point dans ce sens que les a considérés Moïse, ainsi que nous l'avons déjà fait observer.

On a enfin invoqué en faveur de l'opinion que nous soutenons, une épître de Saint-Barnabé que Dom Luc d'Achery a publiée en 1645, et qui a été reproduite par Cotelier dans le premier volume des pères apostoliques. Mais en supposant, ce qui a été fort contesté, que cette lettre soit réellement du Saint-Apôtre, c'est tout-à-fait dans un sens allégorique qu'il a considéré les six jours de la création comme correspondant à six mille ans.

Voici du reste le passage de Saint-Barnabé tel qu'il est rapporté par Cotelier dans l'ouvrage que nous venons de citer.

» Sabatum dicit initium constitutionis; *et fe-* » *cit Deus die sexto opera sua, et consummavit* » *in die septimo et requievit in illo die.* Attendite » filii, quid dicit *consummavit in sex dies.* Hoc » dicit, quia consummavit Deus omnia in sex » millia annorum. Dies enim, apud illum, mille » anni sunt. Ipse mihi testis est dicens; *Ecce* » *hodiernus dies erit tanquam mille anni.* Unde

---

années, dans la fameuse prophétie sur l'avénement du Messie. Sans doute les prophètes ont souvent employé un style figuré, mais ne peut-on pas supposer qu'il en a été quelquefois de même de celui dont Moïse a fait usage.

« scire debetis quia in sex millia annorum con-
« summabuntur omnia. Et quid dicit; *requie-*
« *vit Deus die septima* ? Patres apostolici volu-
men primum, fol. 65. Amstelodami, 1724. »

Ce passage prouve que Saint-Barnabé, pour-
suivant ses vues allégoriques, a voulu voir dans
les six jours de Moïse, une figure de tous les événements qui doivent se succéder sur la terre
jusqu'au dernier jour, ou au jour du jugement.
Ainsi d'après lui, les six jours de la création signifient autant de milliers d'années, et dans ces
six mille ans, est le terme que Dieu a marqué à
tous ses ouvrages.

En général il y a peu de fixité dans le sens
attaché à l'expression hébraïque םוי *Iom*, que
les traducteurs ont rendue par le mot *Jour*. Il est
certain que nos grandes divisions de temps, d'à-
ges, de périodes, d'ères, et d'époques, étaient
peu familières aux premiers hommes ou même
n'existaient pas dans les langues primitives ou
anciennes. Aussi aux yeux de l'Écriture, les suc-
cessions des siècles sont comme un seul jour.
Mille ans, sont pour elle, dit le prophète,
comme *le jour d'hier qui a déjà passé* et dans
des temps bien plus rapprochés de nous, Saint-
Paul n'appelle-t-il pas un jour, *hodiè*, tout le
temps qui est donné à l'homme voyageur sur la
terre ? Saint-Pierre s'est également servi du mot

jour pour indiquer une époque, ou un temps indéterminé, lorsqu'il dit, *aux jours de Noé*, ce qui signifie simplement à l'époque ou au temps de Noé. C'est également dans le même sens que les Grecs entendaient le mot ἡμέρα. Enfin l'église ne nomme-t-elle pas le jour de l'éternité, le jour éternel, cette ère de bonheur sans fin qui est promise aux justes et à tous ceux qui observent les commandements de Dieu, et ne donne-t-elle pas à ce mot plusieurs autres significations, toutes d'accord avec celles que nous lui supposons.

On peut encore ajouter à toutes ces autorités celle de Bossuet qui soutient dans ses Élévations sur les mystères que les six jours sont six différents progrès. Il dit en effet dans la troisième semaine et à la cinquième élévation, que Dieu par la création du ciel et de la terre, et de toute cette masse informe, qui d'après les premières paroles de Moïse, a précédé les six jours qui ne commencent qu'à la création de la lumière, a voulu faire et marquer l'ébauche de son ouvrage avant que d'en montrer la perfection, et après avoir fait d'abord comme le fond du monde, il a voulu en faire l'ornement avec six différens progrès qu'il a voulu appeler *six jours*.

Nous nous estimons heureux de partager l'opinion de Bossuet relativement à l'explication du texte de la Genèse. Du reste, l'église, ainsi que nous l'apprend M. Frayssinous, a abandonné ce point de discussion aux recherches et aux investigations de tous les hommes. Nous dirons donc avec ces deux illustres prélats que la chronologie de Moïse date moins de l'instant de la création de la matière que de l'instant de la création de l'homme, laquelle n'eut lieu qu'à la sixième époque. Aussi les dates ou les supputations d'années que nous donne le législateur des hébreux, et qui forment la chronologie des livres Saints, ne remontent pas à l'origine de l'univers ni même à celle de la terre, ainsi que nous le verrons plus tard, mais uniquement à l'origine du genre humain.

Ajoutons à la force de ces exemples, cette nécessité d'époques indéterminées, que nous indiquent les couches de la terre dans lesquelles sont ensevelies toutes les générations qui s'y sont succédé.

Ces générations nous annoncent en effet que si l'homme est fort nouveau sur cette terre, il n'en est pas de même du globe sur lequel la main de Dieu l'a placé. Après de tels faits est-il possible de douter de l'antiquité de cette terre, sur laquelle de pareils événements se sont passés, et qui sans doute ont exigé non six jours, mais six époques pour s'y succéder ?

Nous ferions encore observer, si cela pouvait

être nécessaire, qu'aujourd'hui même il existe une grande diversité dans la manière d'entendre et de désigner ces espaces de temps que nous nommons jours. Ainsi, chez certains peuples, ces espaces ne comprennent pas vingt-quatre heures, mais uniquement la moitié de cet intervalle, tandis que d'autres commencent leur jour à six heures du matin. Cependant, dans l'usage le plus général, l'heure de minuit est fixée pour le commencement et la fin de cette période, en sorte que la journée est comprise dans l'intervalle qui s'écoule d'un minuit à l'autre. Comment dès-lors et dans un pareil désaccord, vouloir que Moïse ait entendu désigner par le mot *iom* des jours semblables aux nôtres, surtout lorsqu'il se rapporte à une époque où les astres qui règlent ces intervalles de temps aussi bien que les saisons et les années, n'étaient point appropriés à les déterminer et à les fixer.

Il est enfin une dernière observation que l'on a faite à l'égard de ce mode d'interprétation, et que l'on a reproduite lorsqu'un savant Israélite a publié une traduction nouvelle de la Bible. Cette objection adressée à M. Cahen se divise en deux branches principales. Ainsi l'on a dit : puisque la Genèse porte que ce fut à la septième époque que Dieu termina tout l'ouvrage qu'il avait fait, comment est-il présumable que Dieu se soit reposé pendant toute cette époque? car il semble suffisant, pour ce repos, d'une période aussi courte qu'un jour de vingt-quatre heures. Ce serait se faire une bien petite idée de la divinité que de supposer qu'un travail quelconque, même celui de la création, de cet admirable et immense univers, pût être pour elle le sujet d'une fatigue quelconque. Tout ce que l'Écriture a voulu nous apprendre, c'est qu'à la septième époque, Dieu avait terminé tous ses ouvrages, et qu'aussi il avait béni cette époque comme celle à laquelle il avait cessé de produire et de créer.

Cette doctrine est-elle contraire, ainsi qu'on l'a si gratuitement supposé, à la sanctification du septième jour de nos semaines, sanctification instituée en mémoire du repos de la septième époque de la création ? nous ne saurions le penser. Nous avouerons avec M. Cahen, auquel on a adressé la même objection, que nous ne pouvons voir dans cette interprétation rien qui attaque cette sanctification du septième jour; car pour nous, comme pour ceux qui ne voient autre chose dans l'expression *iom* que l'idée que nous avons combattue, le jour consacré au seigneur est un jour à part, un jour saint et sacré.

Enfin, ceux qui se sont opposés au mode d'interprétation que nous avons adopté, sentant que les nombreuses couches qui composent la surface

du globe et les nombreux débris d'animaux antérieurs à l'existence de l'homme que l'on y voit
ensevelis, ne pouvaient pas avoir été déposés dans
des périodes aussi courtes que le seraient les six
jours de la création, ont eu recours pour les expliquer à des miracles bien plus étonnants que
les faits que l'on cherche à nous faire concevoir.
Ainsi, les uns ont soutenu que Dieu avait créé tout
aussi bien les fossiles dans leur état pierreux,
que les êtres actuellement vivants. D'autres ont observé que celui qui avait tiré la matière du Néant
avait fort bien pu en disposer toutes les parties à
son gré, et lui donner au moment même de la
création la forme et la structure qui lui convenaient. Le physicien et le géologue se taisent devant de pareils raisonnements; car évidemment il
n'y a plus rien à expliquer, lorsqu'on parle de
miracles.

On pourrait cependant observer que c'est
Dieu lui — même, qui a donné à l'univers ces
lois admirables qui le régissent et d'après lesquelles nous nous efforçons d'expliquer les révolutions, dont nous trouvons tant de preuves dans
les entrailles de la terre. La sagesse infinie qui a
présidé à l'établissement de ces lois, semble n'a-
voir jamais voulu s'écarter des règles qu'elle avait
elle-même imposées à la nature; aussi depuis son
origine l'univers se meut d'après les mêmes prin-

cipes, et est entraîné par les mêmes forces. Si quelquefois la sagesse divine a suspendu ses règles immuables, c'est seulement lorsqu'elle a voulu frapper l'imagination des hommes et vaincre leur incrédulité. Mais ici, l'on ne voit point quels auraient pu être les motifs du créateur, pour intervertir et suspendre la loi de la nature.

Après cette digression, peut-être longue, mais nécessaire, rappelons succinctement les faits que nous avons exposés.

Il résulte évidemment de ces faits que si l'on ne considérait pas le mot *iom*, dont Moïse s'est servi, comme une époque indéterminée, on ne pourrait se former une idée de la création, d'accord avec ce que les faits physiques nous en apprennent. Si l'on n'adoptait pas ce mode d'interprétation, il serait à peu près impossible de donner au récit de Moïse un sens raisonnable, et surtout de le faire concorder avec les faits les plus positifs et les mieux démontrés. En l'adoptant, on admire au contraire l'exactitude du récit de Moïse, et combien les observations géologiques récentes sont venues en confirmer la vérité. Lorsqu'on considère sous ce point de vue le grand œuvre du législateur des Hébreux, on est pénétré d'admiration pour son auteur, qui, il y a déjà plus de trois mille ans, avait proclamé ce fait si remarquable de la succession des êtres vivants, en raison inverse de la complication de leur organisation ; et cependant ce fait ne nous est connu par des observations positives que depuis moins d'un demi-siècle.

PREMIÈRE PÉRIODE OU PÉRIODE UNIVERSELLE.

Moïse a très-bien distingué dans son récit deux sortes de création, l'une générale et primitive qui eut lieu au commencement des temps ; l'autre particulière à notre globe qui se rapporte aux temps plus récents, où dans sa sagesse infinie Dieu jugea bon d'en organiser la surface et de la peupler d'êtres vivants.

Ainsi, d'après ce grand législateur, la matière qui compose les corps célestes, la terre et les autres corps planétaires, aurait été créée dans le principe des choses, ou au commencement, bien auparavant que notre globe eût pris la forme sphéroïdale et surtout bien antérieurement à l'époque où les végétaux vinrent l'embellir et les animaux y répandre la vie et le mouvement.

A la première période, ou plutôt au commencement des temps, ainsi que l'exprime le texte hébreu, Dieu créa la matière, ou ce qui fut le ciel et la terre, car c'est là toute la matière. Par l'effet de sa toute puissance la substance dont les étoiles, les soleils et les planètes sont formés, ainsi que la matière éthérée et les atmosphères dans lesquelles les astres sont disséminés sortirent du néant et précédèrent l'œuvre de la création, ou plutôt de la coordination et de l'arrangement des astres nombreux qui composent l'univers. C'est aussi à cette primitive création que se rapporte ce passage du premier verset de la Genèse, que l'on a traduit par ces mots : au commencement Dieu créa le ciel et la terre : *in principio Deus creavit cœlum et terram.*

Cependant, si l'on se pénètre bien de la pensée de Moïse, on reconnaît aisément que le texte hébreu n'a pas été toujours bien compris ; car ce texte porte uniquement, qu'au commencement Dieu créa ce qui fut les cieux et la terre, c'est-à-dire, pendant une période de temps indéterminée, laquelle précéda les opérations de la première époque, et non au premier jour, comme le disent certains commentateurs.

La Genèse ne dit point en effet que ce fut à la première époque ou au premier jour, que Dieu créa les cieux et la terre, mais au commencement. Or, par ces mots, au commencement, il faut entendre une période indéfinie suivie également d'époques indéterminées, dont rien ne peut faire apprécier la durée. C'est pendant ces époques successives qu'ont eu lieu les diverses opérations physiques ou les diverses modifications de la surface du globe, dont nous devons la connaissance à la géologie.

Le premier verset de la Genèse s'occupe donc de la manière la plus explicite de la création de l'univers. D'abord du ciel, ou de l'espace où sont disséminés les différents corps célestes et planétaires, enfin du système général des astres. En second lieu, de la terre qui désigne particulièrement notre planète, sur laquelle devaient s'opérer les différentes modifications ou les opérations physiques qui furent l'ouvrage des six époques ou des six jours dont Moïse nous a donné une idée.

Le législateur des Hébreux ne nous a fourni aucun renseignement sur la longueur de cette période antérieure aux six époques de la création, période pendant laquelle Dieu créa l'ensemble des corps célestes et des corps planétaires. Aussi, faute de données, on peut supposer avec quelque vraisemblance, que des millions d'années ont rempli l'intervalle indéfini entre le commencement des temps, où Dieu manifesta sa toute puissance par une aussi grande œuvre et la première époque où la terre créée dans le principe des choses reçut une forme et des dispositions nouvelles.

Dans les diverses questions que soulève ce récit, et sur lesquelles nous appellerons successivement l'attention, nous prions le lecteur de ne point oublier qu'elles ne porteront jamais sur son exactitude, mais sur l'exactitude de notre manière de le concevoir et de l'expliquer. Le principal but de ce récit a été, non de nous faire connaître le mode d'après lequel le monde a été produit, mais par qui il a été fait.

Après ces explications qui nous ont paru nécessaires, reprenons la discussion du texte. Le mot *aschamaim* employé dans le premier verset de la Genèse, ne peut pas signifier proprement ce que nous entendons par *ciel*, puisque c'est seulement à la seconde époque que Dieu donne le nom de ciel au firmament. Dès-lors, le mot *aschamaim* ou *schamaim*, doit s'entendre de la matière qui a formé les différents corps célestes et planétaires. Cette matière peut être l'éther, ou l'air, ou l'eau gazeuse ou toute autre substance ; du moins, d'après le rabbin Joseph, l'étymologie du mot *schamaim* dériverait des expressions *Scham* et *maim*, *ibi aquæ*, opinion, qui s'accorde assez bien avec le mode d'interprétation que nous croyons devoir adopter.

La phrase où l'on trouve cette expression roule à peu-près sur ce mot *maim* מים qui parmi les différents sens qu'on lui attribue, a particulièrement celui d'indiquer des eaux ou des amas de vapeurs ou de fluidités. Enfin Moïse lui-même a attaché plusieurs sens à cette expression. Ainsi,

lorsqu'il la fait précéder du signe ימים, mot
que l'on prononce alors *iamim*, elle devient le
nom des mers. Lorsqu'au contraire, il l'accompagne du signe שמים *Schamaim*, cette expression
indique les cieux. Ces deux mots si différents
sont donc fondés sur le primitif *maim* et suivant
la physique de Moïse, les mers et les cieux auraient une commune origine, d'où résulterait
également celle des poissons et des oiseaux.

On peut également faire la même observation
à l'égard du mot *aretz*, puisque c'est encore
seulement à la troisième époque que Dieu donne
le nom de terre à la matière aride. Ainsi le
mot *aretz* employé dans le premier verset de la
Genèse, doit s'entendre de la matière qui fut la
terre, comme *Schamaim* de celle qui fut les
cieux.

Du reste, l'étymologie de שמים *Schamaim* tirée de שם *Scham* et de מים *maim*, que nous
avons adoptée, est loin d'être contraire à la ponc-
tuation massorétique. L'absence du *daguesch*,
n'est pas une preuve de la fausseté de cette
interprétation et de cette étymologie. Quoiqu'en principe, le daguesch se place sur une lettre pour indiquer l'élision d'une autre lettre et
rendre la syllabe longue ; cette règle souffre du
reste de nombreuses exceptions. Ainsi, par
exemple, on lit dans la grammaire de Buxtorf

(page 49) *post kameth longum rerum est da-*
gesch, et précisément le mot שמים Schamaim
commence par un Kameth long. On a donc pu
dès-lors se dispenser d'employer le *daguesch*
dans ce cas.

Au surplus, Pagnin, dans son dictionnaire regardé à juste titre comme un des meilleurs ouvrages de ce genre et qui rappelle les diverses
leçons des hébraïsans les plus estimés, présente
cette version et ne s'arrête pas à l'absence du daguesch. Une autre étymologie est présentée par
plusieurs auteurs ; c'est celle de מים אש *Esch-*
maïm feu et eau , dont on aurait fait שמים
Schamaim, composé de l'un et de l'autre. Cette
étymologie conviendrait plutôt au génie de la
langue hébraïque, dont les expressions sont en
général très significatives.

Il paraît certain que le mot מים *maïm* est
entré dans l'expression qui indique les cieux,
et il serait difficile de faire dériver ce mot hébreu d'une expression arabe , langue née beaucoup plus tard , et qui est à l'hébreu ce que
l'italien est au latin.

Le mot ים *iam* qui signifie mer, n'a pas la
même racine que le mot מים *maïm*. A cet égard,
Pagnin se borne à dire que ces deux expressions
ont entr'elles une grande affinité. Elles peuvent
néanmoins avoir des racines différentes; car le

mot יָם *iam* a fort bien pu dériver du mot יוֹם *Iom* qui signifie jour. L'expression יוֹם *Iom* signifie aussi occident; dès lors on a bien pu donner ce nom à la mer qui se trouvait au côté occidental de la terre d'Israël; et c'est aussi l'explication que nous en donne Pagnin.

Quant au mot יום *Iom*, si l'on convient qu'il peut signifier époque, ce qui est incontestable, il faut bien que les mots *Ereb* et *Boker*, qui expriment une idée analogue au soir et au matin, puissent également signifier la fin et le commencement d'une période. Pagnin l'explique du moins ainsi, en disant *boker dicitur interdum non tam in primo diei tempore quam rei aut actionis de qua agitur*.

Cet écrivain cite à l'appui de son opinion le verset 4 du psaume V et le verset 6 du psaume 46. Ces exemples suffisent, ce semble, pour démontrer, que les mots *Ereb* et *boker* ne signifient pas toujours soir et matin d'un jour naturel; mais peuvent fort bien être entendus dans le sens de la fin et du commencement d'une période.

Pour supposer le contraire, on invoquerait en vain la concordance hébraïque de Calasio, dans laquelle on trouve la table générale de tous les passages où les mots employés par la Bible sont reproduits avec la plus grande exactitude. En effet, il est évident, que dans ce mode d'interprétation, tout se réduit à savoir quel sens on attache au mot *Iom;* car du moment qu'on lui donne celui que nous lui avons attribué, il s'ensuit d'une manière nécessaire que relativement à une période indéterminée, il ne saurait y avoir ni soir ni matin , mais bien une fin et un commencement.

Aussi Pagnin observe-t-il, à l'égard du mot *Ereb (ut se habet boker ad mane, sic ereb ad noctem,)* que si *boker* peut signifier commencement , *ereb* peut également exprimer fin. Tout dépend donc ici, ainsi que nous l'avons déjà fait remarquer du sens que l'on attache au mot יום *Iom.* Il ne faut pas perdre de vue que le sens grammatical ne contrarie nullement l'interprétation que nous avons suivie. Elle peut sans doute être sujette à quelques contestations ; mais évidemment, elles ne peuvent porter que sur des points peu importants. Nous devons donc maintenir notre version, comme la plus conforme au véritable sens des mots , et surtout à l'esprit de l'ensemble de la Genèse. Du moins, les faits naturels ne sauraient s'expliquer sans elle et en la repoussant, on entendrait nécessairement l'Écriture d'une manière contraire aux expériences certaines ; car les faits géologiques les plus constants et les mieux démontrés, ne peuvent s'expliquer qu'en prenant le mot jour, dans le sens

de période. Les faits naturels fixent ainsi l'ambi-
guité du mot יום *Iom* et en déterminent le véritable sens.

En résumant donc ces observations, on peut en
conclure qu'au commencement, c'est-à-dire à
une époque bien antérieure à celle à laquelle Dieu
organisa la terre, il créa la matière qui fut le
ciel et la terre. Dans le langage ordinaire, nous
comprenons sous le nom de ciel, non seulement
la matière éthérée, qui remplit les espaces célestes, mais encore les corps célestes eux-mêmes qui
y sont disséminés.

Le verbe *bara* ברא dont Moïse se sert pour
exprimer l'acte ou la volonté de Dieu, se rapporte
à une création proprement dite, ou à une extrac-
tion complète du néant de la matière qui com-
posa les corps célestes et les corps planétaires.
Bara, disent tous les commentateurs, c'est créer
id est creare Il suffit pour s'en convaincre de
comparer ce verset avec le troisième du chapitre
second où on lit bara lassaoth, *creavit ut faceret*,
creavit ut ordinaret, ce qui veut dire, Dieu créa
la matière au commencement et la tira du néant
pour l'ordonner et lui communiquer ensuite de
nouvelles formes.

L'opposition qui existe ainsi entre *assa* עשה
et *bara* ברא indique assez que le verbe *assa* faire,

suppose une matière préexistante; tandis que *bara* créer, n'en suppose point.

Aussi lorsque l'Écriture dit que Dieu appropria le soleil pour répandre constamment la lumière sur la terre, elle emploie toujours le verbe hébreu עשה *assa*, parce que d'après elle, le soleil et les étoiles avaient été créés bien antérieurement, c'est-à-dire, dans le commencement des temps.

Il est encore une observation essentielle à faire pour bien comprendre le récit de la création. Cette observation se rapporte à la distinction que fait la Genèse elle-même, entre cette création primitive de la matière, dont furent composés plus tard les corps célestes et planétaires, et celle qui se rapporte principalement à notre terre. Aussi distinguerons-nous ces deux créations en deux grandes périodes, la première fut celle où Dieu fit sortir du néant ce qui plus tard fut le ciel et la terre, et la seconde celle où l'auteur de toutes choses organisa cette terre et appropria les différents corps célestes pour y répandre la lumière et la chaleur dont elle avait besoin. Cette seconde période comprend nécessairement les six jours ou les six époques de la création, qui en sont en quelque sorte les divisions naturelles, époques qui se rapportent aux temps géologiques. Nous avons suivi cet ordre dans notre travail :

mais avant d'exposer les faits qui se rapportent à cette seconde période, nous avons expliqué ceux qui sont relatifs à la première. Nous avons nommé celle-ci universelle, à raison de ce que cette période embrasse l'universalité des corps célestes et planétaires. Par des motifs du même genre, nous avons désigné cette seconde période sous le nom de céleste et terrestre, puisqu'elle se rattache à la création des mondes célestes et planétaires. On pourrait également la nommer géologique, par opposition avec la plus récente des trois ou la période historique.

Avant la période universelle ou avant la création primitive qui eut lieu au commencement, le temps n'existait point encore, ou rien du moins n'en marquait les intervalles ni la durée. Ce fut seulement du moment que Dieu eut créé ce qui fut les cieux et la terre, que les temps commencèrent à être marqués, et avec cette création de la matière, soit céleste, soit planétaire, qui eut lieu au commencement de toutes choses, les temps furent divisés et distincts. Ils le furent bien plus encore pour la terre dans la période suivante, où des astres furent appropriés dans les espaces célestes, à l'effet de marquer les saisons, les jours et les années; et dès lors la succession des temps fut bien circonscrite et bien déterminée.

SECONDE PÉRIODE OU PÉRIODE CÉLESTE ET TERRESTRE.

PREMIÈRE ÉPOQUE OU PREMIER JOUR.

Les observations que nous avons déjà faites ont pu prouver combien l'on éprouve de difficultés lorsqu'on cherche à bien saisir le sens du texte hébreu. L'on se demande d'abord si nous possédons les véritables mots de l'hébreu primitif, et si nous sommes parvenus à en connaître la vraie acception. Ainsi nous n'avons dans notre langue qu'une seule expression pour rendre ce que nous entendons par ciel, tandis que la langue hébraïque en possède jusqu'à trois ou quatre qui paraissent également s'y rapporter. Or, sommes-nous certains de l'exacte interprétation de ces mots différents; car l'on sent, d'après ce que nous avons déjà dit, combien d'idées diverses fait naitre l'expression *schamaïm* que l'on a traduit par *cieux*. D'un autre côté, le même mot a souvent plusieurs sens différents; tel est, par exemple, le mot אור *aor* ou *aour*, ou *our* et *or*, qui tantôt signifie *flamme*, *lumière*, tantôt *chaleur*, *feu*, et quelquefois lumière et chaleur tout ensemble, comme on le voit dans plusieurs

passages de la Genése. A toutes ces difficultés vien
nent encore s'ajouter pour l'intelligence du récit
de la création, celles qui sont inhérentes au sujet
lui-même. En effet, ce récit n'a pu être entièrement compris par les traducteurs ou les commentateurs de l'antiquité. Les connaissances qui
nous permettent d'en bien démêler le sens n'existant pas encore, on ne pouvait saisir certains
passages ni en reconnaître toute la portée et la
justesse.

Enfin, il est une dernière difficulté qui résulte de l'admission des points qui ne sont autre
chose que des voyelles. On rapporte à l'école des
Massorètes l'invention de ces points qui n'existaient pas dans l'hébreu primitif. Le texte hébreu ne s'écrivait d'abord qu'avec des con-
sonnes, et le sens des mots s'était conservé
par tradition chez les Lévites, dépositaires
des livres saints. Ce ne fut qu'après la prise et
la ruine de Jérusalem qu'on sentit le besoin de
fixer d'une manière certaine ces traditions, qui
du reste pouvaient très-fort s'être altérées. Les
points voyelles furent alors inventés; mais est-on
sûr d'avoir mis à chaque mot les voyelles qui lui
convenaient? c'est un objet sur lequel il existe,
comme on le pense aisément, bien des doutes
et sur lequel il est permis d'élever les plus
grandes et les plus sérieuses difficultés. Nous ne

croyons pas devoir entrer dans leur examen ni nous livrer à leur discussion, d'autant que ces difficultés ne nous paraissent point propres à répandre quelque jour sur les questions que nous nous sommes proposé de résoudre.

Reprenons maintenant le récit de la création et suivons d'abord la traduction de la Vulgate faite par Sacy.

« A la seconde époque, la terre était informe et
« toute nue (1) ; les ténèbres couvraient la sur-
« face de l'abîme, et l'esprit de Dieu était porté
« sur les eaux. Or, Dieu dit que la lumière soit
« faite, et la lumière fut faite. »

« Dieu vit que la lumière était bonne, et il
« sépara la lumière d'avec les ténèbres. Il donna
« à la lumière le nom de jour et aux ténèbres le
« nom de nuit, et du soir et du matin se fit le
« premier jour. »

Quoique nous ayons suivi la traduction de la Vulgate faite par Sacy, la version des Septante

---

(1) La terre était donc pour lors *tohu bohu, solitudo et inanitas*, ou *informis* et *aeriformis*, d'après le texte hébreu. Le texte samaritain emploie d'autres expressions qui présentent ce qui fut plus tard la terre dans un état de diffusion qui irait jusqu'à l'imperceptibilité ou l'incompréhensibilité. Cet état de diffusion rappelle en quelque sorte ou du moins se rapproche de celui que présente la matière éthérée qui remplit l'espace de l'univers.

qu'a suivie saint Chrysostôme et l'église d'O-
rient semble plus d'accord avec le texte hébreu.
D'après cette dernière version, la terre était d'a-
bord invisible et incomposée, ce qui rappelle
beaucoup mieux l'état primitif de notre planète,
que la traduction de Sacy et la paraphrase du
père de Carrières. D'après ce dernier, auquel on
doit le texte de la Bible de Vence, la terre était
aux premières époques de sa formation toute
nue, sans fruit et sans ornements.

Évidemment cette paraphrase est loin de nous
donner la moindre idée de cet état primitif de la
terre, que les Septante nous représentent comme
invisible et incomposée, *invisibilis et incompo-
sita*, et où les ténèbres couvraient la surface de
l'abîme.

Peu satisfait de la traduction de la Vulgate, et
même de celle des Septante, nous avons cherché
à nous rendre compte de la pensée du législateur des Hébreux, et voici comment nous l'a-
vons saisie :

« Ce qui est la terre, était une matière in-
« forme et dans le chaos. » Les ténèbres cou-
« vraient l'abîme (1), et les vents agitaient la

---

(1) Le mot hébreu qu'avec tous les commentateurs nous
avons rendu par abîme, exprime les profondeurs de l'espace

surface des eaux. L'expression *Boou* ou *Boü*, que nous avons traduite par chaos, saint Jérôme l'a rendue par ces mots *vacua et nihil*; Pagnin l'a considérée comme synonyme de *vacuum* et de *inane* (1). Or ces diverses interprétations se prêtent très-bien à notre manière d'entendre le mot *Boou*, car une matière qui n'est rien, qui est vide et sans forme, doit être par cela même dans une sorte de chaos. D'un autre côté, si la matière qui fut la terre eût été solide ou liquide, elle aurait eu une forme quelconque, et comme le texte dit positivement qu'elle n'en avait alors aucune, on ne peut entendre le mot *Boou*, qu'en concevant la terre comme dans un état vaporeux, ou dans une sorte de chaos. Quant au mot *Tohou* ou *Toü*, tous les commentateurs sont à peu près d'accord qu'il se rapporte à une chose informe, qui est cependant susceptible de recevoir ou de prendre toute espèce de formes :

---

ou une profondeur immense que l'œil ne peut sonder, un abîme ou plus littéralement encore un désordre tumultueux.

(1) Ce mot בֹהוּ *Boü Boou* traduit par St.-Jérôme comme synonyme de *vacua* et de *inanis* a été aussi traduit par ὕλην, que Noël a rendu par matière première aériforme, susceptible de prendre toute espèce de forme. Cette interprétation s'accorde assez bien avec le sens que nous attachons à cette expression.

res informis , apta ad recipiendam omnem for-mam, disent-ils.

Les mots *Roua eloïm* ou *Rouah eluhim*, que l'on a traduits par l'esprit de Dieu, paraissent également avoir été mal saisis. En effet l'expression, *Roua* ou *Rouah* employée dans ce passage signifie plutôt *vent* ou *air* (*ventus vel aer*) qu'esprit, par lequel elle a été rendue. De même le mot *elaün* ou *aecloïn*, qui vient à la suite de *Rouah*, donne l'idée d'un très grand vent, les Hébreux exprimant quelquefois le superlatif en ajoutant au positif le mot *aecloin*. Ainsi, *vent de Dieu* ne veut dire autre chose qu'un très grand vent, ou un vent impétueux. Du reste *Rouar elouim* peut signifier mot à mot *souffle de Dieu*, ce qui est synonyme de vent ou d'un courant d'air. Quant à cette expression, *aecloïn*, elle ne s'ajoute à une autre, ainsi que nous venons de l'observer, que pour donner une idée de l'importance de la chose, en un mot pour exprimer le superlatif.

Ces expressions ne signifient donc autre chose si ce n'est que le vent ou l'air voltigeait sur la surface des eaux. Du moins le mot *Merachepheth*, dérivé du verbe *ràchaph* רחף *se movere, volitare*, exprime uniquement l'idée d'un corps qui se meut et voltige (1). C'est aussi d'après ce mode d'interpréta-

____

(1) Le mot *merachepheth motabot*, ou bien *fovebat*, a été

tion, que nous croyons fondé, que nous avons traduit ce passage, en disant que les vents agitaient la face des eaux.

Si l'on nous demande maintenant quel était donc cet état primitif de la terre, que les Septante nous représentent comme invisible et incomposé, ou n'ayant aucune forme déterminée que la vue pût saisir, nous répondrons que cet état était probablement le même que celui par lequel ont passé tous les corps planétaires, ces corps paraissant avoir été, à l'époque de leur origine, gazeux ou à l'état de vapeurs (1).

En effet, les données les plus positives que nous fournissent l'astronomie, la physique et la

rendu, comme nous l'entendons, par Arias Montanus. Du reste les plus habiles commentateurs de la Bible entendent ce passage comme nous, et pensent que le mot *Rouah* signifie au propre de l'air en mouvement, ou le vent, et au figuré l'esprit.

Voyez la traduction nouvelle de la Bible, par Cahen.

(1) Herschel a également admis que la matière dont les mondes sont formés était d'abord à l'état gazeux. L'observation des Nébuleuses l'a conduit à ce résultat ; car parmi ces Nébuleuses, il en est plusieurs qui semblent indiquer que les particules gazeuses commencent à se réunir en noyaux liquéfiés, lesquels deviennent peu à peu solides, l'éclat de ces points augmentant à mesure que la lumière diffuse va perdant de son intensité. Ces différences correspondent probablement aux différentes phases par lesquelles un monde passe depuis l'époque de sa première formation jusqu'à celle de sa concentration, ou de sa solidification.

géologie, nous portent à admettre que la terre comme les autres corps planétaires , avait été primitivement à l'état, gazeux, c'est-à-dire, que toutes les substances solides qui la composent aujourd'hui se trouvaient disséminées dans un espace beaucoup plus étendu que celui qu'elles occupent maintenant. Cet état primitif de la terre se rapprochait probablement beaucoup de celui sous lequel les comètes se présentent à nous. Ces astres paraissent être, en effet, dans la première époque de leur formation : aussi cessent-ils d'être visibles lorsque leurs vapeurs condensées ont fini par composer une sorte de noyau solide, lequel nous échappe dans l'immensité de l'univers par suite de son extrême petitesse. Les comètes acquièrent cette solidité par suite du rayonnement de la chaleur qui les maintient à l'état aëriforme, et qui se dissipe peu à peu à travers les espaces célestes. De même la terre a perdu son état primitif et sa surface a pris une certaine solidité par l'effet du rayonnement qui en a singulièrement abaissé la température. De cet amas de vapeurs qui la composaient dans l'origine, il ne lui reste plus que cette vaste couche aëriforme qui l'environne de toutes parts, et la garantit contre le froid glacial des espaces interplanétaires (1).

____

(1) L'état primitif de la terre a été considéré comme un

Quant à la suite de ce récit, voici comment nous la traduisons : « Dieu dit que la lumière » soit, et la lumière fut (1).

» Dieu vit que la lumière était bonne et il la » sépara d'avec les ténèbres ; Dieu nomma la » lumière jour et les ténèbres nuit : de la fin jus- » qu'au commencement ce fut la première épo- » que. »

Le mot hébreu אר *Or* ou *Aor*, que l'on a traduit ordinairement par *lux* ou lumière, comprend également la chaleur ou le feu et la flamme. D'après les plus habiles interprètes, ce mot se prend, en effet, aussi bien pour flamme et lumière, que pour le feu ou chaleur (*pro flamma et luce ignis seu igne luculento*, disent-ils tous). Quant à l'expression אור *Our* ou *Aour*, qui s'écrit de la même manière que *Or*, elle ne diffère de la première que par les points, et signifie de même flamme ou lumière. Il n'y a donc point de différence entre ces deux mots , lorsqu'on sup-

---

mélange désordonné de tous les éléments constitutifs du globe, en un mot comme le chaos des anciens qu'aucune lumière n'éclairait.

(1) Dans le texte hébreu il y a littéralement : *lumière soit*, et *lumière fut ;* car entre la volonté divine et l'exécution il n'y a point d'intervalle. Aussi Longin admirait la sublimité de cette expression concise qui donne la plus haute idée de la puissance divine qui exécute du moment qu'elle veut ou qu'elle parle.

prime les points. Aussi, en s'en tenant à la lettre, il est évident qu'ici l'expression אור *Our* ou *Aour* se rapporte tout autant à la lumière qu'à la chaleur; car, dans les idées de Moïse, ces deux fluides ou modes des corps étaient une seule et même chose, et auraient la même origine.

Aussi, d'après la Genèse, la séparation de la lumière d'avec les ténèbres fut une des premières opérations de la création, où, à la voix de Dieu, la lumière jaillit de cette obscurité temporaire qui avait primitivement régné sur la terre. C'est du moins dans ce sens qu'elle dit que Dieu sépara la lumière d'avec les ténèbres, *divisit lucem à tenebris*, lorsqu'il en reconnut les avantages pour la terre qui allait bientôt, par l'effet de sa toute-puissance, recevoir de nombreux végétaux et des tribus plus innombrables encore d'animaux.

L'Écriture ne dit point que Dieu créa ou fit la lumière, mais seulement qu'elle soit et la lumière fut. Si donc la lumière n'est point un corps particulier et distinct, mais simplement des vibrations ou des ondulations de l'éther excitées par des causes quelconques, l'écrivain sacré ne pouvait pas en désigner l'apparition d'une manière plus nette et plus conforme à la vérité. L'Écriture aurait ainsi précédé nos découvertes toutes récentes, et ces découvertes trouvent un appui

dans un récit, que par suite d'une fausse philosophie, on avait regardé pendant si long-temps
comme contraire à toutes nos connaissances
physiques.

Le mot hébreu אור *Or*, que la plupart des traducteurs ont rendu par *lux* ou *lumière*, paraîtrait avoir un sens beaucoup plus étendu, puisqu'il comprendrait à la fois la lumière et la
chaleur, comme si ces corps ou modes des corps
étaient une seule et même chose. En effet, dans
le véritable sens de l'Écriture, le mot *lumière*
emporte nécessairement avec lui l'idée de chaleur
qui est pour ainsi dire inséparable du fluide lumineux.

Prise dans son sens radical, l'expression hébraïque אור *Or* ou *Aor* indique également un
fluide sortant par une sorte d'émanation ou de
flux des corps qui ont le pouvoir de le répandre
ou de le communiquer. Ainsi donc l'on pourrait
soutenir que d'après Moïse, comme d'après un
assez grand nombre de physiciens, la lumière et
la chaleur ne seraient qu'une seule et même chose,
soit que l'on dût les considérer comme des fluides
ou des corps distincts, soit au contraire qu'ils
dussent être assimilés aux vibrations ou aux
ondulations excitées dans les corps par une
cause quelconque. Sous ce dernier rapport, le
fluide de la lumière et de la chaleur pourrait

être comparé aux ondes sonores, qui ne sont autre chose qu'un ébranlement de l'air sous certaines conditions. Enfin la dernière observation que nous ferons sur ce texte se rapporte aux mots hébreux ערב *Hereb* ou *Ereb* et בקר *Boker* que nous avons traduits de la fin jusqu'au commencement ; car il est certain qu'*Ereb*, *Vesper* opposé à *Boker*, *manè*, est pris le plus ordinairement pour fin d'une période, ou le temps qui la précède et qui l'ouvre, *interdum non tam de primo diei tempore quam rei aut actionis de quá agitur*, disent tous les commentateurs ; en sorte que l'on ne s'écarte pas de son sens véritable et littéral, en le traduisant par commencement et *Ereb* par fin.

D'après Fabre d'Olivet, le mot ערב *Hereb* ou *Ereb* signifierait également obscurité, ténèbres, le couchant ou l'occident qui indiquerait la fin d'une période, tandis que בקר *Boker* serait la lumière, l'aube ou l'orient, c'est-à-dire, le commencement d'une période. Ainsi, prises dans leur sens radical, ces expressions se rapportent plutôt à la fin et au commencement d'une époque qu'au soir et au matin d'un intervalle de temps aussi court que le sont nos jours et surtout nos jours de vingt-quatre heures. Enfin il paraît que le mot hébreu ערב *Ereb*, que nous avons rendu par *soir*, signifierait aussi quelquefois l'époque où les objets commencent à se confondre, tandis que par *Boker* on exprimerait par opposition l'époque à laquelle les objets commencent à se distinguer les uns des autres.

SECONDE ÉPOQUE OU SECOND JOUR.

Les faits qui se sont passés à la seconde époque de la création ou le second jour, pour nous servir de l'expression ordinaire, ont été conçus et expliqués par les différents commentateurs de la Genèse à peu près de la même manière que nous allons le faire nous-mêmes. Il faut l'avouer, les faits relatés dans les cinq premiers versets de la Genèse sont bien plus difficiles à comprendre que ceux qui leur succèdent. Par cela même ces derniers ont été mieux saisis, ainsi que le prouveront les observations que nous allons faire sur la suite du récit de la Genèse.

Voici, du reste, la partie de ce récit qui se rapporte au second jour ou à la seconde époque, d'après la traduction de Sacy.

« Dieu dit aussi que le firmament soit fait au
» milieu des eaux, et qu'il sépare les eaux d'avec
» les eaux.

» Et Dieu fit le firmament et il sépara les eaux

» qui étaient au dessous du firmament de celles
» qui étaient au dessus ; il en fut ainsi. Dieu
» donna au firmament le nom de ciel, et du soir
» et du matin se fit le second jour. »

Cette traduction ne parait pas très-exacte ; on
peut, ce semble, la rectifier de la manière suivante :

« Dieu dit, qu'il y ait un intervalle au milieu
» des eaux et qu'il sépare les eaux d'avec les
» eaux.

« Dieu étendit le firmament et sépara les eaux
» qui étaient au dessous du firmament de celles
» qui étaient au dessus du firmament. Il en fut
» ainsi. »

« Dieu appela le firmament Cieux ; de la fin
» jusqu'au commencement ce fut la seconde épo-
» que. »

Le mot hébreu רקיה *Rakia*, qu'avec tous les
interprètes nous avons traduit par *firmament*, n'a
cependant aucun rapport ni proche ni éloigné
avec ce que l'on entend ordinairement par cette
expression, c'est-à-dire, quelque chose de dur et
de solide, comme les cieux de cristal de Ptolé-
mée (1). Il signifie, en effet, *espace* ou *expansum*

---

(1) En effet רקיע *Rakia* dérive de *Raka* qui signifie *ex-*
pandere, *extendere*, ou, quod est expansum et extensum super terram, c'est-à-dire, l'étendue ou l'espace. Aben-Ara
définit le mot *Rakia*, aerem expansum et rarum corpus ut
separatim facta intelligatur inter aquas, quæ hic in terra sunt,

ou *expansio* : aussi M. Cahen, dans sa traduction de la Bible, a rendu cette expression par *étendue*, en disant que Dieu avait créé des luminaires dans l'étendue du ciel. Mais comme l'espace ne peut être considéré comme absolument vide, cette expression, dans son sens le plus étendu, indique une matière rare, subtile, éminemment légère et déliée, comme paraît être la matière éthérée. Aussi le mot *Rakia* s'applique-t-il aux corps parvenus au plus haut degré d'amincissement ou de ténuité dont ils peuvent être susceptibles. Or cette matière éthérée soutenant en quelque sorte les corps célestes, qui ne peuvent la pénétrer, tandis qu'elle cède aux efforts des corps légers et se combine même avec ceux qui sont aériformes, peut, ce semble, être appelée solide, et ferme, en un mot firmament, par rapport du moins aux astres qui y sont disséminés (1).

Ainsi, quoique dans son sens propre et absolu, l'expression *Rakia* signifie *un espace* ou l'espace, elle a pourtant parfois un sens beaucoup plus

---

et quæ in medio aeris regione pendent ; non quod illic sint in spheris cœlestibus aquæ, ut vulgo creditur, undè cœlum aquæum vel cristallinum appellarunt. Thesaurus linguæ sanctæ autore Pagniu.

(1) Voyez la Genèse expliquée d'après les textes primitifs par M. Contant de la Molette, Paris 1777, Tom. 1 pag. 46 et suiv.

limité et relatif aux matières ou aux corps que cet espace renferme. En effet, lorsqu'elle se rapporte à la terre, elle s'applique à l'atmosphère qui l'environne. Si, au contraire, elle comprend l'ensemble des corps célestes, elle désigne pour lors la matière éthérée, fluide immense dans lequel roulent ces corps.

Du moins lorsque Moïse veut exprimer l'influence du firmament par rapport aux choses de la terre, il emploie uniquement le mot de firmament. Ainsi à la seconde époque, où l'écrivain sacré s'occupe de la terre et de la séparation des eaux, il dit que le firmament ou l'atmosphère soit fait au milieu des eaux.

Lorsqu'au contraire Moïse veut exprimer la matière éthérée qui entoure les corps célestes autres que la terre, tels par exemple que le soleil, il ne dit plus le firmament, mais le firmament du ciel.

Aussi lit-on dans le 14ᵉ et le 15ᵉ verset de la Genèse « *Dixit autem Deus : fiant luminaria in firmamento cœli, ut luceant in firmamento cœli* ». Cette interprétation n'empêche nullement de considérer avec la Genèse le firmament comme étant la même chose que le ciel. Nous comprenons également sous le nom de ciel ou de firmament, non seulement la matière éthérée et les corps célestes qui y sont disséminés, mais encore l'atmosphère qui, d'après Moïse, est destinée à séparer les eaux d'avec les eaux. Du reste, dans les idées de ce grand législateur, il ne s'agit nullement ici d'une mer courbée en forme de voûte autour de la terre, mais de l'eau dans son état gazeux que l'air sépare d'avec l'eau dans sa forme liquide ou concrète, séparation qui n'a rien que de réel.

Ainsi lorsque l'expression *Rakia* est synonyme de ciel; elle comprend non seulement l'espace dans lequel sont répandus les corps célestes, espace rempli par la matière éthérée, mais encore ces corps célestes eux-mêmes. Lorsque cette expression se rapporte uniquement à la terre, elle paraît ne s'appliquer qu'à la couche aériforme qui l'entoure ou à l'atmosphère, tandis qu'elle a un sens plus étendu lorsqu'elle est employée avec le mot ciel, et que le texte hébreu dit le firmament du ciel. Alors elle ne se rapporte plus qu'à la matière éthérée répandue dans l'espace de l'univers.

Ainsi Dieu s'occupant de la création de la terre, fit le firmament *Rakia*, et sépara les eaux qui étaient au-dessous de celles qui étaient au-dessus. Évidemment ici le mot *Rakia* ne peut comprendre que l'atmosphère qui sépare les eaux d'avec les eaux, puisque celles qui se trouvent à l'état aériforme s'y maintiennent tant qu'elles conser-

vent cet état, et que l'eau dans sa forme liquide n'existe qu'à la surface du globe.

D'un autre côté, lorsque Dieu approprie les
corps lumineux, de manière à répandre la lumière sur la terre, c'est dans le firmament
du ciel qu'il les place, mais non plus dans le
firmament de l'atmosphère (1). Enfin lorsque la
Genèse emploie le mot *Rakia* comme synonyme
de ciel, cette expression embrasse dans son acception générale l'espace et par suite la matière
éthérée et les corps célestes qui y sont répandus.

Le mot *Rakia* a donc ainsi plusieurs accep-
tions, comme le mot *schamaim*, traduit successivement par ωρανος, *cœlum*, et enfin par ciel,
mais dont le sens est cependant beaucoup plus
étendu. En effet cette expression, toujours au
duel ou au pluriel, annonce que les Hébreux
distinguaient plusieurs régions célestes. D'après
eux la première de ces régions était celle de
l'air ou l'atmosphère ; la seconde celle des
astres ou de la matière éthérée, et la troisième
celle des anges et de Dieu. Ce ciel le plus élevé
d'après l'écriture est appelé par excellence le
ciel du ciel ou le ciel des cieux, *cœlum cœli*,
cœlum cœlorum, *cœli cœlorum*, dans le

---

(1) Moïse a donc compris sous le nom de *firmament du
Ciel*, l'espace rempli par la matière éthérée et sous celui de
firmament, l'espace occupé par l'air atmosphérique.

Deutéronome ou les Rois. Ainsi quoique les Hébreux aient considéré l'espace qui environne les corps célestes et même l'atmosphère, en un mot l'espace qui depuis la terre s'étend jusqu'aux extrémités de l'univers, comme le ciel, ils ont fort bien distingué l'atmosphère de la matière éthérée et celle-ci du séjour de Dieu où nul mortel ne s'est élevé pour en découvrir les secrets.

Enfin il ne faut pas perdre de vue que dans le texte hébreu et dès le premier verset de la Genèse, le mot *ciel* est employé sous la forme plurielle ou plutôt duelle ; car les anciens avaient admis à peu près généralement qu'il existait plusieurs cieux s'enveloppant les uns les autres ; delà l'expression de l'Écriture les cieux des cieux. Enfin par cette expression *les cieux*, ils entendaient manifestement tout ce qui n'est pas sur la terre, mais en dehors d'elle.

TROISIÈME ÉPOQUE OU TROISIÈME JOUR.

A la troisième époque Dieu réunit les eaux pour en former la mer. La matière aride paraît et reçoit le nom de terre. La vie n'y existait pas encore, mais par l'effet de la toute puissance du Créateur, la terre se couvrit bientôt de plantes herbacées, d'arbres, et enfin de végétaux de toute espéce.

On lit du moins dans la Genése : « Dieu dit » que les eaux qui sont sous les cieux se rassem- » blent dans un seul lieu, et que l'élément aride » paraisse. Ce fut bien; il en fut ainsi.

« Dieu dit, que la terre produise des herbes » vertes avec leur semence, des arbres fruitiers » avec leurs fruits, chacun selon son espéce, et » qui renferment leur semence en eux-mêmes » pour se reproduire sur la terre. Il en fut ainsi ; » ce fut bien.

« Et la terre produisit des plantes, l'herbe por- » tant la semence de son espèce, des arbres frui- » tiers renfermant leur semence en eux-mêmes, » chacun selon son espéce. Dieu vit que c'était » bien.

« De la fin jusqu'au commencement, ce fut la » troisième époque. »

D'après ce récit, il est évident que la formation de l'Océan a précédé l'apparition des continents, fait également confirmé par les observations géo- gnostiques. Il est du moins admis aujourd'hui dans la science que les mers ont généralement recouvert la surface de la terre, et que les conti- nents n'ont pris que peu à peu leur configuration et leur étendue actuelles. Ces continents n'ont été d'abord que des îles peu considérables et comme noyées dans l'immensité de l'Océan. Ces îles ne commencèrent du reste à paraître que lorsque, par l'effet du soulèvement, ces portions de terre eurent été ainsi élevées au-dessus du niveau des eaux qui les recouvraient.

Quant à l'époque où la terre était informe et nue, *informis et vacua*, elle correspond à la période de solidification des terrains primitifs antérieurs à toute organisation, ainsi qu'aux soulèvements qui se sont opérés plus tard à la surface du globe. Les continents ne paraissent même être sortis du sein des eaux ou avoir surgi au-dessus de leur niveau que par l'effet de ces mêmes soulèvements. Ceux-ci paraissent avoir eu lieu assez tard; car pour l'opérer, il fallait que les matériaux qui composent les continents fussent assez durcis ou assez solidifiés, par suite de l'abaissement de la température, pour faire éprouver aux fluides expansibles contenus dans l'intérieur de la terre une assez grande résistance, cause principale de la dislocation de son écorce.

Le surgissement de certains continents, et particulièrement celui de l'Amérique, a été en effet si récent, qu'il semble avoir été contemporain ou même postérieur à la dispersion des dépôts diluviens. Aussi l'étendue des continents est-elle assez en rapport avec celui de leur ancienneté relative. Il n'est pas moins certain que la solide fication des matériaux terrestres, et surtout les inégalités de ces mêmes matériaux ou la production de la plupart de nos chaines de montagnes n'a eu lieu que postérieurement à l'époque où la vie s'est manifestée à la surface de notre planète.

Avant ces soulèvements, la terre parfaitement unie n'offrait point les nombreuses inégalités qui, depuis lors, ont surgi au-dessus du niveau des mers; celles-ci recouvraient donc l'entière superficie du globe, et ont, par cela même, préexisté à nos continents dans leur forme actuelle. Ces continents n'ont paru au-dessus des eaux que par suite de ces mêmes soulèvements, soulèvements qui ont porté à des niveaux bien supérieurs à ceux que les mers ont jamais atteints, les produits déposés dans leur profondeur.

Enfin, d'après Moïse comme d'après les faits géologiques, la vie aurait commencé sur la terre par les végétaux, et premièrement par les plantes herbacées. Du moins ce grand écrivain met constamment le mot *herbam* avant *lignum*, quoique les arbres frappent bien plus les regards que les herbes proprement dites. Il a donc admis, comme un point de fait, cette vérité qui n'a été démontrée qu'après dix-huit siècles d'observation, que les êtres vivants s'étaient succédé les uns aux autres, en raison inverse de la complication de leur organisation.

Ainsi non seulement d'après la Genèse, la création des êtres organisés a commencé par les plantes herbacées, auxquelles les arbres auraient succédé; mais ce ne serait qu'à la cinquième époque qu'auraient paru les poissons, les reptiles et les oiseaux, et seulement à la sixième, que les mammifères terrestres et l'homme enfin auraient été créés.

Cette succession dans les végétaux qui a eu lieu en raison inverse de la complication de l'organisation est un fait des plus remarquables. On s'étonne de le voir consigné dans un livre aussi ancien que la Genèse; car on ne s'en est douté que depuis un demi-siècle au plus. D'après ce même récit, il paraîtrait que les végétaux auraient précédé les animaux, fait qui ne paraît point confirmé par l'observation des couches fossilifères.

En effet, les plus anciens animaux marins se montrent ensevelis dans les mêmes couches de transition, où l'on découvre également les premiers végétaux, en sorte que d'après les faits géologiques, l'origine des plantes et celle des animaux daterait de la même époque. Mais il n'en est pas tout-à-fait de même, lorsqu'on compare le rapport qui existe entre les premiers végétaux terrestres et les plus anciens animaux à respiration aérienne: alors seulement on reconnaît la grande différence de proportion qui existe entre les deux règnes.

Ce n'est du moins, qu'après les recherches les plus minutieuses, que l'on est parvenu à rencontrer au milieu des terrains de transition et houillers, quelques insectes à respiration aérienne, les seuls animaux qui annoncent qu'il existait déjà à ces époques anciennes, des terres sèches et découvertes. D'un autre côté, les végétaux terrestres sont au contraire des plus abondants dans ces deux ordres de terrains, surtout dans les couches du terrain houiller, l'époque la plus éminemment végétale des temps géologiques. Dès-lors, ne peut-on pas en inférer, avec la Genèse, que les végétaux terrestres ont réellement précédé les animaux qui ont le même genre d'habitation, à raison de l'extrême rareté des uns et de l'abondance remarquable des autres.

Peut-être même, cette primitive végétation a dû une partie de sa beauté à cette absence presque totale d'animaux terrestres, absence produite, on peut du moins le supposer, par la plus grande quantité d'acide carbonique répandue pour lors dans l'atmosphère. Ainsi tandis que cette forte proportion d'acide carbonique a favorisé singulièrement la végétation de ces anciennes époques ; d'un autre côté, elle a été nuisible aux animaux qui respirent l'air en nature, et dont les traces y sont si rares.

Nous dirons donc à ceux qui voudraient savoir quelle a été la première végétation, que celle-ci quoiqu'assez simple, offrait cependant des plantes de trois classes principales. On observe du moins, dans les terrains de transition, des végétaux vasculaires ou œthéogames, lesquels appartenaient à trois principales familles, savoir : aux équisétacées, aux fougères et aux lycopodiacées ; et enfin des phanérogames monocotylédons de l'ordre des graminées. Cette première végétation se faisait donc déja remarquer par une assez grande variété, ainsi que par la grandeur et la beauté des plantes qui l'ont caractérisée. Aussi plusieurs des espèces ensevelies au milieu des terrains de transition, première époque où la végétation s'est manifestée à la surface du globe, se retrouvent également parmi la flore des terrains houillers, l'époque la plus éminemment végétale des temps géologiques.

Cette végation annonce donc que, si lors du dépôt des terrains de transition, les eaux des mers nourrissaient des algues analogues aux *fucus* qui y vivent encore aujourd'hui, l'atmosphère était également capable d'alimenter des végétaux terrestres.

Si nous portons, d'un autre côté, notre attention sur les animaux de cette ancienne époque, nous verrons que la plupart se rapportent à des espèces marines ; et qu'il en est fort peu qui

signalent des habitants des terres sèches et découvertes. A l'exception de quelques débris fort
rares d'insectes, on n'y a pas reconnu d'autres
animaux à respiration aérienne. La composition
de l'atmosphère favorable au développement des
végétaux terrestres, ne l'était donc pas encore
devenue pour les animaux qui avaient le même
genre d'habitation ; il paraît même en avoir été
encore long-temps ainsi. Du moins, l'apparition des véritables animaux terrestres, c'est-à-
dire, des insectes, des oiseaux et des mammifères, n'a eu lieu que lors de la période tertiaire.
Sans doute les premiers de ces animaux avaient
vécu bien avant cette période récente entre celles
qui constituent les temps géologiques; mais les insectes n'y avaient jamais été nombreux et abondants, comme ils le devinrent à l'époque tertiaire,
en sorte que véritablement les animaux terrestres n'ont commencé que lors de cette époque.

Si donc la composition de l'atmosphère de la
période intermédiaire était peu favorable à l'existence des animaux terrestres, elle l'était du moins
au développement des végétaux. Un sol d'une
nature quelconque et plus ou moins étendu devait être à sec, afin de fournir une nourriture
suffisante aux plantes terrestres, qui composaient
la flore de cette période. Mais la partie la plus
considérable de la terre était pour lors recouverte

par de vastes mers, dont les eaux ne devaient pas avoir des propriétés contraires à la vie des corps organisés. Leurs profondeurs semblent en effet avoir été remplies, comme celles des mers actuelles, par un assez grand nombre d'animaux différents, appartenant à des classes assez variées.

Les mers de la période de transition ont nourri non-seulement une grande quantité d'invertébrés, parmi lesquels on distingue des zoophytes, des annélides, des crustacés, des mollusques, mais encore des vertébrés, c'est-à-dire, des poissons de l'ordre des ganoïdes et des sauroïdes. Indépendamment de ces espèces marines, quelques insectes qui respiraient l'air en nature, parcouraient l'atmosphère. A la vérité, extrêmement peu nombreux, ils semblent n'avoir été qu'une sorte de tatonnement ou d'épreuve, pour un genre d'organisation, qui ne pouvait s'accorder avec les circonstances d'un pareil monde.

Il en était tout autrement de la végétation de cette époque, qui loin de vivre dans l'eau, florissait sur des terres sèches et découvertes. Les résidus qu'elle a laissés et qui sont même assez considérables pour être exploités, en sont une preuve irrécusable. Tels sont ceux qui ont composé les masses de charbon des terrains de transition cités par M. Élie de Beaumont, dans le

Bocage, le Calvados et les Vosges. Des accumulations considérables de végétaux auraient donc commencé en Europe, à une époque très reculée, et il en aurait été de même en Amérique. Il existait donc pour lors des continents avec des végétaux assez abondants pour avoir formé de pareils dépôts, en sorte que si d'une part l'atmosphère était capable d'en soutenir l'existence, les mers n'étaient pas moins propres à alimenter les animaux qui les peuplaient et qui y répandaient l'activité et le mouvement.

Il résulte donc de ces faits, qu'aux premières époques où la vie s'est manifestée sur la surface du globe, il existait une prédominance extrêmement marquée des végétaux terrestres. Or ne serait-ce pas à cette prédominance que l'Écriture aurait fait allusion, lorsqu'elle a considéré la création des végétaux comme antérieure à celle des animaux. Il est du moins probable qu'ici elle a eu en vue, non quelques individus isolés de ces derniers, mais la grande généralité des végétaux terrestres de cette époque comparée au petit nombre d'animaux qui ont le même genre de station ou d'habitation. Nous avons déjà fait sentir que la végétation des terrains de transition devait être des plus florissantes, à en juger par les dépôts de charbon qu'elle a laissés, dépôts qui sont devenus plus abondants encore lors de la formation des terrains houillers proprement dits.

Ainsi s'accorde l'ordre dans lequel Moïse suppose que la création aurait eu lieu et l'ordre de succession annoncé par les débris organiques des plus anciennes époques où il en existe. C'est aussi dans ce sens qu'il faut, ce semble, entendre le passage de la Genèse, qui suppose la création des végétaux terrestres antérieure à celle des animaux qui ont le même genre d'habitation, c'est-à-dire, des végétaux qui, par leur taille et leur développement, frappent non seulement le plus nos regards, mais exercent le plus d'influence sur la surface du globe qu'ils embellissent de leur verdure. Ces végétaux ont été dès les plus anciennes époques où la vie a apparu sur la surface de la terre, hors de toute proportion avec les animaux terrestres : et c'est là tout ce que Moïse a voulu dire.

Ainsi les recherches de la géologie bien dirigées jettent une vive clarté sur les phénomènes de la création dont nous devons la première connaissance à l'auteur de la Genèse, et ses plus beaux résultats en confirment pleinement la vérité, ainsi que nous l'avons déjà fait observer. Du reste, on ne doit pas perdre de vue que la Genèse a été écrite, non pour satisfaire notre curiosité, mais pour servir de guide aux croyances religieuses.

Il a donc suffi au dessein de l'écrivain sacré

d'avoir dit qu'à la troisième époque les plantes avaient été créées, pour qu'il crût n'avoir pas à revenir sur la succession qui paraît avoir eu lieu dans l'apparition des végétaux comme dans celle des animaux. S'il avait adopté une marche contraire à celle qu'il a suivie, aurait-il donné sa sanction aux idées de MM. Lindley et W. Stutton ou à celles de M. Adolphe Brongniart; car pour rendre compte de cette succession, il aurait été forcé d'indiquer les diverses classes auxquelles les anciens végétaux avaient appartenu. Ainsi, par exemple, d'après les botanistes anglais que nous venons de citer, les genres *sigillaria* et *stigmaria* que l'on découvre à la fois parmi les terrains de transition et houillers, auraient été des végétaux analogues aux apocynées, aux euphorbiacées et aux cactées, et devraient par conséquent être rangés parmi les dicotylédons. D'après le botaniste français, ces deux genres seraient non des dicotylédons, mais plutôt des cryptogames semi-vasculaires ou des œthéogames, classe beaucoup moins avancée en organisation que les dicotylédons proprement dits.

Ce rapprochement est, ce semble, plus que suffisant pour prouver que la révélation dont la Genèse n'est qu'une émanation, ne devait point descendre dans de pareils détails; car si elle l'avait fait, elle se serait nécessairement mise en opposition ou avec la science telle que la conçoivent les savants anglais, ou avec celle qui ne paraît pas moins réelle aux savants français. Il en aurait été de même si Moïse avait voulu faire cadrer les époques successives des diverses créations dont il nous a donné la première idée, avec celles des diverses formations géologiques ; car à quel point aurait-il pris la science ? serait-ce à ce qu'elle est dans les temps actuels ? mais alors il aurait été bien au-dessous de ce que sera cette même science dans deux ou trois siècles. Ainsi, ou l'auteur de la Genèse aurait été inexact ou il aurait risqué de ne pas être compris. C'est donc avec toute raison que Moïse s'est maintenu dans les bornes qu'il s'est prescrites.

Les couches fossilifères nous apprennent enfin que la loi de succession suivie par les végétaux a été la même pour les animaux. D'après ces couches, les débris de l'espèce humaine se trouvent uniquement dans les dépôts les plus récents et les plus superficiels, c'est-à-dire, dans ceux qui annoncent que la surface de la terre a dû être ravagée par une grande et violente inondation. Ainsi donc, d'après les faits physiques comme d'après la Genèse, l'homme aurait paru le dernier sur cette terre, et aurait, pour ainsi dire, couronné l'œuvre de la création.

La succession des animaux a tellement eu lieu

en raison inverse de la complication de leur organisation, que les oiseaux et les mammifères ont
été précédés non seulement par les animaux invertébrés, mais encore par les classes les plus inférieures des vertébrés, c'est-à-dire par les poissons et les reptiles. Il y a plus encore, les mammifères marins paraissent avoir précédé ceux qui
habitent les terres sèches et découvertes, et l'on
sait que l'organisation des premiers, que l'on
peut comparer, en quelque sorte, aux reptiles,
est plus simple que celle des mammifères terrestres.

Enfin, ces derniers animaux n'ont point apparu
d'une manière simultanée sur la scène de l'ancien
monde, où ils semblent né s'être établis que par
degrés. D'abord ont apparu les mammifères qui,
vivant au bord des eaux, peuvent être, en quelque sorte, considérés comme aquatiques: tels sont,
par exemple, les pachydermes soit ordinaires soit
prossoscidiens. Plus tard, à ces anciens pachydermes ont succédé un grand nombre d'espèces
de rongeurs, de solipèdes, de ruminants et enfin
de carnassiers, dont les races sont devenues de
plus en plus semblables à nos races actuelles, et
à tel point, que l'on ne saurait différencier les
plus récentes par aucun caractère précis et positif. A cette dernière époque se rapportent les ossements humains qui ont été découverts dans les

dépôts diluviens, et dans tant d'endroits différents, soit avec quelques espèces dont on ne découvre plus de traces sur la surface de la terre, soit avec un bien plus grand nombre de races qui ne diffèrent en rien des espèces actuellement vivantes. Un ordre à peu près pareil se fait également remarquer dans la marche de l'ancienne végétation. En effet, si les animaux ont commencé par les plus simples, c'est-à-dire, par les invertébrés, et la classe la plus inférieure des vertébrés, on observe également que les végétaux les plus compliqués, ceux qui ont les organes les plus nombreux et les plus distincts ont suivi, et ont succédé aux moins parfaits. Ainsi, le règne végétal comme le règne animal ont été évidemment en se perfectionnant; les uns et les autres ont tendu constamment à parvenir par degré à cette proportion admirable qui existe maintenant entre les diverses familles végétales et animales, caractère le plus frappant et le plus remarquable de notre monde actuel.

Ce perfectionnement est encore plus sensible aux yeux de ceux qui ne considèrent pas ces formes douteuses, que l'on a nommées *cycadées* et *conifères* comme de véritables dycotlyédones, mais qui certainement sont loin par l'anomalie de leurs caractères, de pouvoir être considérées comme des dicotylédones parfaites. Pour ceux là,

même qui pensent que les vertébrés manquent
totalement dans les périodes les plus anciennes,
la grande division du règne végétal dont la
proportion numérique est aujourd'hui la plus
considérable, les dicotylédones n'existaient point
aux premières époques où la végétation a paru
sur la surface de la terre.

Ainsi, en adoptant cette idée qui semble la plus
exacte, les premiers végétaux ont été des plantes
dépourvues de vaisseaux cellulaires auxquelles
ont succédé d'abord des cryptogames vasculaires,
genres de plantes moins bien organisées et moins
parfaites que les phanérogames qui les ont suivies.
La proportion de celles-ci a été de plus en plus
en augmentant, et à mesure que leur nombre
s'est élevé jusqu'à un certain point, les dicotylédones ont paru d'abord en petit nombre et peu
variées dans leurs espèces. Mais peu à peu la proportion des dicotylédones est devenue analogue
à celle qui, dans les temps actuels, compose la végétation des régions tempérées, dans laquelle
brille surtout cet ordre dont l'organisation est la
plus compliquée.

Ainsi le règne végétal comme le règne animal
ont tendu d'une manière constante à leur perfectionnement ; si ce perfectionnement a été
plus lent à s'opérer dans le second de ces règnes
que dans le premier, cette circonstance semble

avoir dépendu de la distance immense qui sépare les animaux inférieurs des supérieurs, et à l'homogénéité comparative des grandes classes du règne végétal. Aussi devons-nous être moins surpris de voir les mammifères terrestres paraître beaucoup plus tard sur la scène de l'ancien monde, que les végétaux pharénogames, soit monocotylédons soit dicotylédons; car à toutes les époques, les conditions d'existence ont été constamment plus nécessaires et plus impérieuses pour les animaux que pour les végétaux.

Mais ce qu'il importe de faire remarquer, c'est que ces lois de perfectionnement qui ont présidé constamment à la nature organisée, et dont nous n'avons reconnu l'existence que depuis bien peu de temps, sont écrites en quelque sorte dans le livre admirable dont nous étudions les premières pages. L'on se demande, pour ainsi dire comme involontairement, comment l'auteur d'un pareil livre a pu deviner si juste et si vrai. La réponse à cette question simple est facile à ceux qui regardent ce livre comme inspiré; mais elle l'est beaucoup moins lorsqu'on ne considère la Genèse que sous des rapports purement scientifiques. C'est aussi ce qui nous empêche de répondre autrement que par l'étonnement et l'admiration.

L'on se demandera peut-être encore si cet ancien monde, si différent du nôtre, n'est point une sorte de complément des temps actuels, puisqu'il semble combler les lacunes qui se remarquent entre certaines classes, et donner une symétrie complète au tableau maintenant irrégulier des affinités. Mais, pour admettre une pareille hypothèse, il faudrait également regarder les êtres actuels comme une pierre d'attente pour des perfectionnements ultérieurs; car, si ce qui est arrivé maintes fois se répétait encore de nouveau, l'homme et toutes les espèces qui existent maintenant avec lui, feraient un jour place à d'autres espèces, dont quelques-unes seraient organisées d'une manière plus complète, et dont l'ensemble serait supérieur à tout ce qui a existé auparavant.

Tel n'est point, tel ne peut être le but du créateur, qui, en formant l'homme à son image et lui donnant ce souffle précieux qui l'anime, a rendu cette même intelligence susceptible de tous les genres de perfectionnement, mais non le corps qui l'enveloppe. Tout est donc fini sur cette terre, et la seule chose qui, dans les temps actuels, tende à un progrès marqué, est cette intelligence donnée à l'homme afin de pouvoir comprendre et admirer les œuvres sublimes de celui qui l'a placé sur cette terre pour en être le maître et le dominateur.

Il faut le dire cependant, on a opposé à cette loi admirable de succession dans les êtres organisés, quelques faits qui semblent la contredire. Ces faits se rapportent à la présence d'empreintes de pieds d'animaux quadrupèdes et d'oiseaux sur des roches d'une grande antiquité, tels que le sont les grès bigarrés (*bunter-sandstein*), et enfin celle de débris de carnassiers dans les terrains jurassiques ou oolithiques qui, quoique moins anciens que les grès dont nous venons de parler, ont été cependant déposés bien avant les terrains tertiaires.

Examinons donc ces faits, et voyons s'ils sont aussi concluants qu'on l'a supposé. L'on sait qu'en 1355, MM. de Humboldt et Link entretinrent l'académie des Sciences de Paris au sujet de plaques ou dalles de grès des environs de Hildburghausen en Saxe, appartenant au grès bigarré ou nouveau grès rouge, à la surface desquelles on remarquait un nombre considérable de figures en relief assez régulières et disposées plus ou moins symétriquement. Ces figures le sont en effet assez, pour avoir été regardées comme les résultats de pas d'animaux quadrupèdes de la famille des quadrumanes ou singes, suivant les uns, de celle de didelphes pédimanes ou sarigues, suivant les autres, comme par exemple par MM. Wiegmann et Humboldt. Enfin quelques observateurs, tels que MM. Munster et Link, les

avaient considérées comme produites par des sa-
lamandres gigantesques.

Si ces faits avaient été bien réels, du moins
quant à leur appréciation, il est certain qu'ils
auraient été en opposition avec ce que nous venons d'admettre sur l'histoire de la succession
des êtres organisés à la surface de la terre, d'après
l'état actuel de nos connaissances. L'administra-
tion du muséum d'histoire naturelle de Paris,
sentant de quelle importance pouvaient être ces
faits, s'est empressée de faire l'acquisition d'un
grand et beau morceau de ce grès, à la surface
duquel existent trois séries de ces prétendues impressions d'animaux, traduites en plate bosse et
liées entr'elles par une réticulation plus ou moins
serrée.

Au premier examen, M. de Blainville, dont les
hautes connaissances en zoologie sont depuis long-
temps reconnues, s'est assuré que ces figures
en relief ne devaient en aucune manière être attribuées à des empreintes qu'auraient laissées les
pieds d'un animal quadrupède quelconque mar-
chant sur un sol susceptible de les recevoir et de
les garder assez long-temps, pour qu'ensuite
elles aient pu être remplies par une matière
molle et plus ou moins capable de se solidifier.
Aussi a-t-il pensé que c'étaient indubitablement
des traces de végétaux analogues, sans doute, à

ceux que l'on avait déjà rencontrés plusieurs fois dans le grès rouge, et considérés comme des prêles gigantesques, ou des rhyzomes de quelques *acorus*, ou même des tiges sarmenteuses plus ou moins réticulées et anastomosées.

Quant aux raisons à l'appui de son opinion, que ce ne sont pas des empreintes de pieds d'animaux quadrupèdes, M. de Blainville les appuie sur des dessins rigoureusement exacts du bel échantillon acheté par le Muséum, et des figures d'empreintes des pattes d'un singe, d'une sarigue et d'une salamandre, qu'il a fait exécuter. La comparaison de ces dessins prouve qu'il n'y a aucune sorte de comparaison entre les empreintes produites par ces animaux et celles qui existent sur les grès d'Hilburghausen.

D'un autre côté, M. de Blainville a fait observer que ce qui paraît avoir causé la méprise des savants allemands, tient à ce que dans les dessins de ces empreintes on a si bien régularisé les contours, qu'on devait y voir des empreintes régulières d'un pied à cinq doigts avec le pouce en dehors, comme si l'animal eût marché en chevauchant. Une pareille régularité est cependant loin d'exister sur les impressions originales, qui ne peuvent avoir été produites que par des végétaux.

De prétendues empreintes de pattes d'oiseaux

ont été observées sur un grès micacé grisâtre, de la formation du grès bigarré, au bord de la rivière de Connecticut, dans le Massachusett. Ces empreintes ont été découvertes dans plusieurs localités, sur un espace de trente milles, sur les bords de la rivière de Connecticut, d'abord par le docteur Deane, et en second lieu, par M. Hitchcock. Dans les diverses carrières où elles ont été rencontrées, la pierre susceptible de se séparer en plaques plus ou moins inclinées laisse voir les empreintes en creux, que par un abus de méthode, comme d'observation, M. Hitchcock a divisées en *Pachydactyles* et en *Leptodactyles*, les considérant comme des *Ornithichnites*, ou des traces plus ou moins épaisses produites sur la pierre par des oiseaux.

Mais, comme l'intervalle de ces traces est de quatre à six pieds anglais, et leur longueur, souvent de quinze pouces, avec de prétendus ongles, M. Hitchcock a été forcé de supposer que les oiseaux qui les auraient produites devaient marcher fort lentement, et surpasser de beaucoup, par leurs dimensions, tous les oiseaux connus. La grandeur de ces empreintes aurait dû déjà faire naître des doutes dans l'esprit de cet observateur; mais il n'en a rien été, et non content d'établir des genres pour la classification de ces prétendues empreintes d'oiseaux, il les a distingués en espèces.

Il faut l'avouer, l'examen des figures qui en ont été données confirme bien peu l'origine qu'on a voulu leur attribuer. En effet, la figure n° 1, ou l'*ornithichnites giganteus*, ne peut être évidemment l'empreinte d'une patte d'oiseau, à raison de la forme de sa terminaison à sa partie postérieure, et parce que les articulations n'ont pas laissé le moindre indice des renflements, qui sont une suite nécessaire du nombre des phalanges composant les doigts de ces animaux. L'ongle, si tant est qu'on puisse donner à la terminaison de cette empreinte un pareil nom, serait ici recouvert d'une manière beaucoup trop brusque par les portions de la peau dans laquelle il aurait pris racine, laquelle est ici beaucoup plus renflée qu'elle ne l'est chez aucun oiseau connu.

Quant aux autres figures, sous les numéros 2, 3, 4 et 5, et auxquelles M. Hitchcock a donné des noms particuliers, leur forme n'a rien de commun avec les empreintes des pattes des oiseaux, et l'on s'étonne qu'elles aient pu être comparées avec de pareilles empreintes, dont elles sont si loin de rappeler la configuration. Enfin, si ces empreintes avaient été produites, comme on l'a si gratuitement supposé, par des oiseaux grands et pesants, elles auraient dû porter des traces de la portion plantaire de la peau. En effet, cette portion est largement sillonnée par des rides transversales ou dans une toute autre direction, et ses traces devraient subsister d'une manière quelconque. Cependant, il n'en existe aucune, pas plus que de celle des écailles qui recouvrent la partie supérieure ou convexe des orteils ou des doigts, lesquelles écailles viennent se terminer au bord de la face plantaire des orteils. On devrait également y voir les différentes saillies formées par les diverses phalanges, ce dont on n'aperçoit cependant aucune sorte de vestige.

Les seules traces bien réelles d'animaux que l'on voit sur les grès bigarrés, sont celles que des reptiles de l'ordre des chéloniens y ont laissées. En comparant la trace que les pieds de nos tortues et de nos émydes vivantes laissent sur le sable, avec les empreintes que l'on voit sur ces grès bigarrés, il est facile de reconnaitre que ces dernières ont dû avoir été produites plutôt par des tortues de terre que par tout autre genre de chélonien.

Ainsi, suivant la belle réflexion de M. Buckland, en vain l'historien et l'antiquaire ont-ils traversé les champs de bataille anciens et modernes ; en vain ont-ils suivi la marche triomphante de ces conquérants, dont les armées écrasèrent les plus puissants empires du monde. Les vents et les tempêtes ont effacé les empreintes éphémères de leurs pas. De tant de millions d'hommes et d'animaux dont les envahissemens répandaient la désolation sur la terre, il ne reste pas même la trace d'un seul pied.

Mais les reptiles qui rampaient à la surface de notre planète, encore dans l'enfance, ont laissé de leur passage de durables et d'indélébiles souvenirs. Aucune histoire n'a enregistré leur naissance ou leur destruction. Leurs os mêmes ne se trouvent plus parmi les restes fossiles d'un monde plus ancien. Des siècles, des milliers d'années, ont passé, depuis que ces empreintes furent tracées sur le sable, et elles y sont aussi distinctes que les pas de l'animal le sont sur la neige, sur laquelle il vient de marcher. Elles sont distinctes sur le roc, comme pour nous prouver que des milliers d'années ne sont rien pour l'éternité, et, en quelque sorte, pour tourner en dérision la course passagère et périssable des plus puissants potentats.

Il est enfin un troisième fait, que l'on a considéré comme plus positif que la plupart de ceux que nous venons de rapporter, et d'après lequel des mammifères terrestres auraient, ce semble, existé antérieurement au dépôt des schistes calcaires secondaires d'Angleterre. Sans doute, a-t-on observé, les mammifères terrestres ne paraissent avoir apparu que lors de la période tertiaire ; mais on ne peut s'empêcher d'admettre le contraire lorsque des faits nouveaux viennent nous y forcer. Seulement, on peut observer que lorsque des faits isolés se montrent en opposition avec les faits généralement reconnus constants, on ne doit les admettre qu'après les avoir soumis à l'examen le plus sévère, quelle que soit l'autorité des savants qui nous les ont fait connaître.

C'est aussi pour parvenir à ce but qu'ont été dirigées les recherches de M. Constant-Prévost dans son dernier voyage en Angleterre. Ce savant avait été étonné, comme la plupart des géologues français, que les schistes calcaires oolithiques de Stonesfield, près d'Oxfort, renfermassent réellement des restes de mammifères terrestres, rapprochés des didelphes, et que l'on pouvait, en quelque sorte, comparer aux *opossum*. En conséquence, c'est sur les lieux mêmes qu'il a voulu discuter la valeur des faits rapportés, à ce sujet, dans les ouvrages de MM. Conybeare, Phillips et Buckland. Voici quel a été le résultat de ses observations particulières.

D'abord, d'après lui, les portions de mâchoires trouvées à Stonesfield ont appartenu à un mammifère, probablement insectivore, et analogue, sous quelques rapports, aux didelphes, mais d'un genre inconnu. Ces fragments fossiles étaient bien évidemment enveloppés dans les feuillets de la roche qui constitue les schistes calcaires oolithiques de Stonesfield. Mais il n'est pas aussi certain que ces schistes eux-mêmes fassent partie de la formation oolithique à laquelle on les rapporte ; les doutes que l'on peut se former à cet égard résultent de ce que ces schistes sont particuliers à une seule localité, et qu'ils ne sont pas évidemment recouverts par les couches que l'on dit plus récentes qu'eux. Aussi, à peu de distance, voit-on les mêmes couches regardées comme plus récentes, recouvrir immédiatement d'autres couches, qu'il faudrait regarder comme plus anciennes que les schistes oolithiques à ossements, sans que ceux-ci se trouvent placés entre les deux systèmes.

D'un autre côté, la plupart des fossiles qui accompagnent les os de mammifères ne se voient réunis que dans un seul autre lieu, auprès de Tilgaëte en Sussex, mais dans des assises supérieures à la formation oolithique. Quant aux fossiles qui se montrent réunis aux ossements des didelphes, ce sont, comme on le sait, des mollusques, des insectes, des poissons, des reptiles et des ossemens d'oiseaux, animaux dont les débris se montrent si rarement dans les terrains secondaires.

Aussi, d'après l'habile observateur que nous venons de citer, les couches où l'on a découvert les mammifères de Stonesfield constitueraient un terrain remanié, déposé dans une cavité du sol oolithique, et postérieurement à la formation de ce sol.

Il est donc constant, d'après les observations les plus positives, que la vie s'est constamment succédé sur la surface du globe en raison inverse de la complication de l'organisation, et que les faits que l'on a cru contraires à cette loi de la nature ont été mal observés, ou sont loin d'être concluants.

Ils le sont d'autant moins, qu'un observateur des plus habiles, et qui s'est livré à une étude spéciale des poissons vivants et fossiles, s'est demandé, si les mâchoires de sarigue de Stonesfield étaient bien réellement des mâchoires de mammifères terrestres. Il s'est donc adressé cette question de savoir, si ces mâchoires n'appartiendraient pas plutôt à un genre de poissons de la famille des sauroïdes. Cette question que s'est proposée M. Agassiz en 1833 pourrait paraître extraordinaire, si l'on ne se rappelait que ce grand ichthyologiste a prouvé qu'une portion de l'émail d'une grosse dent, considérée par Cuvier comme ayant appartenu à un *palæotherium*, n'était autre chose qu'un fragment d'une dent de ces singuliers poissons, nommés sauroïdes, à raison de leurs rapports avec les reptiles (1).

Si donc la conjecture de M. Agassiz se véri-
fiait, le fait de Stonesfield rentrerait dans les
lois ordinaires de l'antique création, et ne serait
plus contraire à ces mêmes lois.

Les faits en étaient là, lorsqu'une note com-
muniquée à la Société d'histoire naturelle de
Strasbourg dans la séance du 2 février 1836, par
M. Gressly, nous est parvenue. D'après cette
note, des restes de mammifères terrestres auraient
été découverts dans le calcaire postlandien de
Soleure en Suisse.

Des faits analogues avaient été antérieurement
annoncés à la société géologique du Jura par
M. Hugi de Soleure, ce qui a engagé M. Gressly
à examiner lui-même et ces carrières, et les débris organiques que l'on y rencontre.

Voici le résultat de ses observations. On a ex-
ploité, dit-il, depuis deux ans, dans cette carrière,
neuf bancs successifs, et récemment on a porté
l'exploitation sur un dixième banc inférieur à
ceux-ci ; au-dessous, le calcaire devient puissant
et d'un grain fort grossier. Ces dix bancs, qui se
retrouvent dans toutes les carrières, avec des
rapports tout-à-fait identiques, se déploient sans

______

(1) Recherches sur les poissons fossiles, par M. Agassiz.
Tome I. pag. 14.

interruption dans toute la contrée. Les mêmes bancs n'offrent que rarement des fentes verticales; mais quand elles existent, ces fentes traversent toute la série des couches. Elles ne se prolongent pas pourtant au loin, suivant des directions indéterminées, et paraissent n'être que le résultat d'un retrait provenant de la dessication. Ces fentes ne sont remplies que d'une marne ou d'une matière calcaire tuffacée; souvent même leurs parois sont tapissées d'asphalte, et souvent aussi de spath calcaire; elles ne contiennent jamais d'autres substances.

Entre les bancs mêmes, on voit le plus souvent une mince lamelle argileuse, qui, entre les quatrième et sixième assises, se mêle avec du sable et devient une couche de marne dans laquelle se trouvent les tortues les mieux conservées et le plus fréquemment couchées sur le ventre, appartenant, d'après Cuvier, à différentes espèces de la famille des émydes.

Lorsque l'épaisseur du premier banc dépasse six pieds, il constitue alors deux assises. La roche est d'un blanc mat, très-cassante dans tous les sens, et impropre aux constructions. C'est ici que prédomine la famille des nérinées. Celles-ci sont empâtées dans la roche, sans aucun ordre, pour la plupart brisées, et tellement confondues avec le calcaire, qu'on ne les aperçoit qu'avec

peine. L'intérieur de leur coquille est rempli de
spath calcaire. Excepté ces nérinées et une ammonite, on n'y a pas encore trouvé d'autres mollusques.

Ce n'est que dans cette partie que l'on découvre
les épines dorsales de l'*astracanthus ornatissimus*,
et, en outre, plusieurs restes de reptiles volants
(*pterodactylus*). Ces débris sont exclusivement
dans cette couche, dans laquelle on observe également plusieurs fragments épars de tortues,
quelques dents de *gyrodus*, de *sphærodus*, de
picnodus, et enfin deux dents de *palæotherium*.
On a trouvé également entre cette assise et la
suivante deux vertèbres, dont l'une proviendrait,
d'après M. Duvernoy, d'un hérisson, et l'autre,
d'un batracien gigantesque. On y a, en outre,
observé deux astragales, dont l'un a été attribué
à l'*anoplotherium gracile*, et l'autre, plus grand,
à un ruminant, de la taille d'une brebis, ou à
un petit pachyderme.

Les nérinées ne se voient que rarement dans
le second banc; mais, à leur place, on rencontre
ici, pour la première fois, des bivalves, qui sont
des huîtres informes et quelques térébratules.
Les fragments de tortue s'y voient plus fréquemment, et l'on y rencontre des restes de cidarites.
Aux dents de poissons déjà citées, s'ajoutent encore celles de *psammodus reticulatus*. C'est de

cette assise que l'on a retiré une dent de *Palæotherium crassum*. Quelques dents de sauriens y apparaissent également, mais elles y sont fort rares.

Le troisième banc est caractérisé par une foule de térébratules (*Terebratula biplicata*). Les huîtres du deuxième banc s'y trouvent encore; les nérinées du premier y reparaissent. On y rencontre le *megalosaurus*, le crocodile de Caen et d'autres espèces de crocodiles, ainsi que des dents de sauriens. Les débris de poissons, ainsi que ceux des tortues, y deviennent plus rares.

Le quatrième banc est constitué tout-à-fait de la même manière que le troisième, et il est difficile de l'en distinguer.

Le cinquième est l'assise marneuse qui renferme les tortues entières; tous les autres bancs n'en recèlent que des fragments. On ne trouve qu'ici le *Pterocerus Oceani* de M. Brongniart. On y remarque de plus quelques nérinées, des échinites, plusieurs bivalves, des mâchoires de *Picnodus* et des dents de sauriens.

Dans le sixième banc, on découvre des portions émaillées, que Cuvier considérait comme une portion de l'émail d'une grosse dent de *Palæotherium*, mais que M. Agassiz regarde comme une dent de poisson.

Les quatre autres bancs plus profonds ne diffèrent pas les uns des autres. Ils renferment des débris rares et épars de tortues, des restes de sauriens, de *Psammobus*, de *Girodus*, de *Picnodus*, quelques térébratules et des nérinées.

Enfin, l'on découvre dans les troisième et quatrième bancs inférieurs deux ou trois espèces d'huitres.

D'après ces faits, rapportés par M. Gressly, il est évident que les débris des mammifères terrestres auraient été principalement rencontrés dans le banc le plus supérieur de cette formation. Or, ce banc n'étant recouvert que par les dépôts diluviens, ne pourrait-il pas se faire qu'il eût été remanié à l'époque tertiaire, et qu'ainsi des débris des animaux de cette époque eussent été mélangés à ceux de la période secondaire, ce qui est d'autant plus probable, que l'auteur des observations précédentes nous fait lui-même observer que des couches de sable se trouvent souvent entre les assises des différents bancs.

Enfin, l'on pourrait encore se demander si les déterminations de ces débris ont été bien faites, et s'il ne pourrait pas y avoir à cet égard quelque méprise. On est en droit, en quelque sorte, de le supposer, lorsqu'on voit M. Agassiz considérer comme une dent de poisson ce que Cuvier avait regardé, au contraire, comme une dent de *Palæotherium*. Ce qui doit nous porter à n'admettre de pareils faits qu'avec la plus grande réserve,

et que lorsqu'ils sont complétement démontrés ;
car jusqu'à présent les mammifères marins
ont paru précéder constamment les mammifères terrestres. Or, si les observations de
M. Gressly étaient aussi concluantes qu'il le suppose, le contraire aurait eu réellement lieu.

Si des faits subséquents venaient confirmer ces
premières observations, il en résulterait uniquement que la première apparition des mammifères terrestres aurait eu lieu, non pas lors du
dépôt des couches tertiaires les plus anciennes,
mais bien lors de celui des couches secondaires
les plus supérieures. Il n'en serait pas moins vrai
que la vie se serait succédé sur la terre en raison
inverse de la complication de l'organisation.
C'est aussi le seul point de vue sous lequel nous
ayons examiné cette grave question, liée d'une
manière si intime avec le sujet dont nous nous
occupons.

Enfin, nous croyons d'autant plus au remaniement qui doit avoir eu lieu relativement aux
terrains secondaires de Soleure, qu'il est bien démontré que les terrains tertiaires de l'Europe ne
renferment aucune espèce de mollusques identiques avec celle des terrains secondaires sous-ja-
cents. Or, il n'est que trop connu que les mollusques sont beaucoup moins restreints dans leurs
stations et leurs habitations que les mammifères

terrestres, et cependant si les faits avancés par
M. Gressly étaient tels que les a supposés cet observateur, le contraire devrait avoir eu lieu, ce
qui n'est guère probable, d'après les lois de
distribution des espèces des temps géologiques.

Ce dernier fait est, ce semble, des plus concluants, et tient à la différence de température
qui existait lors des périodes secondaires et tertiaires, différence qui n'a pas permis aux mêmes
espèces de vivre sous des conditions aussi diverses. On peut donc présumer, d'après les progrès récents que la géologie a faits sur les températures des différentes époques géologiques,
que, quelque complet que puisse paraître le mélange d'espèces appartenant à plusieurs périodes,
il sera bientôt facile de les reconnaître au moyen
de la diversité de la température sous laquelle
devaient vivre les espèces mélangées, à peu près
comme nous pouvons reconnaître la fausseté des
observations astronomiques des anciens, d'après
l'état du ciel qu'ils nous ont représenté, état qui
ne pourrait être celui de l'époque à laquelle ils
l'ont rapporté.

Il serait encore possible que l'altération des
débris fossiles secondaires, comparée à celle
qu'offrent les restes tertiaires, vînt encore
confirmer notre supposition, ainsi que le
transport des uns et des autres par suite du

remaniement que ces divers débris auraient
éprouvé. Mais, pour en juger d'une manière certaine, il faudrait avoir sous les yeux les objets découverts par M. Gressly; c'est ce que nous n'a-
vons pas pu faire. Aussi, nous ne saurions trop
engager les savants qui habitent Soleure à se char-
ger de cette comparaison et de cet examen, dont
l'intérêt et l'importance sont trop faciles à saisir
pour y insister davantage.

Cette digression pourra paraître un peu longue; mais on en excusera, sans doute, l'étendue
à raison de l'intérêt du sujet auquel elle se rapporte. Du reste, il nous suffit d'avoir démontré
que, d'après les faits tels qu'ils ont été rapportés
par M. Gressly, il existe des preuves non équivo-
ques d'un remaniement par l'eau de la surface du
globe après la consolidation des couches antérieurement produites, et après la destruction des
animaux dont on y découvre les restes.

QUATRIÈME ÉPOQUE OU QUATRIÈME JOUR.

« A la quatrième époque, Dieu dit que des
» corps lumineux soient disposés dans le firma-
» ment du ciel, pour séparer le jour d'avec la
» nuit, et qu'ils servent de signes pour marquer
» les temps, les jours et les années.

» Qu'ils luisent dans le firmament du ciel et

» qu'ils éclairent la terre. Il en fut ainsi. Dieu
» disposa deux grands corps lumineux, l'un
» plus grand, pour présider au jour, et le plus
» petit pour présider à la nuit; il fit aussi les
» étoiles.

» Il les disposa dans le firmament du ciel,
» pour luire sur la terre.

» Pour présider au jour et à la nuit et pour
» séparer la lumière d'avec les ténèbres.

» Dieu vit que c'était bien; de la fin jusqu'au
» commencement, ce fut la quatrième époque. »

Ce texte exigerait sans doute de nombreuses observations, si l'on pouvait oublier celles que nous avons déjà faites sur le mot hébreux רקיע *Rakia* que la plupart des traducteurs ont traduit par firmament. Ici cette expression ne peut s'entendre que de la matière éthérée dans laquelle sont disséminés les deux grands corps lumineux, qui sont aujourd'hui pour la terre la source de la lumière et de la chaleur qu'elle reçoit. Aussi peut-être vaudrait-il mieux la traduire par l'étendue du ciel plutôt que par firmament du ciel, ainsi que l'a fait M. Cahen dans son excellente traduction.

Ces observations nous dispenseront d'entrer dans de plus longs détails à cet égard ; il ne nous reste plus qu'à dire quelques mots du seizième et du dix-septième versets de la Genèse, dans lesquels il est parlé des deux grands corps lumineux, que Dieu prépara et mit dans le firmament du ciel.

Le législateur des Hébreux ne parait pas avoir supposé, relativement aux astres dont il est question dans ces versets, qu'ils aient été créés à la quatrième époque, c'est-à-dire, bien postérieurement après notre globe; Moïse a seulement voulu nous apprendre, qu'à cette époque, la terre avait été placée, par rapport à ces corps, de façon à recevoir d'une manière constante et uniforme, la lumière qu'ils lui dispensent. Aussi est-ce dans ce sens que les traducteurs grecs de la Bible, et même certaines traductions latines, l'ont entendu, en disant qu'à cette époque ces corps furent disposés dans le firmament du ciel, afin de répandre la lumière sur la terre, « et » *posuit in firmamento cæli, ut lucerent super* » *terram.*

Sans doute les astres auxquels la Bible fait ici allusion sont loin d'être les deux plus grands corps célestes; car la lune, par exemple, dont le diamètre est à peine le quart de celui de la terre ou la 65 millionième partie du soleil, est une des plus petites planètes. Mais il n'en est pas moins vrai que le soleil est de tous les astres celui qui nous envoie le plus de lumière pendant le jour, comme la lune pendant la nuit.

Or, il n'y a pas ici inexactitude, comme on l'a prétendu dans le récit de Moïse, d'avoir dit que Dieu disposa dans le firmament du ciel deux grands corps lumineux, *duo laminaria magna*, l'un pour présider au jour et l'autre pour présider à la nuit.

Du reste, l'Écriture est si loin de considérer la création de la terre comme antérieure à celle du soleil et des étoiles, qu'il est dit dans le livre de Job (XXXVIII, cap. vers. 7.), que les étoiles louaient Dieu, lorsque la terre fut créée. Il y a d'autant moins de doutes à cet égard, que Moïse qui, selon toute apparence, est l'auteur du livre de Job, met ces paroles dans la bouche de Dieu lui-même. A la vérité, certains commentateurs de la Bible ne partagent pas cette manière d'interpréter ce passage que les septante ont traduit, en disant que lorsque les astres furent formés tous les anges louèrent Dieu à grands cris; *cum me laudarent simul astra matutina et jubilarent omnes filii Dei*. Nous avons partagé avec le savant professeur Encontre, la première interprétation, comme à la fois la plus conforme au texte et la plus vraisemblable.

D'un autre côté, l'on ne doit pas perdre de vue que le mot hébreu *Asah* que l'on a ordinairement traduit par faire, signifie plutôt adapter, approprier, et qu'il ne s'agit pas ici de créer des

corps lumineux dans toute la force de cette expression ; car s'il en avait été ainsi, Moïse se
serait servi du verbe *Bara* et non du Verbe *Asah*,
qui suppose une matière ou un corps préexis-
tant sur lequel Dieu opérait, ou qu'il préparait
pour un usage nouveau. Le verbe *Asah*, indique seulement que dans la pensée de Moïse,
Dieu avait, lors de la quatrième époque, disposé
dans un ordre nouveau les étoiles, le soleil et
la lune formés depuis la création primitive qui
eut lieu au commencement des temps et les assujettit à éclairer constamment la terre.

L'Écriture emploie donc le verbe *Bara* pour
exprimer la première production du ciel et de
la terre, tandis qu'elle se sert du verbe *Asah* pour
rendre particuliérement l'action de Dieu, s'exer-
çant sur une matière déjà existante et la dispo-
sant dans un ordre nouveau, enfin sous des
formes nouvelles. Quoique le mot *Asah* puisse
paraître en quelque sorte synonyme de *Bara*,
ce dernier a constamment plus de force et une
signification plus étendue.

Le mot *Bara* que nous traduisons par *créer*,
exprimerait, d'après cette supposition, l'idée de la
création d'un corps ou d'une matière que Dieu
dans sa toute puissance aurait fait sortir du
néant et aurait tiré de rien ; tandis que le verbe
Asah indiquerait uniquement l'acte de Dieu qui

donnerait un mode d'existence nouveau et distinct à une substance existant déjà et produite
antérieurement. Le verset 7 du chapitre 2 de la
Genèse, en nous apprenant que l'homme fut formé d'une matière existante auparavant, c'est-à-
dire du limon de la terre, semble donner avec
d'autres textes un grand poids à cette supposition.

Bara, créer, a donc, ainsi que nous avons déjà
fait observer, beaucoup plus de force que le mot
Asah, faire ou approprier : aussi le premier peut-
il être seulement employé relativement à Dieu,
tandis que *Asah* peut être appliqué à l'homme.
C'est précisément la différence que l'on ad-
met assez généralement entre les mots *créer* et
faire, employés pour traduire les verbe *Bara* et
Asah. Cette manière d'entendre ces deux expressions, se rapporte du reste plutôt à notre manière de les concevoir, qu'au sujet lui-même ;
car faire, lorsque nous parlons de Dieu, est
équivalent de créer.

Aussi postérieurement à Moïse, les mots *Bara*,
créer, *Asah*, *faire*, *yastar*, *former*, ont été fréquemment employés par les prophètes à peu
près comme synonymes. Du moins ces mots expriment dans leur langage la formation de quelque chose de nouveau, ou quelque chose dont
l'existence dans son nouvel état a commencé avec

cet état, et cela par la seule volonté du Créateur.

Cependant en examinant avec une sérieuse attention le sens du verbe *Bara* dans le premier verset de la Genèse, il est difficile de ne point voir qu'il se rapporte ici à une véritable et complète création ; d'abord il n'y a pas d'autre récit de la création du ciel et de la terre, et en outre le second verset décrit l'état du globe, après qu'il a été créé et disposé à recevoir les diverses modifications qui furent l'ouvrage des six époques ou des six jours de la Genèse. Par cette création primitive qui eut lieu au commencement des temps, Dieu fit sortir du néant la matière qui fut les cieux et la terre, et après un temps indéfini dont nous ne pouvons apprécier l'étendue, il fit jaillir sur cette terre, la lumière, premier acte de sa volonté pendant ces périodes consacrées à l'harmonie des choses terrestres.

En un mot, tout au moins pour le premier verset de la Genèse, le verbe *Bara* signifie l'action créatrice de Dieu qui tire du néant ou de rien, la matière qu'il crée, tandis que *Asah* se rapporte à l'acte qui consiste à disposer cette matière créée, dans des formes nouvelles, ou à lui donner des attributs nouveaux. Sans doute, il n'existe peut-être dans aucune langue, un mot dont l'acception soit aussi étendue que celle que nous attribuons au verbe *Bara* ; mais aussi dans quelle langue trouvons-nous la volonté ou l'action de Dieu opérant une œuvre aussi magnifique et aussi merveilleuse que celle de la création de l'univers.

Si l'on adopte cette interprétation, comme la plus simple et la plus conforme au texte de l'Écriture, et si l'on considère le système de l'univers, dont le soleil et les étoiles font partie, comme créé dans le commencement des temps, et avant la terre, on n'a point à se demander, comment il se pourrait qu'il y eût une lumière indépendante de celle excitée par les astres, qui seuls la répandent maintenant sur la terre.

Cette interprétation doit, ce semble, être fondée; du moins bien des faits annoncent qu'antérieurement à l'époque où le soleil et les étoiles qui ont répandu d'une manière constante et la lumière et la chaleur sur la terre, il en existait d'autres sources pour notre globe.

L'on sait qu'il est une certaine épaisseur de couches terrestres, au-delà de laquelle ne pénètre pas la chaleur produite par les rayons solaires, et cependant la chaleur, au lieu de diminuer, passé ce terme, augmente d'une manière sensible; cet accroissement, confirmé par toutes sortes d'expériences, faites dans les profondeurs de la terre, annonce qu'en terme moyen il n'est pas moindre d'un degré du thermomètre centigrade par 25 ou 30 mètres de profondeur.

Notre planète possède donc dans son intérieur, une température à elle propre, tout-à-fait indépendante de la chaleur solaire, température, qui, d'après la loi de son accroissement, doit être énorme dans son centre. Mais la surface de notre globe a joui elle-même de cette température élevée; il paraît du moins assez probable de supposer, que dans le principe des choses, tous les matériaux qui composent aujourd'hui la masse solide du globe, ne formaient qu'un vaste bain liquide, où bouillonnaient de toutes parts les matières les plus denses et les plus fixes. Comment une pareille conflagration aurait-elle pu avoir lieu, sans produire une lumière aussi vive qu'étincelante de clarté, à la surface des corps rendues incandescents par les effets d'une chaleur aussi considérable. Cette lumière devait, en effet, être des plus resplendissantes, à peu près comme celle que nous produisons en portant à l'état d'ignition des fragments de chaux dans certains mélanges gazeux, et dont l'œil ne peut supporter l'éclat ni la vivacité.

Du moins, il est d'expérience vulgaire qu'aucune combustion, ni aucun développement considérable de chaleur, n'a lieu sans être en même temps, accompagnée de production de lumière. Aussi plusieurs physiciens, en voyant la constance de ces phénomènes, ont-ils assimilé le calorique rayonnant au fluide lumineux.

Cette cause d'excitation et de production de la lumière, est-elle donc anéantie dans la constitution actuelle de notre planète, et toutes les molécules qui la composent, ne sont-elles pas douées d'une certaine quantité de chaleur, comme de lumière et d'électricité. Ainsi, par exemple, un léger choc ne la fait-elle pas jaillir, étinceler même, des cailloux retirés des lieux les plus ténébreux, où la lumière solaire n'a jamais pénétré. Les phénomènes phosphoriques ne nous la montrent-ils pas dans tous les corps de la nature, dans les êtres vivants, comme dans les minéraux arrachés aux profondeurs du globe, et qui n'ont jamais reçu le moindre rayon de cette lumière bienfaisante du soleil, source de la vie et de l'activité.

Le frottement ne la tire-t-il pas également en gerbes brillantes des corps électriques, quelle qu'ait été la place que ces corps ont occupée dans l'écorce du globe? Ne sort-elle pas avec abondance des végétaux et des animaux qui se décomposent, et ne s'échappe-t-elle pas enfin en grande quantité de ceux qui jouissent de la vie? Pourrions-nous oublier que cette lumière est parfois si vive, que les mers les plus vastes paraissent comme en feu, aux yeux des navigateurs étonnés et surpris d'un phénomène aussi extraordinaire et aussi mystérieux?

Or, cette lumière latente ne tire pas son origine du soleil. Elle paraît dès qu'une cause d'excitation vient à produire ces ondulations nécessaires à sa manifestation. La cause qui opère ces vibrations ou ondulations, est donc tout-à-fait indépendante de la principale source, d'où la surface de la terre tire maintenant la lumière et la chaleur nécessaires à l'existence des êtres qui l'habitent.

Les combinaisons si nombreuses et si variées, qui ont lieu entre les divers corps de la nature, n'en produisent-elles pas elles-mêmes des quantités plus ou moins considérables, et sur lesquelles le soleil n'exerce aucune influence. Par suite du mode de ces combinaisons, la lumière s'en dégage, ou y demeure cachée suivant les circonstances et la manière dont s'opèrent les réactions chimiques.

D'un autre côté, comme il paraît que la lumière n'est point un fluide particulier et distinct, et qu'elle est plutôt, comme le son, le résultat de vibration et d'ondulation de la matière éthérée ou de l'air atmosphérique, on comprend combien la chaleur considérable, qu'avait dans le principe des choses la surface du globe, devait exciter de semblables et pareilles ondulations. Ne concevons-nous pas en effet, dans la théorie

des ondulations, le soleil comme communiquant
ou excitant des ondulations dans la matière éthérée ou dans l'atmosphère, et produisant ainsi sur
nous l'impression de la lumière ? Ne peut-on
pas dès lors attribuer à des effets du même genre,
celle qui émane des corps échauffés, et qui est
souvent si vive, que l'œil peut à peine en soutenir l'éclat, d'autant plus que l'action de ces
corps a lieu sur une matière beaucoup plus
dense et bien moins subtile que la matière éthérée.

Il est donc rationnel et tout-à-fait conforme à
ce que nous apprennent les faits, de considérer
la température élevée, dont a joui la surface du
globe, aux premières époques, comme liée en
quelque sorte à des émanations d'une vive lumière, tout aussi indépendante que cette même
température, de celle dont la terre ne ressent
plus maintenant l'influence que par l'effet des
rayons solaires.

Il est aisé de concevoir que cette manière
d'interpréter les faits s'accorde parfaitement à
la théorie qui suppose la lumière comme produite par des ondulations excitées dans la matière éthérée, matière infiniment subtile et élas-
tique qui remplit tout l'espace de l'univers. Cet
éther passe, pénètre même dans l'intérieur de
tous les corps, et tant qu'il reste en repos, il y

a obscurité complète ; et lorsqu'au contraire, il est mis en vibration, la sensation de la lumière est alors produite.

Il résulte en effet des travaux et des recherches d'Young, de Fresnel et de M. Arago, que la lumière est mise en jeu par la vibration d'un fluide répandu dans l'espace, fluide auquel on a donné le nom d'éther. Ces vibrations peuvent être occasionnées par différentes causes, comme par exemple, le soleil ou les étoiles, l'électricité, la combustion, ou même des actions chimiques quelconques. Si donc la lumière n'est point un corps ni une substance matérielle, mais une suite de vibrations excitées dans l'éther ou dans l'air par les corps extérieurs, elle n'aurait pas été proprement créée ; seulement elle aurait été mise en action ou en vibration, à l'époque où Dieu dit que la lumière soit et la lumière fut.

La chaleur rayonnante paraît également suivre dans sa propagation les mêmes lois que la lumière. D'un autre côté, si la lumière et la chaleur des rayons solaires consistent dans les vibrations ou les ondulations que ces rayons excitent dans la matière éthérée ou dans l'air atmosphérique, la chaleur transmise dans l'intérieur des corps doit être de même produite par de pareils mouvements vibratoires. De même, par une tendance de la nature à ramener l'en-

semble des phénomènes à des lois aussi simples
que générales, le son serait également produit
par des vibrations moléculaires, et par leur propagation dans les milieux ambiants, en sorte que
les phénomènes de la chaleur et de la lumière
n'en différeraient que parce qu'ils seraient opérés
par les vibrations atomiques et leur propagation
dans l'éther.

La lumière n'est donc, en résultat, qu'un
ébranlement ou une sorte de vibration de la
matière éthérée, vibration dont la cause la plus
active et la plus puissante pour la terre est dans
le soleil. Mais évidemment, quoique le fluide
éthéré ait été répandu antérieurement à l'époque
où cet astre a été disposé, de manière à exciter
les vibrations, la lumière n'est devenue en harmonie avec les diverses créations qui ont eu lieu
sur notre globe, que depuis l'époque où le soleil
a reçu sa nouvelle et dernière destination. Aussi
Moïse ne nous a jamais représenté Dieu comme
créant la lumière; mais seulement, comme lui
donnant l'essor par l'effet de sa volonté, en
sorte que par suite des ondulations ou des vibrations excitées dans la matière éthérée, elle
aurait jailli du sein même de l'obscurité.

Dans le conflit des deux hypothèses qui di-
visent encore les physiciens, relativement à la
nature de la lumière, Moïse vient donc tran-

cher la question en faveur des modernes. En quelque sorte plus physicien que Newton, le législateur des Hébreux aurait eu des idées plus exactes sur la lumière, qu'un savant qui par l'importance de ses découvertes est peut être le premier entre les plus illustres des temps modernes.

Enfin, si l'on suit avec nous l'interprétation que nous avons adoptée, nécessairement les trois premiers jours de la création ne sauraient être considérés comme des jours semblables aux nôtres, c'est-à-dire, à nos jours de vingt-quatre heures.

En effet, d'après cette interprétation, le soleil n'aurait été approprié qu'à la quatriéme époque de la seconde période à éclairer ou à répandre de la lumière sur la terre, et son cours diurne régle seul maintenant la durée nos jours. Aussi, d'aprés la remarque faite par Encontre, dès qu'il s'agit des cieux, Moïse fait usage du verbe *BARA*, qui signifie proprement créer, tandis qu'en parlant du soleil, il se sert du verbe עשה ou *Asah*, qui, quoiqu'on le traduise quelquefois par *faire*, signifie plus souvent approprier, adapter, et même dompter, subjuguer ou soumettre.

Moïse n'a donc point dit, et encore moins voulu dire, comme on le suppose ordinairement, qu'au quatrième jour, Dieu créa le soleil ; mais seulement que lors de cette période, il assujettit cet astre à éclairer constamment la terre ; par cela même, ce serait seulement depuis cette époque que cet astre aurait réglé d'une manière invariable l'ordre des saisons, des jours et des années.

Ce mode d'interprétation a du reste l'avantage de faire accorder entr'eux différents passages de la Genèse ; car on ne saurait supposer que Moïse ait pu croire que la terre avait été créée avant le soleil et les étoiles, puisqu'il dit lui-même qu'elles louaient Dieu avant la création de notre globe. A son aide, on comprend également pourquoi notre planète, qui avait perdu une grande partie de cette lumière primitive produite dans le commencement des temps, en avait besoin d'une nouvelle source. Cette source, aussi nécessaire aux végétaux qui l'embellissent déjà, qu'aux animaux qu'elle allait recevoir, devait être constante comme les besoins qui l'exigeaient.

Ce serait donc uniquement à la quatrième époque, que Dieu aurait approprié le soleil, la lune et les étoiles à répandre constamment de la lumière sur la terre, à présider au jour et à la nuit, afin de séparer les ténèbres d'avec la lumière.

La Genèse paraît mentionner ici les grands

corps lumineux célestes , uniquement par rapport à notre planète et particulièrement à l'homme qui devait bientôt y être placé. Aussi n'est-il nullement dit dans les 14ᵉ, 15ᵉ, 16ᵉ, 17ᵉ et 18ᵉ versets, que la substance du soleil, des étoiles et de la lune fut créée à cette quatrième époque. Seulement, il résulte du texte dont nous venons de discuter la portée, que ces corps furent pour lors disposés à répandre la lumière sur la terre, à régler les jours et les nuits, et à être des signes pour les saisons, pour les jours et pour les années. Le fait de leur création, bien antérieur à cette époque, se trouve aussi consigné dans le premier verset de la Genèse qui se rapporte à la création de l'univers.

Moïse ne semble parler ici des phénomènes astronomiques que par rapport à leur importance relativement à la terre et à l'homme, et non par rapport à leur importance réelle dans le système général de l'univers. Ce qui le prouve encore, c'est qu'à peine mentionne-t-il les étoiles. Il les nomme en quelques mots , comme en passant, et en quelque sorte pour annoncer qu'elles furent aussi disposées dans les cieux, par la même puissance qui y avait placé la lune et le soleil, corps lumineux bien plus importants et bien plus nécessaires pour nous que cette armée innombrable de corps célestes, dont la grandeur surpasse peut-être de beaucoup celle de notre soleil.

Si ces astres, qui tous sont probablement de magnifiques soleils, centres d'autres systèmes planétaires, sont aussi succinctement mentionnés dans la Genèse, tandis que la lune, petit satellite qui nous accompagne constamment, y est au contraire indiquée, comme presque à l'égal du soleil en importance, c'est probablement par suite des motifs que nous avons déjà exposés. Il se pourrait enfin que Moïse, voulant garantir les Hébreux de l'idolâtrie des nations dont ils étaient environnés, eût voulu leur montrer, que ces astres, ouvrages du créateur, ne méritaient pas leurs hommages, qui n'étaient dus qu'à Dieu seul.

D'après la Genèse, la lumière avait donc été mise en action, avant que le soleil, la lune et les étoiles eussent été disposés à répandre sur la terre leur vive et bienfaisante clarté. Aussi l'époque à laquelle ces corps lumineux reçurent cette disposition nouvelle, coincide-t-elle très bien avec celle de l'apparition des corps vivants qui en avaient besoin: C'est an moment de cette apparition, que l'on voit ces corps prendre leurs nouvelles relations, soit avec la terre, soit avec les êtres vivants qui allaient l'embellir et l'animer.

Du moins les premiers végétaux qui ont vécu pendant ces anciennes époques, ne présentent pas la moindre différence dans leur organisation avec ceux qui jouissent maintenant de la lumière que répandent sur la terre les mêmes corps lumineux. Cette lumière primitive ne paraît pas avoir différé de la lumière actuelle, du moins les organes exhalants des végétaux des terrains de transition et houillers, sont les mêmes que ceux de nos plantes vivantes. Il y a plus encore, les yeux de ces singuliers crustacés ou de ces trilobites si enfoncés dans les vieilles couches du globe, sont construits d'une manière tellement semblable à ceux de nos crustacés, qu'il est difficile de ne point supposer que les uns et les autres ont éprouvé les effets de la même influence.

D'un autre côté, si nous considérons les têtes des plus anciens poissons comme celles des plus anciens reptiles, nous les verrons pourvues de cavités destinées à recevoir les yeux et de trous pour le passage des nerfs optiques. De plus, on voit même chez quelques individus, ce qui du reste est assez rare, quelque partie de l'œil assez bien conservée, pour juger de son analogie avec ces mêmes parties des yeux des poissons et des reptiles volants. Enfin, ce qui est encore plus remarquable, les yeux des ichtyosaures, singuliers reptiles de l'époque du lias, sont assez bien conservés pour qu'il soit possible de reconnaître que ces yeux renferment un appareil à peu près analogue à celui que l'on voit dans les organes du même genre des oiseaux. Dès lors, comment pouvoir douter que les yeux de ces divers animaux n'aient été des instruments d'optique, calculés, comme ceux de nos espèces actuelles, pour recevoir les impressions des rayons lumineux.

CINQUIÈME ÉPOQUE OU CINQUIÈME JOUR.

A la cinquième époque, Dieu créa les poissons et les reptiles aquatiques ainsi que tous les animaux qui vivent dans le sein des eaux. Il anima également l'atmosphère en y répandant un grand nombre d'oiseaux. Il ordonna aux animaux aquatiques de remplir les eaux de leurs tribus, et aux volatiles de s'étendre sur la terre et de voler dans les airs.

D'après le texte hébreu, « Dieu dit que les » eaux produisent des animaux vivants qui na- » gent dans l'eau et des volatiles qui volent sur » la terre, sous le firmament du ciel (1).

____

(1) La plupart des traducteurs ont rendu le mot hébreu עוֹפוֹת *ophot* par *oiseaux*; mais tout ce que cette expression indique proprement, c'est un animal ailé. Or, il est une infinité d'animaux ailés qui sont loin d'être des oiseaux; tels

» Dieu créa les grands poissons et tous les êtres
» rampants qui ont la vie et le mouvement, que
» les eaux produisirent selon leur espèce ; il
» créa aussi tous les volatiles selon leur espèce.
» Dieu vit que c'était bien.

» Dieu les bénit et dit : Croissez et multipliez-
» vous, et remplissez les eaux des mers, et que
» les volatiles se multiplient sur la terre.

» De la fin jusqu'au commencement, ce fut
» la cinquième époque.

Ce texte n'a presque pas besoin d'interprétation ni de remarque. La seule que l'on puisse
faire, tient d'une part au grand nombre de débris
de poissons que l'on observe au milieu des
couches terrestres, des formations les plus diverses, et d'un autre côté, au petit nombre de ces
débris qui se rapportent aux animaux volants et
particuliérement aux oiseaux. On conçoit faci-

---

sont, par exemple, certains mammifères, quelques espèces
de reptiles et de poissons. D'après cela, il se pourrait bien
que le mot hébreu se rapportât plutôt à ces reptiles et aux
poissons qu'aux oiseaux qui, comme les cétacés, ont paru
beaucoup plus tard sur la scène de l'ancien monde. Du reste,
la Genèse employe constamment le mot עוֹף *oph*, oiseau
au singulier. C'est un nom collectif qui embrasse tous les
volatiles en général, ou tous les êtres volants. Aussi, pour
bien rendre le sens des expressions de la Bible, il serait mieux
de n'employer que le singulier et non le pluriel, et de substi-
tuer עוֹף *oph* à *ophot*, ou oiseau aux oiseaux.

lement pourquoi les ichtyolites sont si abondants dans les différentes conches de l'écorce du globe ; mais l'on ne comprend pas aussi aisément pourquoi les animaux ailés, et surtout les oiseaux, y sont au contraire si rares.

Cette circonstance tiendrait-elle à la conformation du squelette des oiseaux et à la composition de leurs os, ou dépendrait-elle de ce que ces animaux ont pu facilement échapper aux causes de destruction qui ont fait périr les poissons. Quoi qu'il en soit, il est certain que les restes des oiseaux et des autres animaux ailés, tels, par exemple, que les ptérodactyles qui ont vécu dans les temps géologiques, sont aussi rares que les débris des poissons de ces anciens temps sont abondants.

On pourrait encore observer, que si les oiseaux semblent avoir été si rares aux époques géologiques, cette circonstance tient peut-être à la composition de l'atmosphère pendant ces époques. Chargée, à ce qu'il paraît, d'une grande quantité d'acide carbonique, cette atmosphère pouvait bien favoriser le développement de l'ancienne végétation, et même, jusqu'à un certain point, celui des animaux aquatiques à respiration incomplète, tels que les reptiles et les poissons ; mais elle ne pouvait que nuire à des animaux qui respirent autant que les oiseaux.

Aussi ces légers habitants des airs sont-ils plus nombreux dans notre monde actuel, l'excès d'acide carbonique s'étant dissipé à travers les espaces interplanétaires ou ayant été absorbés par la brillante végétation des temps d'autrefois ou de ces temps qui appartiennent aux diverses périodes géologiques.

Il est du moins certain que les premiers animaux vertébrés qui ont paru sur la terre, ont été des espèces vivant dans le sein des eaux. Ce qu'il y a de plus singulier, les plus anciennes de ces espèces aquatiques qui dépendent de l'embranchement des vertébrés, ont des caractères communs aux poissons et aux reptiles. Aussi les a-t-on nommés poissons sauroïdes, pour indiquer les rapports qu'ils ont avec les uns et les autres.

C'est en effet dans la série des dépôts inférieurs au lias que l'on commence à trouver les plus grands de ces monstrueux poissons sauroïdes dont l'ostéologie rappelle, à tant d'égards, les squelettes des sauriens. Cette analogie est annoncée par les sutures plus intimes des os de leur crâne, par leurs grandes dents coniques et striées longitudinalement, et enfin par la manière dont les apophyses épineuses sont articulées avec le corps des vertèbres et les côtes, à l'extrémité des apophyses transverses. Ce rap-

prochement entre ces premiers poissons et les
sauriens ne s'étend pas seulement au squelette ;
car, d'après M. Agassiz, dans l'un des deux genres
qui existent maintenant, l'on observe une organisation intérieure de parties molles, qui rapproche encore ce groupe de celui des reptiles. Ainsi,
d'après cet habile et excellent observateur, l'on
voit dans le *Lépidosteus osseus* une glotte analogue à celles des sirènes et des reptiles sala-
mandroïdes, et de plus une vessie natatoire cel-
luleuse, avec une trachée artère semblable au
poumon des ophidiens. Enfin, les téguments de
ces poissons ont souvent une apparence si conforme à celle des téguments des crocodiles,
qu'il n'est pas toujours facile de les distinguer.

Les poissons inférieurs à la série oolithique
ont, indépendamment de leurs rapports avec les
reptiles, des caractères bien particuliers. Ils se
font tous remarquer par une très grande similitude dans leurs types et par la grande uniformité des parties d'un même animal entr'elles.
Cette uniformité est souvent telle qu'il est difficile de distinguer les écailles, les os et les dents
les uns des autres.

Mais pour mieux démontrer ce développement
organique et régulier qui a lieu dans tous les
êtres organisés, développement toujours en
rapport avec les différentes conditions d'exis-

tence qui se sont réalisées par suite des diverses modifications que le globe a subies, donnons une idée de la subdivision des poissons dans les différentes couches terrestres.

D'après l'habile observateur que nous avons pris pour guide, il existe dans toute la série des formations géologiques, deux grandes divisions dans la classe des poissons qui auraient leur limite au grès vert. La première, ou la plus ancienne, ne comprend que des poissons de l'ordre des ganoïdes et des placoïdes, ordres dans lesquels se trouvent les poissons sauroides, dont nous venons de parler. La seconde, plus intimement liée avec les êtres actuels, offre des formes et des organisations beaucoup plus diversifiées ; ce sont des cténoïdes et des cycloïdes et un très petit nombre d'espéces des deux ordres précédents, lesquelles disparaissent insensiblement et dont les analogues vivants sont considérablement modifiés de ceux qu'ils rappellent.

M. Agassiz fait encore remarquer que les poissons de la première grande période ne paraissent pas offrir des différences correspondantes à celles que nous observons maintenant, entre les poissons d'eau douce et les poissons marins. Aussi, d'après lui, c'est aller au-delà des faits que d'admettre soit dans les terrains de sédiments inférieurs au groupe oolithique, soit dans ce groupe, des terrains d'eau douce et des terrains marins distincts. Il serait possible que les eaux de ces temps reculés, circonscrites dans des bassins moins fermés, ne présentassent pas encore entr'elles des différences aussi tranchées que celles que l'on remarque de nos jours.

Sans doute, les ganoïdes et les placoïdes se montrent encore dans le groupe oolithique; mais, outre que leurs espèces y sont moins nombreuses, elles offrent des caractères qui les distinguent des espèces des formations inférieures. Ainsi, il existe une grande différence dans la forme de l'extrémité postérieure du corps des ganoïdes, avec celle des poissons de cet ordre, qui appartiennent aux formations supérieures au terrain du Keuper. Ces ganoïdes ont tous la colonne vertébrale prolongée à son extrémité en un lobe impair, qui atteint le bout de la nageoire caudale, particularité qui s'étend depuis les poissons du Keuper et des marnes irisées, jusqu'à ceux des terrains de transition. Ces derniers, mais surtout les espèces qui ont vécu avant le dépôt de la houille, ne paraissent pas avoir été carnivores, c'est-à-dire munies de grosses dents coniques et acérées. Les autres semblent avoir été omnivores, leurs dents étant arrondies, ou en cônes obtus, ou en brosse.

Quant à la série oolithique, dans laquelle nous

comprenons le lias et la formation veldienne, on n'y découvre aucune espèce que l'on puisse faire rentrer dans les genres des terrains crétacés. Depuis cette époque jusqu'à celle du dépôt du lias, les deux ordres qui prévalent dans la création actuelle ne se retrouvent plus, tandis que ceux qui sont en minorité de nos jours se présentent subitement en très grand nombre. Les ganoïdes y existent bien à la vérité, mais uniquement les genres à caudale symétrique, et parmi les placoïdes, ceux surtout dont les dents sont sillonnées sur leurs deux faces et les rayons remarquables par leur étendue. Ces grands rayons nommés *Ichthyodorulithes* par MM. Buckland et de la Bèche, ne proviennent ni des silures ni des balistes, mais bien de la dorsale des grands squales, dont on trouve les dents dans les mêmes couches, qui offrent les premières de ces parties.

Les poissons de la craie ont déjà, considérés dans leur ensemble, le caractère général des espèces des terrains tertiaires, surtout comparativement à ceux du groupe oolithique. Aussi cette similitude est même assez grande, pour que, si, dans un rapprochement général des formations géologiques, on n'avait égard qu'aux poissons, il semblerait plus naturel d'associer la formation de la craie et du grès vert avec les terrains tertiaires, que de les ranger dans le groupe des terrains secondaires. Cependant la craie offre encore plus des deux tiers de ses espèces qui se rapportent à des genres entièrement éteints, et l'on y voit même apparaître quelques-unes de ces formes qui prévalent dans la série oolithique. Mais en dessous de la craie, il n'y a plus un seul genre qui ait des espèces vivantes, et même ceux de la craie qui en ont, en comprennent un plus grand nombre de fossiles.

Par suite de la succession qui a eu lieu dans la création des êtres organisés, on conçoit facilement que les poissons des terrains tertiaires doivent être ceux qui se rapprochent le plus des espèces vivantes. Cependant jusqu'à présent M. Agassiz n'a observé qu'une seule espèce parfaitement identique avec celles de nos mers. C'est un petit poisson que l'on trouve dans le Groënland, dans des géodes d'argile, dont l'âge géologique est encore indéterminé.

Dans les formations tertiaires inférieures, par exemple dans l'argile de Londres, le calcaire grossier de Paris et de Monte-Bolca, il existe un tiers au moins des espèces qui appartiennent à des genres totalement éteints. Quant aux espèces du crag de Norfolk, de la formation subapennine supérieure et de la mollasse, elles se rapportent pour la plupart à des genres communs dans les mers tropicales ; tels que les platax, les grands carcharias, et les myliobates à larges chevrons.

Ainsi, d'après ces faits, les poissons, comme les autres êtres organisés, annoncent une succession lente et graduée dans leur création ; car il n'est pas une seule espèce de poisson fossile qui se trouve successivement dans deux formations différentes, tandis qu'il en est un grand nombre qui sont disséminées sur une étendue horizontale extrêmement considérable.

La classe des poissons s'étend donc dans l'immense série de toutes les formations sédimentaires ; elle offre pour les animaux vertébrés un point de comparaison très-intéressant pour le plus grand laps de temps connu d'animaux construits sur un plan assez uniforme, et qui, dans ce long intervalle, ont constamment persisté. Les poissons des temps géologiques qui se sont succédés avec des formes différentes ne se laissent guère rapporter qu'à des types qui n'existent plus, et dont les affinités avec les espèces vivantes sont aussi éloignées que celles qui rattachent les crinoïdes aux échinodermes ordinaires, les nautiles, les sepia et les poulpes aux bélemnites et aux ammonites, les ptérodactyles, les ichthyosaures et les plesiousares à nos sauriens, les pachydermes vivants à ceux qui habitaient les environs de Paris, de Montpellier et de tant d'autres lieux, ou les plaines de la Sibérie.

Si en s'appuyant sur ces faits, on peut hasarder quelques conjectures sur un pareil état de choses, l'on serait porté à penser que le principe de la vie animale, qui s'est développé plus tard sous la forme de poissons ordinaires, de reptiles, d'oiseaux et de mammifères, a été d'abord entièrement confiné dans ces singuliers poissons sauroïdes. Ces premiers poissons ont participé en même temps à l'organisation des poissons et des reptiles, et ce caractère mixte ne semble s'être perdu dans cette classe qu'après l'apparition d'un grand nombre de reptiles, à peu près comme nous voyons les ichthyosaures et les plesiosaures participer par leur ostéologie aux caractères des cétacés de la classe des mammifères, et les grands sauriens terrestres à ceux des pachydermes, qui n'ont été créés cependant que beaucoup plus tard.

En un mot, les poissons les plus simples des vertébrés sont les seuls parmi les animaux de cet embranchement qui aient constamment persisté et aient traversé toute la série des formations sédimentaires. Les poissons n'ont en effet jamais cessé d'exister, depuis que des êtres vivants ont apparu sur la surface de la terre, c'est-à-dire, depuis les terrains de transition jusqu'aux dépôts les plus récents. Il en est donc de ces poissons comme des autres animaux de l'ancien monde ; ils diffèrent d'autant plus de leurs congénères actuels, qu'on les observe dans des couches plus profondes.

Les plus grands changements opérés dans les caractères des poissons fossiles ont également coïncidé avec les modifications les plus importantes survenues dans les autres classes d'animaux et de végétaux. Ils ont même coïncidé avec l'état minéral des couches où ils sont ensevelis. Ces changements n'ont pas eu lieu insensiblement d'une formation à l'autre. En effet, ni les mêmes genres, ni les mêmes familles ne traversent les séries successives des grandes formations. Ils changent d'une manière prompte à certains points marqués de la succession verticale des couches, et l'on ne voit, ainsi que nous l'avons déjà fait observer, aucune espèce de poisson fossile qui soit commune à deux grandes formations. Enfin la plupart, et l'on peut dire même presque toutes les espèces des poissons fossiles, diffèrent de nos espèces vivantes.

Les changements brusques qui ont eu lieu à diverses époques dans l'organisation, ne peuvent donc pas s'expliquer par des transformations successives, mais uniquement par des actes de création directe et plusieurs fois répétée. Si le contraire avait eu lieu, on trouverait, dans les

couches de la terre, des traces de ces transformations ou de ces passages des espèces les unes dans
les autres, au lieu de rencontrer à chaque époque des êtres totalement différents de ceux qui
les ont précédés ou suivis. Ainsi, tout prouve
que des créations successives et diverses se sont
tour-à-tour succédé sur le globe, et que ces
créations ont été d'autant plus différentes de
nos races actuelles, qu'elles se rapportent à des
époques plus anciennes.

La présence des poissons dans les couches sédimentaires les plus profondes ou celles de transition, peut nous faire concevoir comment Moïse a
considéré les animaux aquatiques, comme les
premiers êtres qui aient paru sur la scène de
l'ancien monde ; car l'on conçoit, d'après ce que
nous venons d'observer, les difficultés que peuvent faire naître des poissons dont l'organisation
est aussi singulière que celle des sauroïdes. Aussi
la découverte de ces poissons sauriens, dans les
plus anciennes formations sédimentaires, semble expliquer assez bien le vingtième verset de
la Genèse dans lequel il est dit « que Dieu or-
» donna aux eaux de produire des animaux pro-
» pres à vivre dans leur sein. » L'ancienne
création a commencé par les êtres aquatiques,
et, comme le dit Moïse, par tous les animaux qui
vivent et se meuvent dans les eaux : « Omnem

» animam viventem atque motabilem quam pro-
» duxerunt aquæ in species suas. » Ainsi, d'après
Moïse, le monde aurait été peuplé pendant long-
temps d'animaux aquatiques dont nous cherchons maintenant en vain des traces sur la terre.

Où trouver en effet dans notre création actuelle des représentants de ces antiques ichthyosaurus et plésiosaurus, êtres si étranges qu'ils
réunissaient les caractères des cétacés, des reptiles et des poissons avec les formes les plus bizarres et les proportions les plus gigantesques.
Ces singuliers reptiles n'ont pas plus de représentants parmi nos espèces vivantes que les poissons sauroïdes des terrains de transition et des
terrains houlliers ou les ptérodactyles dont se
nourrissaient les plésiosaurus. Ne serait-ce pas
à ces immenses reptiles qu'il faudrait appliquer
le passage de la Genèse que l'on a rapporté aux
grands cétacés, faute, peut-être, d'en bien comprendre le sens ?

Pour se faire quelque idée de ces êtres qui
réunissaient les caractères de plusieurs classes
d'animaux, étudions d'une manière rapide leur
organisation, et commençons par l'ichtyosaurus, ce reptile poisson dont rien dans notre
monde actuel ne rappelle les formes bizarres,
ni peut-être la voracité.

L'organisation de ces reptiles, dont la longueur

dépassait trente pieds, offrait des particularités départies maintenant à diverses classes et à divers ordres d'animaux, mais que l'on ne retrouve plus dans un seul et même genre. Ainsi, l'ichtyosaurus avait tout à la fois, le museau d'un marsouin, les dents d'un crocodile, la tête d'un lézard, les vertèbres d'un poisson, le sternum de l'ornithorynque et les nageoires d'une baleine. Leur corps monstrueux se terminait par une queue longue et d'une force prodigieuse.

Leur tête, dont la longueur était souvent au-delà de six pieds, portait deux yeux énormes. Ces organes étaient entourés d'une série de pièces osseuses, analogues à celles qui entourent les yeux de plusieurs oiseaux et de certains reptiles. Par leur rétraction, ces pièces augmentaient la convexité de la partie antérieure de l'œil, et le transformaient en microscope. En reprenant leur position naturelle, elles en faisaient un télescope.

Ce curieux instrument d'optique permettait à l'ichtyosaurus de découvrir sa proie de loin et de près, dans l'obscurité de la nuit et dans les abimes des mers.

Cette organisation annonce aussi bien les habitudes voraces des ichtyosaurus, que les 180 dents coniques, dont étaient armées les mâchoires de certaines espèces de ce genre. Ces dents avaient du reste une disposition merveilleusement appropriée au but qu'elles devaient remplir.

Il en était de même des mâchoires qui les supportaient. Par exemple la mâchoire inférieure, surtout à cause de sa longueur et de la taille des animaux qu'elle était destinée à saisir, aurait été par cela même sujette à de fréquentes fractures. Aussi, loin d'être formée par un seul os, comme chez les mammifères, elle était composée de six pièces combinées de manière à la rendre tout à la fois très-solide, très-élastique et d'une grande légèreté.

D'un autre côté, pour faciliter les mouvements que ces animaux devaient exécuter dans le milieu qu'ils habitaient, les vertèbres de ces reptiles, au nombre de plus de 100, étaient creuses comme celles des poissons. Leurs côtes, nombreuses, minces, pour la plupart bifurquées au sommet, s'amincissaient à leur extrémité antérieure, au moyen d'os intermédiaires analogues aux portions cartilagineuses intermédiaires et sternales des côtes du crocodile.

Cette structure permettait à l'ichtyosaurus d'introduire dans sa poitrine une grande quantité d'air et de rester long-temps sous l'eau, sans venir respirer à la surface.

Enfin, les membres antérieurs de cet étrange reptile étaient semblables à ceux de la baleine, et occupaient à peu prés la même place. Mais, outre ces rames élastiques et puissantes, ces reptiles en avaient deux autres, de moitié plus petites et placées à la partie postérieure du corps.

Un reptile, peut-être encore plus hétéroclite que l'ichtyosaurus, et qui, au dire de Cuvier lui-même, mérite encore mieux le nom de monstre, vécut également à la même époque que celui-ci, comme pour satisfaire à sa gloutonnerie. Ce reptile joignait à une tête de lézard les dents d'un crocodile, et un cou d'une longueur énorme, semblable au corps d'un serpent. Mais pour rendre ces anomalies encore plus singulières, le plésiosaurus avait le tronc et la queue à peu prés semblables à celles de ces mêmes parties, dans un quadrupède ordinaire, les côtes d'un caméléon et les nageoires d'une baleine.

Cet étrange animal devait vivre dans des mers peu profondes, où il devenait la pâture des Ichtyosaurus, dont la gloutonnerie était telle qu'ils se dévoraient entr'eux : quelque singulier que puisse paraître ce fait, le doute n'est pas même permis.

En effet, les excréments des ichtyosaurus, conservés dans les couches des terrains secondaires, y sont restés, comme pour éclairer des événements qui se sont passés au fond des mers, à une époque bien antérieure à l'existence de l'homme. Ces excréments renferment encore , comme ceux des anciennes hyènes , les os des animaux que dévoraient ces reptiles , et parmi ces os , on reconnaît très-bien ceux des plésiosaurus et de petits ichtyosaurus. Enfin cette étrange nature était si peu destinée à durer, que tandis que les plesiosaurus vivaient aux dépens de pterodactyles que leur long cou leur faisait saisir, lorsqu'ils volaient au-dessus de leur tête, ces derniers dévoraient avec avidité les énormes libellules qui, comme eux, vivaient dans ces temps singuliers.

A voir ces animaux occupés sans relâche à se faire une guerre cruelle, pressés par les besoins les plus impérieux , on dirait que la nature ne les avait mis au monde que pour se détruire et s'entre-dévorer. Aussi est-on peu étonné, qu'avec une organisation aussi bizarre que celle qui leur avait été attribuée , et des appétits que rien ne po vait satisfaire, ces reptiles n'aient pas prolongé leur existence au delà de l'époque secondaire qui les vit naître et périr.

Il en a été donc de ces espèces comme de celles qui furent leurs contemporaines, du mosasaurus, lézard marin de 25 pieds de longueur , du mégalosaurus dont les proportions étaient au moins deux fois plus considérables et l'appétit plus vorace encore ; enfin du basiléosaurus ce roi des sauriens dont la longueur n'était pas moindre de 150 pieds anglais. Elles ont toutes disparu de dessus la surface du globe, de même que les ptérodactyles, dont les formes bizarres rappellent les fabuleux dragons de la chevalerie ou les créations fantastiques du génie de Callot.

Les ptérodactyles ont dans leur structure, des anomalies si extraordinaires, que dès le principe de leur découverte, certains les prirent pour des oiseaux, d'autres pour des chauve-souris, et d'autres enfin pour des reptiles volants.

En effet, la forme de leur tête et la longueur de leur cou sont assez semblables à celle de ces mêmes parties chez les oiseaux ; leurs ailes s'approchent assez de celles des chauve-souris, tandis que leur queue et leur corps sont analogues à ceux des mammifères.

Mais en comparant les ptérodactyles avec les oiseaux et les mammifères, dont ils se rapprochent le plus, Cuvier a démontré que cet animal était un reptile doué de la faculté de voir pendant la nuit et de saisir au vol les insectes dont ils faisaient leur pâture.

Ces animaux n'en ont pas moins par leur forme extérieure, quelques ressemblances avec les chauve-souris et les vampires actuels. La plupart d'entr'eux avaient le museau alongé, comme celui du crocodile, et armé de dents co-

niques. Leurs yeux étaient d'une grosseur énorme, et de leurs ailes partaient des doigts terminés par de longs crochets, semblables à l'ongle
recourbé des chauve-souris.

Ces crochets formaient une serre puissante,
au moyen de laquelle l'animal pouvait ramper,
grimper ou se suspendre aux arbres. Peut-être
même, pouvait-il nager, en sorte que les
ptérodactyles, comme le Satan de Milton, étaient
propres à tous les emplois et capables d'habiter
tous les climats.

Ainsi, bien avant l'apparition des mammifères,
les reptiles furent les plus terribles, les plus for-
midables et les plus grands habitants de la terre
et des eaux. Parmi ces reptiles alors domina-
teurs sur la scène du monde, furent surtout des
crocodiles et des lézards de formes très-variées
et d'une taille souvent gigantesque.

Le mot hébreu התנינים *athanninin*, que les
traducteurs ont rendu par *serpens*, *draco*, *ba-
læna*, *cetus*, s'entend généralement d'un grand
poisson ou reptile marin. Cette expression racine, dont il n'existe aucun derivé connu, semble avoir été assimilée mal à propos aux cétacés, par cela seulement que ces animaux, les
plus grands de la nature actuelle, habitent aussi
le bassin des mers. On peut se former d'autant
moins de doutes à cet égard, que תנן *thanan*,

d'où sont dérivés *thanim* et *thaninim* est rendu par *serpent*, *dragon ou grand poisson*, comme sont, disent les commentateurs, les baleines. Ainsi le texte hébreu portant התנינים הגדלים *athaninim aghédalim* peut très bien n'avoir eu en vue que de grands reptiles, analogues aux antiques ichtyosaures, plesiosaures et megalosaures.

Si donc les commentateurs de la Bible ont rendu l'expression *halthanninim* ou *athaninim*, en disant *creavitque Deus cete grandia*, c'est parce que, frappés de la grandeur des baleines et de la plupart des mammifères marins, ils ont cru devoir plutôt rapporter cette expression aux cétacés qu'ils connaissaient qu'à des reptiles ou à des poissons gigantesques dont les races éteintes leur étaient entièrement inconnues. Tel n'est pas cependant le véritable sens de cette expression, qui désigne uniquement un grand poisson ou un reptile d'une dimension à peu près égale à celle des baleines.

Le mot *halthannimin* ou *thanninim* peut donc s'appliquer aux grands reptiles de la première création, tels que les ichtyosaurus, les plesiosaurus, les megalosaurus et les antiques crocodiles, plutôt qu'aux mammifères marins ou aux cétacés qui ont paru beaucoup plus tard sur la scène de l'ancien monde. Si les commentateurs de la Bible n'ont pas admis cette interprétation

si conforme au véritable sens du texte, c'est probablement parce qu'ils ignoraient l'existence de
ces gigantesques et monstrueux reptiles.

Du reste, nous abandonnerons entièrement cet
objet de discussion aux lumières de ceux qui
s'occupent d'une manière particulière d'une
langue dont l'étude est si négligée parmi nous.
Il doit nous suffire de leur avoir soumis une
question, que leurs lumières leur permettront
de résoudre, sans doute, beaucoup mieux que
nous ne saurions le faire nous même. Si cette
question est résolue dans le sens que nous le
présumons, ce sera une preuve de plus en faveur de l'exactitude d'un récit, qui, conforme à
la vérité dans les grandes choses, doit l'être aussi
dans les détails.

Il est du moins certain que Moïse a supposé
que la création des reptiles aquatiques a eu
lieu bien antérieurement à celle des reptiles terrestres. En effet, il place la première à la cinquième époque, tandis que l'apparition des reptiles qui vivent sur la terre, n'aurait eu lieu
qu'à la sixième, c'est-à-dire, à celle où Dieu
créa également les animaux terrestres. Ainsi,
d'après Moïse, comme d'après l'observation
des couches terrestres fossilifères, les êtres qui
vivent dans le sein des eaux, soit les poissons,
soit les reptiles aquatiques, auraient précédé les

reptiles et tous les animaux qui vivent sur les
terres sèches et découvertes, comme ceux-ci ont
apparu avant l'homme, qui a couronné en quelque sorte l'œuvre de la création.

SIXIÈME ÉPOQUE OU SIXIÈME JOUR.

A cette époque Dieu créa les reptiles terrestres et les mammifères, soit les races domestiques, soit les races sauvages. Dieu couronna
ensuite l'œuvre de la création en faisant l'homme
à son image. Il lui prescrivit également de croî-
tre et de s'étendre sur la terre, et pour lui en
faciliter les moyens, il assujettit à son empire
les poissons de la mer, les oiseaux du ciel, et
enfin tous les animaux qui se meuvent sur la
terre.

Mais écoutons la Genèse

Dieu dit à l'homme : « Je vous donne toutes
» les herbes qui portent leur graine sur la terre
» et tous les arbres qui renferment en eux-mê-
» mes leur semence chacun selon son espèce,
» afin qu'ils vous servent de nourriture (1).

---

(1) Chaque formation géologique a, comme on le sait,
des espèces particulières et distinctes, aussi différentes de
celles qui les ont précédées que de celles qui les ont suivies;
dès lors, les végétaux qu'ici Dieu donne à l'homme pour
nourriture, ne devraient pas être les mêmes que ceux des
premières périodes. Par suite de la succession qui a eu lieu

» Et à tous les animaux de la terre, et à tous

---

dans l'ensemble des choses créées, les végétaux de la troisième période avaient dû nécessairement disparaître depuis long-temps, de dessus la surface de la terre. Il est aisé de juger pourquoi la révélation est restée muette à l'égard de pareils faits, et de semblables détails, tout-à-fait étrangers au but qui nous a valu le court récit de la création.

Ce récit nous ayant fait connaître l'acte de Dieu, qui fit sortir du néant les végétaux et les animaux dont la terre a été successivement embellie, il n'avait pas à revenir sur les diverses particularités qui pourraient les concerner.

Du reste, dans toutes les questions que peut faire naître le récit de la Genèse, on ne doit jamais perdre de vue qu'il a été écrit dans un tout autre but que celui de satisfaire notre curiosité. Il est enfin une dernière remarque essentielle à faire à l'égard de ce récit, c'est qu'une fois qu'il a exprimé la création d'un objet quelconque, il n'y revient presque jamais. Seulement pour les végétaux et les animaux, voulant faire comprendre qu'ils avaient été principalement créés pour satisfaire nos besoins, le législateur des Hébreux exprime cette pensée de la manière la plus formelle et la plus explicite, en rendant l'homme le dominateur et le maître souverain de tout ce qui existe. Aussi l'on dirait en quelque sorte, que dans les idées de Moïse, Dieu n'agit pas à proprement parler à chaque époque, mais que les dispositions nouvelles que prennent les choses, sont plutôt l'effet spontané de l'action des causes naturelles, émanées de son pouvoir divin, qu'un effet immédiat de sa puissance créatrice. Cette manière de concevoir la divinité comme produisant à la fois par une seule de ses paroles, tout ce qui est, et les dispositions nouvelles que les causes créées doivent prendre pour être les plus parfaites possibles, n'étant que la suite des causes naturelles, la conséquence du même acte, est, ce semble, la plus propre à nous donner la plus haute idée de son pouvoir infini.

» les oiseaux du ciel, à tout ce qui vit et se meut
» sur la terre, toute herbe verte servira de nour-
» riture.

» Il en fut ainsi.

» Dieu vit toutes ses œuvres ; elles étaient
» parfaites, de la fin jusqu'au commencement :
» ce fut la sixième époque. »

Pour prouver que les végétaux que Dieu donne
à l'homme pour nourriture à la sixième époque,
ne peuvent être les mêmes que ceux de la troisième époque, il suffit de montrer les progrès
qu'a suivis l'ancienne végétation.

Les premiers végétaux, que l'on découvre
dans les entrailles de la terre, ont évidemment
l'organisation la moins compliquée. Ce sont, pour
les espèces marines, des agames de l'ordre des
algues, et pour les espèces terrestres, des cryptogames semi-vasculaires. Celles-ci y sont représentées par des fougères, des prêles, des lycopo-
des, dont les dimensions dépassaient 40, 50 ou
70 pieds de hauteur, tandis que leurs analogues
atteignent au plus, dans la zône torride, 20 ou
25 pieds.

Ces plantes gigantesques, transformées dans
les entrailles de la terre en houille et en minerai
de fer qui les accompagne ordinairement, sont
devenues, pour les hommes, une source d'industrie et de richesse ; mais ce n'est pas là toute

leur importance. Elles éclairent la végétation primitive. Elles nous indiquent en quelque sorte, la température qui régnait, lorsque la terre était couverte de leur brillante végétation, et les changements géologiques qui s'y faisaient. Ces plantes de l'ancien monde, malgré le long temps qui s'est écoulé depuis leur destruction, sont si bien conservées, qu'en les soumettant au microscope, on peut étudier les détails les plus délicats de leur structure.

Les forêts de l'ancien monde n'ont donc point été détruites, comme les forêts modernes. Aussi sont-elles devenues pour l'homme, dans ces derniers âges, les sources de la chaleur, de la lumière, de la force motrice et des arts.

Les végétaux de cette première flore ont donc été, comme les animaux, soumis à de fréquents changements. Ils étaient cependant formés d'après les mêmes principes d'organisation que nos végétaux actuels. Du moins offraient-ils avec ceux-ci de nombreux points de ressemblance, preuve nouvelle de l'intelligence qui a présidé à la construction du monde matériel, puisque parmi ces végétaux, bien antérieurs à l'existence de l'homme, il n'en est pas dont il aurait pu tirer la nourriture nécessaire à ses besoins.

Si de ces détails nous envisageons d'une manière générale l'ancienne végétation aux diverses époques géologiques, nous la verrons suivre une marche constamment accroissante. Ainsi les plantes marines semblent avoir été jadis distribuées d'après des lois analogues à celles des habitations des plantes marines actuelles. Ces dernières constituent trois grandes divisions, d'après leurs habitations ; les unes ne prospèrent que dans les régions froides, d'autres au contraire vivent uniquement dans les régions tempérées, et d'autres enfin dans la zône torride. En assimilant les périodes géologiques à ce que l'on nomme régions en botanique et en zoologie, on reconnaît facilement qu'une distribution analogue à celle que nous venons d'assigner aux végétaux marins actuels, a eu lieu pour les espèces des temps géologiques qui avaient les mêmes genres de station.

En effet parmi les algues fossiles des formations les plus inférieures et les plus anciennes, on observe uniquement des genres très-voisins de ceux qui croissent maintenant dans les régions les plus chaudes de la terre. Les algues des terrains de transition ont donc exigé une température plus élevée que celles que l'on voit ensevelies dans des terrains plus récents, c'est-à-dire, dans les formations secondaires et tertiaires. Il y a plus encore, les formes des végétaux qui se sont succédé pendant ces deux dernières périodes se montrent d'autant plus semblables aux formes des plantes de nos climats, qu'on les découvre dans des couches de formation plus récente.

Les mêmes lois se font également remarquer, lorsqu'on jette un coup d'œil général sur les végétaux terrestres distribués dans les trois grandes périodes géologiques. On voit celles-ci, comme celles qui ont vécu dans l'ancienne mer, divisées en groupes, indiquant chacun d'une manière relative, les diminutions successives qui ont eu lieu dans la température de la surface de la terre.

Nous voyons du moins dominer essentiellement dans les terrains de transition, des cryptogames semi-vasculaires, de l'ordre des équisétacés, des fougères et des lycopodiacés, ainsi que nous l'avons déjà fait observer. Quelques monocotylédons épars et peu nombreux accompagnent ces fougères, avec quelques autres espèces végétales de familles jusqu'à présent indéterminées. Il en est à peu près de même de la flore des terrains houillers ; cependant une classe nouvelle de végétaux, les conifères, y apparaît pour la première fois, et vient embellir une végétation si restreinte par le nombre des familles qui la composait.

Mais après le dépôt des terrains houillers, la végétation change d'une manière bien sensible,

et les espèces des premières familles disparaissent presque entièrement. Des formes végétales
nouvelles remplacent les plus anciennes, et se
maintiennent plus ou moins long-temps sur une
scène, où la vie est aussi mobile qu'incertaine.
Du moins parmi ces formes plusieurs ont si
peu persisté, qu'elles ont paru aussi rarement
dans les temps géologiques, que leurs analogues actuels sur la surface de la terre. Telles
sont les cycadées des terrains secondaires, auxquels s'associent parfois des conifères, végétaux
qui s'y montrent alors en plus grand nombre,
que ceux qui se sont développés pendant le dépôt des terrains carbonifères. Du reste, le caractère général des formes végétales qui appartiennent à cette série, indique un climat dont la
température devait être à peu près semblable à
celle des contrées intertropicales, si elle ne leur
était supérieure.

Le plus grand nombre des familles végétales
de la première et de la plus ancienne série et
plusieurs de la seconde disparaissent entièrement dans la période tertiaire. La végétation plus
compliquée des dicotylédons y remplace les formes plus simples qui prédominent pendant les
deux séries précédentes. Des équisétacées plus
petites succèdent aux calamites gigantesques, et
les fougères sont également réduites pour la taille

et pour le nombre à de moindres proportions,
que celles qu'on leur voit atteindre aujourd'hui
sur la limite méridionale de nos régions tempérées.

La présence des palmiers qui se prolonge pendant la plus grande partie de cette période,
prouve également que le froid des hivers ne devait
pas être pour lors très-intense, puisqu'il n'arrêtait
pas leur développement. Aussi, le caractère
général de la végétation des terrains tertiaires, si-
gnale un climat très-rapproché de nos climats mé-
diterranéens, mais seulement un peu plus chaud.

Enfin la plus récente végétation des temps géologiques, dont les débris existent dans les couches quaternaires est presque semblable à notre
végétation actuelle. Elle indique donc un ordre
de choses peu différent de l'ordre établi ; aussi
seule a-t-elle pu fournir à l'homme la nourriture
qui lui est nécessaire. C'est donc à elle, et non
à la primitive végétation, que la Genèse fait allusion, lorsqu'elle dit que Dieu donna à l'homme
toutes les plantes qui couvraient la terre, pour
lui servir de nourriture ; car ce ne pouvaient
être les espèces des terrains de transition, ni
celles des terrains secondaires et tertiaires, celles-ci ayant cessé de vivre, bien antérieurement à
l'apparition de l'homme.

La sixième époque a donc été le terme de la

création. La création a été en effet achevée lorsque Dieu eut fait l'homme à son image, et à sa ressemblance, c'est-à-dire, lorsqu'il l'eut animé de ce souffle divin, immortel comme l'auteur de toutes choses.

L'homme est donc aux yeux de la Genèse l'être vivant le plus nouveau entre tous les êtres créés, et celui auquel s'est arrêtée la puissance divine elle-même, satisfaite en quelque sorte d'avoir donné l'existence à une âme immortelle, capable de la comprendre et de saisir quelques-unes des merveilles de ses admirables perfections.

L'homme n'est donc pas contemporain de la terre. Il y a même été placé postérieurement aux animaux et aux plantes qui l'embellissent et l'animent et cela à une époque qui n'est pas très-éloignée de nous.

Si donc, la terre est fort ancienne, l'homme y est au contraire fort nouveau. Aussi, l'histoire antique de l'espèce humaine nous montre l'homme long-temps faible, luttant par des efforts constants contre les grands phénomènes qui se passaient encore sur cette terre, devenue désormais son apânage.

Les fleuves débordés, les marais sans limites, les froides et profondes forêts, les animaux ravisseurs, des nuées innombrables d'insectes, lui disputèrent long-temps un monde dont il ne pouvait pas se dire le Roi. Mais fort par son intelligence, autant que par sa confiance en son auteur, l'homme a soumis peu à peu les animaux qui pouvaient lui être utiles, détruit ceux qui pouvaient lui nuire, et dompté une terre rebelle. Il a plus fait encore : les arts, fruits de son génie, sont devenus pour lui une source continuelle de gloire et de bonheur, et les sciences dont il a aussi élevé le magnifique et majestueux édifice, l'ont rendu le maître de tout ce qui l'entoure, en même temps, qu'elles lui ont donné l'immense avantage de saisir quelques-unes des merveilles de l'univers.

La nouveauté de l'homme, non seulement par rapport aux reptiles terrestres, aux oiseaux du ciel, mais encore relativement aux mammifères, annoncés par la Genèse, ne l'est pas moins par les faits géologiques. Ces faits, tout en démontrant que les mammifères terrestres ont apparu les derniers sur la scène de l'ancien monde, prouvent également que l'homme n'y est venu qu'après que bien des générations de ces animaux avaient déjà passé sur cette terre sujette à tant de vicissitudes. Si donc les mammifères sont nouveaux relativement aux autres animaux, l'homme ne l'est pas moins, eu égard aux premiers de ces êtres. En effet, l'on ne commence à découvrir les débris des mammifères, dont après

l'homme l'organisation est la plus compliquée,
que dans des formations assez récentes, c'est-à-
dire, dans les couches les plus inférieures des
terrains tertiaires. Quant aux traces de l'espèce
humaine, elles se rencontrent encore plus tard;
jamais dans des dépôts réguliers et stratifiés; mais
uniquement dans les dépôts les plus superficiels
et les plus modernes de la période quaternaire.

Les débris de l'homme apparaissent donc pour
la première fois, au milieu des dépôts des anciennes alluvions ou dans les terrains diluviens.
Chose remarquable, on les y voit confondus et
mélangés avec des restes de différents animaux,
dont les uns sont semblables aux espèces actuellement vivantes et dont les autres rappellent des
races dont nous cherchons en vain des traces à
la surface du globe. Ces ossements humains,
dont l'ensevelissement paraît antérieur aux temps
historiques, ont encore cela de particulier, de se
trouver dans des limons où l'on voie également
des restes nombreux de notre industrie et quelques objets des arts encore à leur berceau.

Il y a plus, les mêmes dépôts diluviens, qui
recèlent des ossements humains et des produits
de notre industrie, offrent également des animaux domestiques, évidemment modifiés par
l'homme; car l'on y reconnaît des races distinctes et diverses. Or l'homme a seul le pouvoir de

modifier les espèces au point d'y établir des variétés particulières et nombreuses, lesquelles
constituent des races proportionnées à la cause
qui les produit, c'est-à-dire l'intensité de l'esclavage. Aussi dès que ces races reprennent la vie
libre et indépendante, elles reprennent également
l'uniformité de leur type primitif et se dépouil-
lent, pour ainsi dire, des caractères nouveaux
que leur avait donnés la domesticité.

Mais puisque ce traces de l'influence de l'homme sont encore empreintes sur les débris de
certains animaux qui sont ensevelis avec lui,
il faut nécessairement, que soit l'homme, soit les
animaux qu'il a modifiés, aient été contemporains, et antérieurs aux dépôts dans lesquels
on les observe.

Si donc les débris humains n'ont pas jusqu'à
présent été observés à l'état fossile, c'est-à-dire,
dans des couches antérieures à la rentrée des
mers dans leurs bassins respectifs, il n'est pas
moins certain que ces débris se montrent dans
un assez grand nombre des localités différentes
à l'état humatile, puis qu'on les rencontre avec
des espèces perdues dans des limons déposés sur
la surface du sol, depuis la rentrée des mers
dans leurs lits actuels.

Quoique ces faits soient incontestables, on y
avait fait une objection, et cette objection avait

même quelque chose de spécieux. Les êtres vivants se sont succédé, observait-on, avec la plus grande régularité, et comme par une sorte de gradation du simple au composé; comment dès-lors admettre que les débris de l'espèce humaine puissent appartenir réellement aux temps géologiques, lorsque nous ne découvrons nulle part dans des couches terrestres aucune trace des quadrumanes qui précèdent pourtant l'homme dans la série zoologique?

C'était sans doute là une lacune dans les observations; mais n'eût-elle pas été comblée, on n'aurait pas pu avec des faits négatifs détruire des faits positifs. Tout doute à cet égard vient d'être dissipé par les travaux de M. Lartet: ce savant a découvert en effet des restes de quadrumanes dans les terrains tertiaires marins du département du Gers, c'est-à-dire, dans des couches antérieures à la rentrée des mers dans leurs bassins respectifs. Ces quadrumanes sont donc bien autrement anciens que les débris de l'homme, qui appartiennent aux temps géologiques les plus récents.

En effet leurs débris ont été rencontrés avec des ossements de Dinotherium, de Mastodonte, de Rhinocéros, d'Anoplotherium, et de Palæotherium, et tout annonce qu'ils ont été contemporains de ces deux genres perdus regardés long-

temps comme les plus anciens des mammifères terrestres, qui auraient habité nos continents. Mais ce
que ces débris ont présenté de plus particulier,
c'est d'offrir dans une seule localité, celle de Sansan
dans les environs d'Auch, trois espèces de singes
de trois parties du monde. Une mâchoire a signalé
une espèce de quadrumane analogue au gibbon de
l'Inde, tandis qu'une molaire supérieure dont les
quatre tubercules sont disposées autrement que
dans les singes ordinaires rappelle assez bien la
conformation des dents des singes du nouveau
monde. Enfin M. Lartet y a rencontré un fragment de mâchoire inférieure et des incisives qu'il
croit pouvoir rapprocher des makis. Ainsi la localité de Sansan, la première où l'on ait rencontré des quadrumanes fossiles, en offrirait de
trois mondes différents, le gibbon de l'Inde, le
makis de Madagascar et enfin le singe d'Amérique.

Par une particularité non moins remarquable, la même localité a offert des débris d'oiseaux
beaucoup plus petits qu'aucune espèce vivante,
et des œufs assez bien conservés dont le plus
grand diamètre n'atteignait pas deux lignes.

Avec tous ces animaux, on a découvert une
foule d'autres espèces, parmi lesquelles on a
reconnu 1° un carnassier gigantesque d'un genre
inconnu dans la nature actuelle et qui par les ca-

ractères de son squelette, est plus rapproché du raton que du chien; 2° un pangolin gigantesque présentant cette singularité d'avoir des mâchelières, et un ruminant celle d'être de la taille du lièvre. Enfin M. Lartet y a également rencontré un rhinocéros ayant quatre doigts à chaque pied, peut-être sans cornes, et devant dès lors former le type d'un nouveau sous-genre. Outre ces espèces, il en est une infinité d'autres que l'on a observées dans cette même localité, et sur lesquelles il est inutile que nous insistions davantage.

Les observations de M. Lartet sont donc venues combler une lacune dont on avait évidemment déduit de fausses conséquences. Ainsi toutes les recherches des géologues et des zoologistes prouvent de plus en plus que dans la création des êtres organisés, la tendance générale de la nature a toujours été de procéder du simple au composé.

D'après les faits que nous avons déjà exposés on a pu saisir, que pour la série des animaux vertébrés, cette marche est indubitable. Elle n'est peut-être pas aussi évidente pour les invertébrés et particulièrement pour les mollusques. L'on ne sait encore que peu de choses sur les animaux articulés du monde ancien pour décider si elle existe dans ce grand embranchement du règne animal. Du moins nous savons

déjà que les plus compliqués de ces animaux,
sous plusieurs rapports sont extrêmement rares
aux plus anciennes époques géologiques et que
les insectes, comme la plupart des animaux qui
respirent l'air en nature ne deviennent abondants que dans les couches tertiaires, soit dans
les lignites, soit dans les succins que l'on y découvre, soit enfin dans les marnes des terrains
d'eau douce.

Nous avons déjà fait connaitre plus de cent
cinquante genres d'insectes dans les seules formations tertiaires du bassin d'Aix en Provence,
et nous espérons pouvoir bientôt doubler ce
nombre.

Enfin les zoophytes de l'ancien monde ont été
des plus abondants, dès les premiers temps, où
notre planète a reçu des habitants. Leurs espèces
les plus simples parmi celles des invertébrés ont
été des plus variées et des plus nombreuses. Mais
ce qu'il y a de plus remarquable, c'est que les
genres des polypes les plus élevés en organisation, tels, par exemple, que les eschares,
ne se trouvent point parmi ceux qui ont paru
aux plus anciennes époques. Il y a eu par rapport à eux la même progression que pour les
autres invertébrés, et leurs espèces ont été successivement et entièrement détruites, comme
pour laisser le sein des mers libres, aux poly-

pes nouveaux qui constituent notre création actuelle.

Ainsi, d'après la Genèse, comme d'après les faits géologiques, l'homme, quoique fort nouveau sur cette terre, créée dans le principe des temps, y existait cependant antérieurement au dernier des cataclysmes qui en ont ravagé la surface et dispersé les anciens terrains d'alluvion auxquels on a donné le nom de dépôts diluviens ou de *diluvium*, comme pour en rappeler l'origine. Le récit de l'écrivain sacré s'accorde donc avec les faits physiques, dont il décrit la marche successive, et les observations les plus exactes comme les plus récentes sont venues en quelque sorte mettre un sceau ineffaçable aux faits qui y sont consignés.

En effet, d'après la Genèse comme d'après les faits physiques, aucun être vivant n'existait dans le principe des temps sur la surface de la terre, notre globe n'étant pas pour lors organisé pour les recevoir, soit parce que la température en était trop élevée, pour permettre à la vie d'y déployer ses merveilles, soit parce que la composition de l'atmosphère s'opposait à l'existence des corps organisés. Après ces premiers temps, où la matière inerte, fruit du jeu des affinités, a seule été produite, est arrivée une époque où la vie a commencé par apparaître, d'abord peu variée et peu multipliée ; mais se perfectionnant d'une manière graduée et successive, au point de devenir de plus en plus semblable à celle qui caractérise les temps actuels.

En considérant l'ensemble de ces anciennes créations, si différentes en général, de celles qui brillent maintenant à nos yeux et dont la Genèse nous a tracé la marche, on reconnaît qu'elles embrassent un certain nombre de périodes, toutes caractérisées par des êtres distincts et particuliers. Ces périodes, qui ont vu leurs espèces essentiellement dominantes successivement anéanties, comme pour céder la place aux nouvelles, qui devaient se manifester plus tard, sont au nombre de trois, lesquelles embrassent la généralité des êtres des temps géologiques. La succession des corps vivants que l'on y reconnaît annonce assez que leur création n'a pas eu lieu d'un seul jet ; mais d'une manière graduée et à des intervalles inégaux. Ainsi, lorsqu'on compare la création des temps d'autrefois à la nouvelle, on voit bientôt, comme nous l'apprend la Genèse, que les êtres vivants se sont succédé sur la terre, en raison inverse de la complication de leur organisation, les plus simples ayant été produits les derniers.

Ces trois grandes périodes se subdivisent elles-mêmes en un certain nombre d'époques

qui correspondent aux diverses formations sédimentaires, époques également caractérisées par
l'apparition de quelques êtres qui n'avaient
point encore existé, et dont la vie semble avoir
été parfois bornée à des espaces de temps peu
considérables. Ces trois grandes périodes comprennent aussi bien les animaux que les végétaux ; car la généralité des êtres vivants se rattache au dépôt des principales couches de sedi-
ment. Une concordance réellement remarquable,
existe donc entre l'ensemble des diverses formations géologiques et les débris organiques que
l'on découvre dans leur sein.

Ainsi l'on peut comprendre dans la plus ancienne de ces périodes celle où la vie s'est manifestée pour la première fois sur la terre ; elle
embrasse les formations sédimentaires les plus
inférieures, c'est-à-dire, les terrains de transition et houillers, formations dans esquelles on
observe les débris des animaux et des végétaux
les plus simples. Ce sont d'abord des invertébrés, soit des rayonnés, soit des mollusques,
soit des crustacés marins, avec quelques débris
fort rares d'insectes à respiration aérienne, les
seuls animaux qui annoncent qu'il existait déjà
à cette époque des terres sèches et découvertes.
Les animaux marins se trouvaient donc pour
lors, singulièrement en excès relativement aux

pèces terrestres; et parmi les premières, on distingue surtout des poissons dont les formes, les proportions et les caractères n'ont presque rien de commun, non seulement avec nos espèces vivantes; mais encore avec les poissons qui ont vécu depuis le dépôt du lias.

La même simplicité se fait également remarquer dans les végétaux de cette antique période. D'abord à peu près bornée à des agames, la végétation qui a commencé par ces plantes, les moins compliquées du règne végétal, a vu peu à peu apparaître des espèces terrestres, c'est-à-dire, des cryptogames semi-vasculaires, avec quelques phanérogames monocotylédons et gymnospermes. Les débris de ces cryptogames, des familles des équisétacées, des fougères et des lycopodiacées primitivement peu nombreuses, n'ont pris un grand développement que lors du dépôt du terrain houiller, c'est-à-dire, à l'époque la plus éminemment végétale des temps géologiques. D'après les faits physiques, comme d'après le récit de la Genèse, la vie a donc commencé sur la terre par les êtres les plus simples, et les végétaux ont été non seulement primitivement plus abondants que les animaux, mais celles de leurs espèces qui vivent sur des terres sèches et découvertes ont apparu bien long temps avant la plupart des animaux qui ont le même genre d'habitation, ou plutôt de station.

Ainsi, les végétaux qui composent la flore de l'ancien monde, ont été, comme les animaux, soumis à de fréquents changements. Ils étaient cependant formés d'après les mêmes principes d'organisation que nos végétaux actuels. Ils offraient du moins avec ceux-ci de nombreux points de ressemblance, preuve nouvelle de l'intelligence qui a présidé à la construction du monde matériel.

L'histoire physique de notre globe, dans lequel certains géologues n'ont vu que ruine, désordre et confusion, présente au contraire, aux yeux de celui qui sait la comprendre, une suite d'événements nécessaires qui ont enfin amené l'harmonie et l'ordre actuel.

Tout sur la terre, comme dans l'univers, nous révèle une puissance supérieure et infinie qui a présidé à tout, et a rendu l'ensemble des choses créées essentiellement durable. Du fond de ses abîmes, la terre s'unit avec les corps célestes qui roulent dans l'immensité de l'espace, pour proclamer la toute puissance de celui qui les conserve, après les avoir tirés du néant.

Les mêmes lois de simplicité semblent s'être également continuées pendant la seconde période. Du moins les animaux les plus compliqués y sont bornés aux poissons et à un grand nombre de reptiles, les oiseaux et les mammifères n'y existent point encore. Tout au plus pourrait-on citer deux ou trois mammifères sur le gisement et sur la détermination desquels s'élèvent les doutes les plus fondés. De même les végétaux les plus perfectionnés, les dycotilédons ne s'y trouvent pas non seulement dans la même proportion, relativement aux autres végétaux, qu'actuellement; mais à celle qu'ils ont acquise plus tard dans la troisième période géologique.

Cette seconde période caractérisée essentiellement par des reptiles souvent aussi extraordinaires par leurs formes et leurs proportions, que par leurs dimensions, l'est également par des végétaux, dont l'organisation était généralement moins avancée que celle des espèces qui leur ont succédé, quoiqu'ils aient appartenu à des classes plus nombreuses et plus variées que les végétaux des premiers temps.

Cependant cette seconde période embrasse un grand nombre de formations diverses et un espace de temps considérable; car elle s'étend depuis les terrains houillers jusqu'aux terrains tertiaires.

La troisième période, la plus récente des temps géologiques, démontre également de la manière la plus manifeste, la succession des êtres vivants

en raison inverse de la complication de l'organisation. On y voit en effet, pour la première
fois, les mammifères apparaître; d'abord ceux
qui, habitant les eaux des mers, ont le plus de
rapports avec des êtres plus simples, les reptiles,
puis enfin ceux qui ne se plaisent que sur des terres sèches et découvertes. C'est surtout par rapport à ces derniers que l'on reconnaît cette loi
de succession qui a toujours produit des êtres
de plus en plus compliqués et de plus en plus
rapprochés de nos races actuelles.

Ainsi les premiers mammifères terrestres ont
été des pachydermes, animaux en grande partie
aquatiques, dont les races long-temps dominantes sur la scène de l'ancien monde, se sont constamment fait remarquer par leur taille et leurs
proportions gigantesques. A ces pachydermes,
ont succédé d'abord des rongeurs, des ruminants
et enfin des carnassiers, qui ne sont arrivés que
les derniers sur la scène de l'ancien monde.
Leurs espèces primitivement différentes des nôtres et tout-à-fait inconnues dans la nature vivante, sont devenues, comme par degrés de plus
en plus semblables à nos espèces actuelles, jusqu'au moment où les races aujourd'hui domestiques ont été les plus essentiellement dominantes parmi cette création soumise à l'ardeur dévo-
rante des plus terribles carnassiers qui aient

jamais existé. Parmi ces races, certaines paraissent avoir excité l'attention de l'homme et avoir
été soumises à son empire, lorsque d'autres espèces dont nous cherchons en vain les traces dans
la nature actuelle, vivaient encore à la surface
du globe.

Cette succession, si manifeste pour les animaux, ne l'est pas moins pour les végétaux de
la troisième période. Les caractères de cette flore
nouvelle sont totalement différents de ceux de la
flore qui l'avait précédée. Au lieu de ces immenses fougères en arbre, de ces prêles gigantesques,
des dicotylédons s'y présentent en abondance et
dans des proportions numériques à peu près égales à celles de notre végétation. Il y a plus, parmi
ces antiques dicotylédons, on découvre bien encore des espèces inconnues dans notre monde ;
mais un assez grand nombre de ces végétaux ne
saurait être distingué de nos espèces vivantes,
surtout parmi ceux qui appartiennent aux époques les plus récentes de la plus moderne des
périodes géologiques, analogie qui précède de
peu et annonce en quelque sorte la nouvelle
création qui allait leur succéder.

Le règne végétal comme le règne animal, ont
donc tendu, d'une manière constante à un perfectionnement marqué, lequel s'est opéré plus
lentement dans le second de ces règnes que dans

le premier, par suite de la distance immense
qui sépare les animaux inférieurs des supérieurs
et de l'homogénéité comparative des grandes
classes du règne végétal.

Il en est résulté que les mammifères terrestres ont paru beaucoup plus tard sur la scène
de l'ancien monde, que les végétaux phanérogames, soit monocotylédons soit dicotylédons. Ainsi
à toutes les époques, les conditions d'existence ont
été constamment plus nécessaires et plus impérieuses pour les animaux que pour les végétaux.

Ces lois de perfectionnement, si manifestes pour
les êtres de l'ancien monde, semblent se conti-
nuer dans le monde actuel ou lorsque des recifs
ou des iles s'élèvent au-dessus de l'océan, on voit
d'abord les plantes les plus simples apparaitre
sur leur surface dénudée. Lorsqu'un peu d'humus s'accumule sur ces rochers, des plantes
plus compliquées s'y établissent successivement,
lesquelles sont suivies par des animaux d'abord
simples et devenant ainsi graduellement plus
avancés en organisation. La seule différence que
l'on remarque entre ce qui se passe actuellement et ce qui a eu lieu jadis, tient uniquement
à ce que les êtres qui s'établissent sur ces iles
nouvelles n'appartiennent point à une création
totalement différente de celle qui caractérise les
temps actuels, comme cela a eu lieu pour les

créations successives des temps géologiques.

Du reste cette ancienne création, si différente de la nôtre, ne peut pas être considérée comme un complément de la création actuelle ; car elle ne comble pas les lacunes que l'on remarque entre certaines classes, et ne donne pas non plus une symétrie complète au tableau maintenant irrégulier des affinités des êtres vivants. Dès lors, on ne peut pas considérer les êtres de cette ancienne création comme la souche de nos espèces actuelles ; car rien ne démontre la possibilité de pareilles transformations, ni l'existence d'êtres intermédiaires entre l'ancienne et la nouvelle création.

En résumant tous ces faits, on voit qu'à la première période éminemment végétale, en a succédé une seconde, caractérisée par l'apparition d'un grand nombre d'animaux plus tard anéantis, parmi lesquels se font principalement remarquer des reptiles aussi monstrueux que gigantesques. Des végétaux de l'ordre des cycadées ont accompagné ces étranges animaux, et leurs espèces bornées à une époque peu étendue, n'ont plus reparu sur la scène de l'ancien monde.

Lors de la troisième période, l'Océan a été séparé des mers intérieures, et les terres sèches et découvertes ont pris nécessairement une plus grande étendue.

Les mammifères terrestres ont aussi apparu à la même époque, et leurs races ont pu se propager et se multiplier à l'infini sur des continents où brillait une végétation plus appropriée à leurs besoins, que celle qui avait fleuri pendant les premières périodes. À mesure que la terre recevait des animaux d'une organisation plus compliquée, sa surface était embellie par des végétaux nouveaux et aussi perfectionnés que les animaux dont ils devaient assurer la subsistance. Des rapports constants et des lois d'harmonie ont donc toujours présidé à l'ensemble des choses créées, et ont ainsi manifesté l'immense et admirable sagesse qui tour à tour les a fait sortir du néant.

En un mot d'après la Genèse, comme d'après les restes fossiles et humatiles des êtres organisés dont les couches de la terre nous révèlent l'ancienne existence, des créations successives et diverses, ont tour à tour apparu sur la surface du globe pour céder alternativement la place à de nouvelles créations qui devaient animer cette terre, pendant si long-temps nue et inerte, comme nous l'apprend l'écriture aussi bien que les faits géologiques. Ces créations graduées et diverses ont été d'autant plus différentes de celle qui brille maintenant à nos yeux, qu'elles se rapportent aux plus anciens temps et d'autant plus semblables aux êtres vivants, qu'elles se montrent ensevelies dans des dépôts rapprochés de l'époque actuelle.

Tel est le dernier mot de nos sciences géologiques si modernes et pourtant déjà si avancées ; et, chose étonnante, les faits qu'elles nous apprennent, sont en quelque sorte consignés dans le premier et le plus ancien de nos livres. Un pareil accord annonce, à la fois, la vérité du livre où ils sont écrits et l'exactitude des observations qui nous les ont fait reconnaître.

SEPTIÈME ÉPOQUE OU SEPTIÈME JOUR.

Cette époque a terminé les temps géologiques, c'est-à-dire, ces temps où de nouvelles créations ont été successivement produites, et tour à tour anéanties, et où enfin a eu lieu le dernier des cataclysmes qui a ravagé la plus grande partie de la surface de la terre. C'est donc à cette époque, qu'ont été dispersés ces dépôts ou limons diluviens dont la puissance et l'étendue annoncent assez la violence et la grandeur de la cause qui les a produits. C'est encore pendant sa durée, que semblent avoir été opérés les derniers des grands soulèvements qui ont modifié d'une manière notable le relief de la surface du globe.

D'après la Genèse, « le ciel et la terre étant
» achevés avec toutes leurs harmonies, Dieu ter-
» mina à la septième époque l'œuvre qu'il avait
» faite et se reposa pendant cette septième épo-
» que. »

Alors la terre reçut sa forme et son relief actuels, et les causes qui pendant si long-tems en
avaient tourmenté la surface, ont pris peu à peu
cette stabilité et cette régularité, qui ont surtout
caractérisé la période historique.

Cette septième époque est donc la véritable
époque du repos de l'univers et de la terre, ainsi
que de leur auteur. C'est elle qui a vu cesser ces
violents bouleversements qui ont hérissé nos
continents de chaînes des montagnes aussi étendues qu'élevées, en même temps qu'elle a vu la
vie se maintenir dans des limites fixes et ne plus
changer tout-à-coup d'une manière aussi brusque
que complète

Les mers rentrées depuis lors dans leurs bassins respectifs, n'ont plus abandonné sur leurs
rivages les restes des animaux qu'elles avaient
nourris, et leurs habitants n'ont plus vu leur vie
tour à tour compromise et encore moins anéantie.

L'abaissement de la température centrale,
cause de la mort d'un si grand nombre d'espèces vivantes pendant les temps géologiques, est
aussi parvenu à cette époque, à un terme où il

a été à peu près sans action sur la température
de la surface de la terre. Dès-lors, les effets de
cette chaleur centrale, ainsi restreints par rapport à la climature générale du globe, n'ont plus,
comme par le passé, anéanti les créations nouvelles, pour lors en harmonie, avec des influences qu'elles n'avaient plus à redouter.

Ces causes des modifications continuelles pour
la terre, ainsi rentrées dans des bornes qu'elles
n'ont plus dépassé, toutes celles qui étaient plus
ou moins sous leur dépendance, ont diminué en
même temps d'intensité. Ainsi les dépôts de sédiment, produits avec tant d'abondance aux diverses époques géologiques, et dans lesquels,
nous découvrons tant de débris de la vie des
temps d'autrefois ont à peine opéré depuis lors
des couches de quelques pieds d'étendue.

Aussi nous les voyons restreints à des dépôts
d'attérissement, lesquels ont plus ou moins élevé
le fond des fleuves qui les charrient, ou couvert
de limons plus ou moins fertiles, les plaines
placées au-dessous de grands courants d'eau.
Mais là s'est bornée toute leur influence. Sans
doute, ces mêmes dépôts dont, partie continuellement entraînée dans le bassin des mers, y
forment des couches d'eau douce, analogues à
celles des terrains géologiques, doivent par cela
même élever le niveau du fond du bassin des

mers. Mais cette action, quoique constante, est
si faible relativement à la grandeur de ces mêmes
bassins, qu'elle n'a pu encore être appréciée.

L'action actuelle des eaux courantes, se borne
donc, en quelque sorte au nivellement de la surface du globe ; c'est aussi à une action pareille,
que se réduisent les effets des mers sur nos continents. Leurs eaux sapent par leur base, les
côtes escarpées qui s'élèvent au-dessus de leur
niveau, et l'effort de leurs vagues les nivelle ainsi
peu à peu. D'un autre côté, ces mêmes eaux jettent sur les côtes basses, une partie des sables,
qu'elles ont formés dans leur sein. Elles tendent
ainsi continuellement à les mettre de niveau,
avec les parties plus élevées qui les avoisinent.
Enfin l'action des agents extérieurs aussi bien
que celle des eaux terrestres produisent des effets à peu près semblables, en opérant ces éboulements et ces affaissements si fréquents dans les
lieux, dont la pente est rapide et la hauteur considérable.

C'est encore souvent de pareils résultats que
produisent les phénomènes perturbateurs, dont la
fréquence et l'étendue ont cependant considérablement diminué depuis la même époque, comme
par exemple, les tremblements de terre jadis si nombreux et si terribles. En disloquant le sol, sur lequel ils agissent, ces secousses intérieures opèrent

plutôt des affaissements que des soulèvements. Les derniers ne sont plus guère produits à l'époque actuelle, que par l'action volcanique elle-même, reste de cette chaleur ardente qui, dans le principe des choses, a non-seulement animé le centre de la terre, mais sa croûte aujourd'hui oxydée et à peu près complétement solidifiée.

Les volcans, terribles et brillants phénomènes dus à l'action de l'intérieur de notre planète sur sa surface en partie durcie, ont eux-mêmes, comme tous les autres phénomènes perturbateurs, diminué dans leur nombre et leur intensité, depuis l'époque où le globe a pris son état de stabilité, caractère le plus remarquable de l'époque actuelle. Comparez le nombre de ces fournaises brûlantes qui ont lancé leurs feux dans les temps géologiques, avec celui des volcans brûlants, et vous serez frappé du nombre considérable de ces anciens foyers, dont les feux sont aussi amortis que ceux, qui dans l'origine, ont enflammé la surface de notre planète.

C'est donc vers un avenir de paix et de stabilité qu'a tendu le globe depuis cette époque et par suite de ce refroidissement intérieur de notre planète, la vie n'a plus à craindre d'être troublée à sa surface. Il y a plus, cette circonstance a été elle-même la plus favorable au développement de la vie et de ses merveilles.

En effet, par suite de la solidification de l'écorce du globe, tous les phénomènes perturbateurs, tels que les tremblements de terre, les soulèvements, les affaissements, et les actions volcaniques y sont devenus beaucoup plus rares, qu'aux premières époques, où le globe a été habité. Toutes ces causes de perturbation ne se renouvelant plus, la vie ne sera plus désormais troublée, comme elle l'a été à tant de reprises différentes. D'un autre côté, la chaleur qui se fait sentir à la surface de la terre, est devenue indépendante des feux souterrains. Du moins, ces feux ne s'y font sentir que pour un trentième degré, et lors même qu'ils viendraient à s'éteindre complétement, la température moyenne de notre planète ne pourrait être affectée que de la diminution de cette fraction de degré, valeur trop faible, pour exercer quelque influence sur les êtres vivants.

Aussi la surface de la terre est-elle arrivée à un équilibre dans sa température, qui ne dépend plus que de deux causes principales, le soleil et l'atmosphère, et enfin au rayonnement des astres stellaires dont les variations se maintiennent dans un tel état d'équilibre, que la vie n'a plus rien à redouter de leur influence.

Depuis cette époque, les espèces vivantes qui animent cette terre n'ont donc plus vu leur sort dépendre fatalement de l'inconstance et des variations des climats. En effet, dès l'apparition de l'homme, les climats terrestres devenus fixes et constants ont maintenu toutes les causes dans une harmonie et une stabilité presque merveilleuse. Sa présence parmi les êtres vivants a été en quelque sorte une promesse envoyée par le Créateur, que l'ordre naturel ne serait plus troublé, et que chaque espèce, pourrait désormais se développer et fleurir en paix, dans le lieu qui lui a été assigné.

Bénie soit donc cette puissance tutélaire, qui a fait concourir l'avénement de l'homme sur la terre, avec l'époque où celle-ci pacifiée a reçu sa température définitive, ainsi que de nouvelles créations, qui comme leur dominateur, dureront probablement autant, que l'ordre des choses établies.

Si nous portons maintenant nos regards sur les restes, soit fossiles soit humatiles des corps organisés, et sur les dépôts de sédiment dans lesquels ils sont ensevelis, il est facile de reconnaitre que ces dépôts, et les êtres dont ils renferment les débris étaient complétement terminés, lorsque l'homme a paru sur la surface de la terre. Depuis lors en effet, aucune création nouvelle n'a été produite, et le globe a tendu d'une manière constante vers l'état de stabilité auquel il est maintenant arrivé.

Cependant un événement remarquable est venu troubler quelques instants cette stabilité et cette harmonie qui existent entre toutes les choses créées. Cet événement rappelé par les traditions et les annales de tous les peuples qui en ont universellement gardé le souvenir, est également confirmé par les faits géologiques les plus évidents et les moins contestables. Du moins, les recherches les plus exactes et les plus récentes, ont démontré un accord remarquable entre les faits physiques et les vieilles traditions des peuples.

Ainsi le déluge de Noé décrit par Moïse, est probablement le même, que celui d'Oygès, dont la date s'accorde tellement avec une de celles qui ont été attribuées au déluge admis par les Hébreux, qu'il est difficile de supposer que cette date ne dérive pas de la même source. Il paraît en être de même de celui de Deucalion, qui n'est qu'une tradition de ce même cataclysme, tradition altérée et fixée par les Hellènes, à l'époque où ils plaçaient aussi leur Deucalion. Comment ne pas en voir une nouvelle preuve dans le fait qu'admettent les Atlantes, de l'engloutissement par l'effet d'un déluge d'une grande terre nommée Atlantide?

On en retrouve également des traces chez les Egyptiens qui ont supposé qu'à l'époque où

Osiris était occupé à instruire les hommes en Ethiopie, le Nil aurait débordé aux approches du solstice, et inondé en entier la vaste plaine qu'il parcourt. Tous les hommes auraient donc péri par l'effet de ce déluge, sans la main puissante d'Hercule, qui seule put arrêter les eaux en élevant des digues, et sauver ainsi une partie du genre humain. Il paraîtrait même, au dire d'Al-bumassar cité par Mutardi, que, d'après deux anciens livres égyptiens, le monde aurait été renouvelé après le déluge, lorsque le soleil était au premier degré du Bélier et Régulus dans le colure du solstice. Ce fut également pour venger la mort du premier Bacchus qui avait succombé sous les coups des Titans, que Jupiter aurait embrasé le monde, embrasement suivi d'un déluge effroyable, dont le poète Nonnus (chant VI, vers 230) nous a conservé toutes les circonstances.

Les mêmes traditions que Moïse a rapportées dans la Genèse, semblent s'être conservées, mais avec des altérations plus ou moins grandes, parmi les Babyloniens, dont la capitale avait été fondée avant Abraham.

Ainsi, leur Syncelle nous a fait connaître un passage de Bérose et un autre d'Alexandre Polyhistor, d'après lesquels il y aurait eu dix rois, qui auraient régné pendant 120 sares avant le déluge de Xisithrus. Ces 120 sares de la durée des dix générations antérieures à ce déluge, évalués par Bérose à 2,220 ans lunaires simples ou à 2,160 ans intercalés, s'accordent assez bien à l'époque à laquelle parait avoir eu lieu le déluge de Noé. Du moins d'après les Septante, ce cataclysme dont nous trouvons tant de traditions chez des peuples qui diffèrent autant par leur origine que par leur langage, se rapporterait à 2,256 ou 2,262 années après l'apparition de l'homme sur la terre, ce qui différerait peu de l'appréciation que Suidas a donnée à l'évaluation des sares. Un pareil accord est réellement remarquable, à moins que l'on ne suppose qu'ils tirent tous leur origine d'une même source.

Un fait non moins singulier c'est l'accord que l'on trouve entre les différentes traditions, relativement à la violence de ce cataclysme. Ainsi d'une part, d'après le récit que le Boundehesch ou la cosmogonie des Persans, nous fait du déluge, il aurait été occasionné par une pluie qui aurait duré dix jours et dix nuits; tandis que les Indiens dans leurs exagérations fantastiques, lui auraient donné une durée de 120 ans, 7 mois et 3 jours. Ils supposèrent également dans leurs allégories, que Wistnou aurait apparu sous la forme d'un poisson à Satiavidarem ou Satyavrata, roi de Dawaram, et lui aurait annoncé que le

monde allait finir par un déluge. Ce roi de Dawaram muni d'une barque que dans sa bonté
infinie Wistnou lui aurait envoyée, se serait seul
sauvé avec six autres hommes et une femme, sur
une montagne située vers le nord. Enfin d'après
cette même cosmogonie, le déluge qui aurait entièrement couvert la terre d'eau, serait arrivé il y
a environ 21,000 ans.

Les idées des anciens Perses étaient bien différentes ; car d'après leur cosmogonie, ouvrage
du temps des Sassanides, et qui paraît avoir été
extrait ou traduit d'ouvrages plus anciens, la
durée du monde ne devait être que de douze
mille ans, et il était bien nouveau lors du déluge.

A part la première de ces dates, laquelle semble tout-à-fait fausse, les autres circonstances re-
latées dans le Bagavadan, un des dix-huit Pou-
raman ou histoire sacrée des Indiens, sont à peu
près les mêmes que celles racontées par Moïse.
En effet Vischnou envoie un bâtiment à Satyavrata, comme Dieu prescrit à Noé de construire
une arche, afin de s'y enfermer avec tous les
êtres nécessaires à la reproduction de leurs espèces, ou, comme le dit le Bagavadan, pour une
nouvelle production dans le renouvellement du
monde. D'après cette dernière cosmogonie, ce
fut vers la fin du septième jour que les cataractes des cieux s'ouvrirent et que les nuées déchar-

gèrent une pluie si abondante , que la mer et la terre se trouvèrent de niveau. Le bâtiment fut porté au dessus des eaux, et lorsqu'elles furent totalement écoulées , Satyavrata et ses compagnons en sortirent, et adorèrent Wischnou. Bientôt après Brahma recommença à peupler le monde et à renouveler le genre humain.

Ainsi le Santiaviraden des Indiens nommé aussi Sizatadewen ou Waivassouden joue dans le Bagavadan le même rôle que Noé dans la Genèse, et il y a entre ces deux personnages une conformité réellement remarquable.

Nous avons déjà vu que de pareilles idées régnaient en Chaldée du temps de Bérose qui écrivait à Babylone sous Alexandre. Cet écrivain parle du déluge avec des circonstances tellement semblables à celles de Moïse , que son récit paraît avoir été tiré de la même source , et nous avons vu combien l'époque à laquelle il l'a placé, c'est-à-dire , immédiatement avant Bélus , père de Ninus, s'accorde avec celle que donne la Genèse. Du reste, Hiéronime et Nicolas de Damas ont également fait mention de ce grand événement. Il en est encore de même des anciens Arméniens, parmi lesquels Mosis Choronensis nous a laissé une description du déluge dans son histoire de l'Arménie. Il y a plus , les auteurs arméniens du moyen-âge s'accordent à peu près avec le texte de la Genèse, lorsqu'ils font remonter le déluge à 4,916 ans. Du reste, ces peuples si nouveaux relativement aux Hébreux, ont probablement reçu leurs idées chronologiques de ces derniers peuples; et leurs traditions se trouvent par cela même d'accord avec celles de la Genèse. Ainsi non seulement la tradition du déluge existait en Arménie, bien avant la conversion des habitants au christianisme; mais les Arméniens avaient sur sa date les mêmes idées que les Hébreux.

De pareilles croyances régnaient également chez les Arabes, les Turcs, les Mongoles et les Abyssins. Leurs anciens livres, si jamais ces peuples en ont eu, sont totalement perdus. Aussi n'ont-ils d'autre histoire que celle qu'ils se sont faite récemment, et qu'ils ont modelée sur la Bible; ce que ces peuples disent du déluge est donc emprunté de la Genèse et n'ajoute rien à son authenticité.

Nous trouvons également des traces de la même croyance chez toutes les nations que nous pouvons interroger. Ainsi les Banians nous disent que le déluge universel a été la fin de la première période ou du premier âge du monde, tandis que les Siamois veulent nous faire croire dans leur style métaphorique, à la submersion de la terre entière par une grande eau, qui sortit en abondance des cheveux de leur mauvais génie Théreaf.

D'après ces peuples, comme d'après toutes les nations qui ont conservé le souvenir de ce grand événement, le déluge aurait été la suite de la désobéissance des hommes envers la divinité. Ce serait en effet d'après eux, sur le refus obstiné, que le génie du mal ou Théreaf fit d'adorer Sammonocodon ou la Divinité suprême, que la Déesse protectrice de la terre, irritée de son endurcissement, aurait fait sortir de ses cheveux les eaux abondantes qui auraient submergé le genre humain. Comment ne pas voir dans ces idées une trace de celles qui sont écrites dans la Bible où la désobéissance envers Dieu paraît avoir été la cause de l'anéantissement des premiers hommes et celle du renouvellement du genre humain ?

Mais poursuivons, et voyons si nous ne trouverons pas également des notions de ce grand cataclysme chez les peuples qui habitent au delà des déserts de la grande Tartarie.

Les Chinois, si différents de nous par leurs institutions et leurs procédés, autant peut-être que par leur figure et leur tempérament, admettent aussi un déluge. Ils en font à peu près remonter la date à la même époque que nous. Leur Chouking, ou leur plus ancien livre, que l'on suppose avoir été rédigé par Confucius, avec des lambeaux d'ouvrages antérieurs, commence l'histoire de la Chine par un empereur nommé *Yao*, qu'il nous représente occupé à faire écouler les eaux qui couvraient la plus grande partie de la surface de la terre. D'après les uns, cet empereur aurait vécu quatre mille cent soixante-trois ans avant l'époque actuelle et selon les autres, seulement trois mille neuf cent quarante-trois ans avant la même époque. Du reste, la variété des opinions à cet égard va même jusqu'à deux cent quatre-vingt-quatre années; mais la date qui paraît la plus probable fixerait celle de la vie de cet empereur à l'an 2,363 avant l'ère chrétienne, ce qui la ferait remonter à 4,199 antérieurement aux temps actuels.

Les Chinois avaient même institué une fête en commémoration de la mort des hommes qui avaient succombé lors du déluge. Cette fête célébrée également par les Japonais vers la fin du mois d'août, avait le même but comme la même origine. Aussi les détails des cérémonies que l'on y célébrait sont trop semblables pour ne pas dériver d'une même source, en même-temps qu'ils annoncent combien le souvenir du déluge s'était perpétué chez ces différents peuples.

Les nations dont l'origine paraît encore plus récente, en ont également conservé la mémoire. Ainsi les Kalmoucs paraissent persuadés que le premier âge du monde a été terminé par une très grosse pluie et une violente inondation. De même,

à en croire les Scandinaves, le géant Ymus ayant
été tué, il coula de ses larges et profondes blessures, une si grande abondance de sang, que le
genre humain fut submergé.

Un homme, qu'ils désignent sous le nom de
Belgemer, fut avec sa famille, le seul sauvé, et
cela parce que, d'après l'ordre de la divinité, il
s'était réfugié sur un gros bateau.

Les traditions des Celtes semblent encore plus
explicites sur ce grand événement historique.
D'après eux, comme d'après les peuples les plus
anciens, le déluge aurait détruit l'universalité du
genre humain, à l'exception pourtant de Dwivan
et de Dwivach. Ceux-ci auraient seuls échappé à
ce danger, ayant construit à l'avance un vaisseau
sans voiles dans lequel ils auraient placé un in-
dividu mâle et femelle de tous les animaux qui
existaient à peu près comme ce que nous apprend
la Genèse.

Les Américains, qui n'avaient point de véritable
écriture, et dont les traditions remontent à une
époque peu éloignée de nous, nous montrent également dans leurs grossiers hyéroglyphes une
trace d'un déluge. Ces peuples si nouveaux et qui
semblent provenir du mélange de la race blanche et de la race jaune, ont cependant leur Noé
ou leur Deucalion, comme les Indiens, les Babyloniens et les Grecs.

On ne doit donc pas s'étonner, de voir la vé-
nération que les Péruviens paraissent avoir long-
temps conservée pour l'arc-en-ciel, signe manifeste pour eux de la cessation à jamais de ces
terribles inondations qui avaient produit le dé-
luge(1). Aussi les anciens Incas, lors de leur con-

---

(1) Cette idée des anciens Péruviens est loin d'être aussi
déraisonnable qu'on pourrait le supposer au premier aperçu ;
du moins est-il extrêmement probable que dans l'état actuel
des choses, la quantité de la vapeur d'eau qui existe dans
l'atmosphère n'est pas assez considérable pour occasionner
sur la surface de la terre un cataclysme pareil à celui dont
les dépôts diluviens nous attestent la réalité. En effet, si
cette vapeur venait à se précipiter en entier et dans le
même moment, elle produirait seulement sur la surface du
globe terrestre, une lame d'eau d'une épaisseur de 9 centimètres, ou 3 ponces 25. Cette faible épaisseur annonce,
d'une part, que la vapeur d'eau qui se trouve dans l'atmosphère y est continuellement entretenue par l'évaporation ;
et, de l'autre, que si sa quantité ne vient point à changer,
des cataclysmes considérables et analogues au déluge historique sont désormais à-peu-près impossibles. Pour qu'ils
pussent s'opérer, de manière à produire des effets pareils à
ceux qui ont dispersé sur la surface de la terre les dépôts
diluviens, il faudrait que les causes actuellement agissantes
ne se maintinssent plus dans cette stabilité et cet équilibre,
dont elles ne paraissent pas s'être écartées depuis les temps
historiques, changement que rien, dans notre monde actuel,
ne saurait nous faire présumer.

Ainsi donc, ce n'est pas sans raison que les anciens Péruviens se sont confiés sur l'apparition de l'arc-en-ciel, comme
un signe évident du calme imprimé par une main tutélaire
aux éléments primitivement en désordre. Lorsqu'on creuse

quête du Pérou, cherchèrent-ils à persuader aux peuples, dont ils devinrent les maîtres absolus, que depuis le déluge universel, dont le souvenir s'était conservé parmi les Indiens, le monde avait été repeuplé par leurs ancêtres. Ainsi, à les entendre, leurs aïeux sortis au nombre de sept, de la caverne de Pacaritambo, auraient seuls perpétué la race humaine ; dès lors, tous les hommes leur devaient hommage et obéissance, et ces idées ne les ont pas peu favorisés dans la conquête du Pérou.

Des idées analogues se sont également perpétuées dans toutes les parties de l'Amérique et particulièrement au Mexique et au Brésil.

Ainsi les premiers, comme presque toutes les nations de l'antiquité divisaient la durée du monde en quatre âges. Le premier commençait à la création de la terre et finissait au déluge. Les Mexicains le nommaient-ils Atonatiuh, ou l'âge de l'eau. Il est difficile, en lisant dans Clavigero, les détails de cet événement, tel que les Mexicains

---

ces idées natives des premiers peuples, on est souvent frappé de leur justesse. Le lecteur pourra juger ce qu'il en est de celles que nous venons de rappeler, émises par un des peuples les plus anciens, qui habitent un continent si nouveau, et où les traces du grand cataclysme qui a ravagé la partie la plus superficielle de notre planète, sont peut-être moins effacées qu'ailleurs.

le racontaient, de ne pas reconnaître la plus grande conformité entre ce récit et les rapports historiques que la Genèse nous a conservés. D'un autre coté, le souvenir de cette grande inondation s'était également perpétué chez toutes les autres peuplades du nouveau monde.

Ainsi, d'après les traditions des Toltèques, un fameux astronome nommé Huetmatzin, aurait tenu avec la permission du souverain une assemblée de notables composée des hommes les plus sages et les plus savants du royaume, à l'effet de recueillir les divers documents historiques qui existaient sur leur origine. Cette assemblée aurait eu lieu sous le règne de Ixtalchahnac, vers l'an 660 de notre ère, et dans son sein aurait été formé un recueil de tableaux appelés Téomoxtli ou *livre divin*, dans lequel on avait représenté en figures très intelligibles l'origine et la dispersion des Toltèques après le déluge. De même les Mistèques et les Zapotèques faisaient remonter leur origine, au moyen de leurs tableaux historiques à la création du monde. Ces tableaux parlaient d'un déluge universel et de la confusion des langues qui l'avait suivi, événements qu'ils avaient entremêlés d'un grand nombre de fables et de récits plus ou moins merveilleux.

Dans leurs traditions, les Chiapanèses préten-

daient également descendre de Voltan, petit
fils du seul homme qui avait échappé au déluge
universel. De pareilles idées régnaient également
chez les habitants de la Floride. D'après ces peuples, le soleil ayant retardé sa course d'environ
vingt-quatre heures, les eaux du lac Théomi dé-
bordèrent avec tant d'abondance que les sommets des plus hautes montagnes en furent couverts. Le soleil en garantit cependant une seule
nommée Dolaloemai, et il n'y eut de sauvés que
les hommes qui purent en atteindre le sommet.

Ce souvenir d'un déluge est si fort empreint
dans l'esprit de ces diverses peuplades qu'un des
Indiens de Cuba apostropha Gabriel de Cabréra
en lui disant, pourquoi me grondes-tu ? Ne sommes-nous pas tous frères et ne descends-tu pas
comme moi, de celui qui construisit le grand
vaisseau qui sauva notre race ? Aussi les Acha-
gua, dont faisait partie cet Indien, désignent-ils
le déluge par l'expression de Catenanemon, qui
signifie proprement la submersion générale du
grand lac. Enfin, d'après les Iroquois, un
homme, grand chasseur, qu'ils désignent sous le
nom de Messou, aurait repeuplé le genre humain après le déluge qui l'aurait anéanti.

A les en croire, ce Messou étant à la chasse
aurait perdu ses chiens dans un grand lac qui
aurait débordé et couvert de ses eaux la surface

de la terre. Resté seul après ce violent déluge, Messou serait parvenu à repeupler la terre, et à l'aide des animaux qui s'étaient échappés avec lui, il aurait réussi à propager leurs races.

Nous trouvons encore des traditions analogues chez les sauvages de l'Amérique septentrionale, qui admettent même comme toutes les anciennes croyances traditionnelles, que les animaux ont paru sur la terre avant la création de l'homme. Ces sauvages supposent, ainsi que nous l'apprend Constant d'Orville, qu'après le déluge, Michapoux aurait créé les animaux qui se multiplièrent bientôt d'une manière prodigieuse, et à tel point qu'ils se firent la guerre et se dévorèrent les uns les autres. Michapoux s'étant emparé des cadavres des animaux morts dans cette lutte terrible, à l'aide de son pouvoir divin, il les façonna et en fit des hommes. Il est aisé de juger que, dans ces différents récits, plusieurs idées communes règnent à peu-près généralement, quels que soient l'origine, les mœurs et la date des nations qui nous les ont transmis.

L'idée la plus générale est donc celle d'une inondation assez considérable pour avoir occasionné la perte du genre humain. A cette idée fondamentale, sur laquelle reposent toutes ces croyances, vient se joindre le renouvellement du genre humain dû à un seul homme échappé avec sa fa-

mille soit dans un bâtiment, soit dans un vaisseau, qui, flottant au-dessus des eaux amon-
celées, aurait toujours dominé les plus grandes
élévations. D'un autre côté, les traditions qui ne
parlent point d'arche, de bâtiment, ni même de
vaisseau, font perpétuer le genre humain au
moyen d'un homme conduit par la main divine
sur le sommet d'une montagne dont les eaux
n'avaient pu atteindre la cime.

Enfin un assez grand nombre de cosmogonies,
ou si l'on veut de ces traditions historiques, ont
admis, comme celles qui se sont conservées chez
les sauvages de l'Amérique septentrionale, que
les animaux ont été créés avant les hommes.

Telles sont les idées les plus communes et les
plus généralement répandues chez les peuples
qui ont conservé le souvenir du déluge et du renouvellement du genre humain.

Une pareille conformité entre des nations si
différentes par leurs mœurs, leurs langages et
les pays qu'elles habitent, est non seulement un
témoignage de la réalité du déluge ; mais encore
une sorte de preuve que toutes ces traditions dérivent d'une même source et, ont une même origine ; cette origine doit être la même que celle
du livre le plus ancien qui nous a transmis l'histoire d'un événement, sur lequel s'accordent
toutes les croyances.

Après les preuves fournies par ces divers récits sur un cataclysme, dont les faits physiques nous démontrent assez l'existence, en demanderons-nous à des peuples plus nouveaux ; et par exemple à ces Lapons, qui, confinés près des glaces du pôle, semblent moins que tout autre peuple, propres à nous répondre. Cependant si nous les interrogeons, ils nous diront qu'avant l'époque où Dieu submergea la terre, elle était entièrement habitée, idée à peu près semblable à celles que nous avons trouvées chez toutes les autres nations.

Enfin, si nous leur demandons comment eut lieu cette submersion générale, ils nous répondront que le globe fut inondé par les fleuves et les mers qui sortirent de leurs lits et en inondèrent la surface. Le genre humain aurait sans doute péri, mais Dieu dans sa bonté infinie prit un frère et une sœur sous sa main puissante et les transporta sur la montagne de Passeware. Les eaux écoulées, ces deux enfants se séparèrent, voulant s'assurer s'il n'était pas resté d'autres hommes dans le monde. S'étant rencontrés trois ans après, ils se reconnurent et ne voulurent point perpétuer le genre humain, sachant qu'ils étaient frère et sœur ; ils se quittèrent donc de nouveau, et après un second voyage de trois ans, ils se rencontrèrent encore. Ce ne fut cependant qu'après une troisième séparation qui dura environ trois années, qu'ils se revirent sans se reconnaître, et devinrent ainsi la souche des hommes qui depuis lors, ont couvert la terre de leurs nombreuses tribus.

Si nous demandons aux Guèbres leurs opinions au sujet du déluge, ils nous répondront que ce cataclysme est arrivé par suite de la colère de Dieu irrité contre les hommes séduits par les funestes sujestions du démon. Aussi Dieu épargna une seule famille sourde aux perfides conseils du génie du mal ; cette famille ayant trouvé grâce devant le Seigneur, renouvela plus tard le genre humain.

Les Turcs, les Persans et les Arabes avaient tous les mêmes idées, et considéraient la fin des dix générations antérieures au déluge ou des dix premiers jours, comme l'époque à laquelle cet événement avait eu lieu. Ils appelaient même ce cataclysme, l'éruption du four de Capha, ville d'Arabie, et cela parce qu'ils supposaient que les eaux qui l'avaient produit étaient sortis du four d'une pauvre veuve de cette bourgade.

Aussi la fête que les Arabes antérieurs à Mahomet, célébraient les premiers jours de l'année, au mois de moharran, était-elle nommée *Aschour* ou les dix jours. Les dix premières nuits étaient également très saintes aux yeux des mahométans, et dans l'alcoran au chapitre de l'aurore, Dieu jure par ces dix nuits, comme dans la mythologie grecque Jupiter par le Styx. Enfin les Turcs consacrent également la même époque, au jeûne et à la prière et la considèrent comme un temps pendant lequel Dieu exerce ses jugements.

Telle est l'histoire sommaire des traditions des différents peuples qui nous ont conservé le souvenir de ce cataclysme qui a ravagé la plus grande partie de la terre, traditions qui s'accordent assez bien avec ce que les faits physiques nous en apprennent. Si ces traditions sont d'accord sur l'ensemble des circonstances de ce grand événement, on peut se demander, s'il en est de même de l'époque à laquelle ces traditions les rapportent.

D'abord d'après les Hébreux, dix générations s'étaient écoulées avant le déluge et cette opinion a été partagée par les Tyriens qui admettaient le règne de dix rois avant ce grand événement. Les mêmes idées existaient à Babylonne où l'on comptait jusqu'à dix rois qui avaient gouverné la Babylonie pendant 120 sares ou environ 2,160 ans avant que le déluge eût ravagé la terre. Enfin, d'après les livres sibyllins, il y aurait eu environ dix siècles entre la création et le déluge, espace de temps que ces livres disent avoir été partagés en sept âges. Des traditions analogues paraissent avoir été aussi adoptées par les Chaldéens ; ceux-ci admettaient dix générations avant le déluge, c'est-à-dire, depuis Alorus l'Adam des Hébreux jusqu'à Xisûthrus leur Noé ou l'homme qui, par la permission de la divinité, aurait échappé seul au déluge.

Les Atlantes supposaient de même que dix rois avaient régné sur leur patrie, avant le Cataclysme qui la ravagea ; cependant Platon dans son dialogue de Ctésias, prétend que les dieux s'étant partagé la terre, Neptune eut dans le lot que le sort lui donna l'île Atlantique. Ayant visité cette île, le dieu y trouva un seul homme Evenor, lequel y habitait avec sa femme Leucippe et sa fille Clito. Neptune étant devenu amoureux de cette jeune fille, l'aurait épousée et en aurait eu une postérité nombreuse. Par suite de son union avec Clito, il aurait eu cinq couples d'enfants mâles et jumeaux entre lesquels il aurait partagé l'Atlantide dont ils furent les premiers rois. A en croire Platon et les auteurs auxquels il a emprunté son récit, ces dix princes auraient été tous contemporains. Cette supposition est trop contraire aux idées généralement adoptées, pour ne point supposer que Platon a confondu les dix premiers rois et les dix générations successives dont ils faisaient partie comme contemporains et fils de Neptune.

Du moins voyons-nous les Orientaux compter dix Solimans ou dix premiers rois qui auraient régné dans le monde avant le déluge. A la vérité, on fera peut-être observer que d'Herbelot ne porte cette liste qu'à neuf, nombre inférieur à celui que donnent les autres documents historiques. Mais Caherman-Castel a répondu d'une manière victorieuse à cette objection. Il existe, nous dit-il, dans le pays de Schadoukiam une colonne d'une grosseur extraordinaire, posée sur une base, laquelle porte une inscription en caractéres biblianiques, sur laquelle on lit : « *Je suis Soliman* Hakki. Or, d'Herbelot n'a pas connu ce Soliman, et, en ajoutant ce prince à sa liste des neuf rois qu'il a mentionnés, on arrive au nombre dix, sur lequel s'accordent toutes les traditions.

Nous voyons du moins que les Indiens admettaient dix *avantaras* ou métamorphoses de la Divinité depuis la création jusqu'au déluge. De même les Chinois comptent jusqu'à neuf générations de Patriarches, dont ils indiquent les noms et les aventures entre Hoang-ti ou leur Adam et Chun. Or, Chun ayant été contemporain d'Yao, roi sous lequel est arrivé le déluge, il en résulte que les Chinois comptent également dix générations entre l'apparition du premier homme et l'inondation générale de la terre. Il y a d'autant moins de doute à cet égard, que les livres de la Chine nous dépeignent ce Chun occupé comme Yao, à reparer les maux produits par les eaux du déluge.

Ainsi d'un concert unanime, toutes les histoires, comme toutes les traditions que nous pouvons interroger, nous attestent la réalité d'un grand cataclysme, et, chose non moins remarquable, toutes la fixent à peu près à la même époque.

Voyons maintenant dans quels termes Moïse décrit ce grand événement, dans ce livre que nous avons trouvé jusqu'à présent d'accord avec les faits reconnus par nos sciences physiques encore si nouvelles. Voici ce que nous lisons dans le chapitre VII de la Genése.

» Les sources du grand abime des eaux furent
» rompues et les cataractes du ciel furent ouvertes;

» La pluie tomba sur la terre pendant quarante
» jours et quarante nuits;

» Le déluge se répandit sur la terre pendant
» quarante jours et les eaux s'étant accrues inon-
» dèrent et couvrirent la surface de la terre; mais
» l'Arche était portée sur les eaux;

» Les eaux crûrent et grossirent beaucoup au-
» dessus de la terre;

» Toutes les hautes montagnes qui sont sous
» les cieux furent couvertes;

« L'eau ayant gagné le sommet des montagnes
» s'éleva de quinze coudées plus haut.

» Tous les animaux et tous les hommes péri-
» rent, il ne resta que Noé et ceux qui étaient
» avec lui dans l'Arche.»

Il résulte de ce récit, qu'à une époque fixée
par Moïse, la terre fut ravagée par un violent
cataclysme, qui, d'après lui, aurait été général,
au point de couvrir d'eau les montagnes les plus
élevées et d'anéantir tous les êtres vivants. Ce
même cataclysme aurait été suivi du renouvellement complet du genre humain, auquel Dieu
aurait fait la promesse que « tant que la terre
» durerait, la semence et la moisson ; le froid et
» le chaud ; l'été et l'hiver ; la nuit et le jour ne
» cesseraient point de s'entre-suivre. »

Sans doute, il se peut que la terre ait été ravagée par plusieurs cataclysmes ; mais du moins
est-il certain que celui dont la Genèse nous a
conservé le souvenir a été plus considérable que
tous les autres.

L'on se demandera peut-être, si les faits physiques annoncent que ce grand cataclysme ait
été assez général pour avoir couvert la surface
de la terre et atteint le sommet des plus hautes
montagnes (1).

____

(1) Du reste, une observation essentielle à faire à l'égard
de Moïse comme à l'égard de tous les anciens écrivains,

Si nous devons prendre le récit de l'écrivain sacré à la lettre, il paraîtra ici en opposition avec les faits les plus constants et les mieux démontrés. Les dépôts diluviens loin d'être disséminés sur les plus hautes montagnes ne dépassent jamais 3,000 ou 4,000 mètres au plus. A la vérité ces dépôts résultant de l'action des eaux courantes peuvent bien ne pas se montrer vers leurs points de départ et recouvrir uniquement les points les plus abaissés de la surface occidentée du globe; à peu près comme dans les temps présens, nous n'observons souvent aucune trace des plus violentes inondations sur les montagnes mêmes d'où elles sont parties (1).

---

c'est que, lorsqu'ils parlent de la totalité de la terre, ils entendent par là désigner uniquement la partie du globe qui était pour lors connue et habitée de leur temps.

(1) On pourrait observer du reste que la dispersion des blocs erratiques attribuée par un grand nombre de géologues à un cataclysme, prouve l'action des eaux sur les sommets élevés. En adoptant cette opinion, il ne s'agirait plus que de déterminer si cette dispersion a eu réellement lieu à l'époque du déluge historique ou à toute autre époque.

Ce cataclysme a eu évidemment une plus grande universalité, et a été produit par une action bien plus violente que les autres cataclysmes qui ont accompagné chaque révolution géologique; dès-lors il semble que la dispersion des blocs erratiques qui annonce une action bien puissante a été plutôt l'effet de ce déluge que de tout autre.

L'absence de tout débris humain dans les dépôts qu'il a

Sans doute ces effets ont dû aussi bien se produire dans les temps géologiques, que dans les temps actuels; mais ce qui semble prouver que le déluge dont parle Moïse n'a pas eu la généralité qu'il lui a supposée, c'est que certaines contrées n'offrent presque point de traces de dépôts diluviens.

Telles sont les objections que l'on peut faire à cette interprétation d'une partie du récit de la Genèse, et nous sommes loin de dissimuler combien elles sont graves et puissantes. Mais ces objections, quelle qu'en soit la force, ne peuvent-elles pas être singulièrement affaiblies par des observations puisées dans la Genèse elle-même ? c'est ce qu'il convient d'examiner.

La première remarque que nous ferons à cet égard, tiendra au récit lui-même, qui semble ici empreint de cette exagération métaphorique si commune et si familière au langage oriental.

laissés n'est pas une preuve du contraire; car la presque totalité des dépôts diluviens de notre patrie en est aussi privée, à l'exception pourtant de ces dépôts qui ont été entraînés dans les cavités souterraines. D'ailleurs, d'après la Genèse, les hommes ne s'étaient point encore dispersés lors de la formation de ces dépôts. Dès-lors l'on ne saurait trouver des traces de l'espèce humaine dans des lieux qui n'étaient point habités; quoi qu'il en soit, les blocs erratiques n'en prouvent pas moins que des eaux abondantes et violentes ont exercé jadis leur action sur les lieux les plus élevés de la surface du globe.

En effet, comment Moïse pouvait-il dire que les eaux s'élevèrent de quinze coudées au-dessus du sommet de toutes les montagnes, lorsque de son temps, l'on ne connaissait guère qu'une petite portion de la terre, et qu'il ne pouvait pas parler des montagnes qui ne lui étaient pas même connues? Aussi, en méditant sur l'ensemble de ce récit, on est bientôt convaincu, que tout ce que ce législateur a voulu dire , c'est que les eaux couvrirent tous les lieux habités, même les plus élevés, de manière à engloutir en entier l'espèce humaine à l'exception de ceux que Dieu avait voulu épargner. Or, pour le législateur des Hébreux , ce qu'il y avait de grand et d'important dans ce cataclysme , c'était la destruction à peu près complète du genre humain qui en avait été la suite et la conséquence nécessaires. Quant à l'élévation plus ou moins grande des eaux qui avaient occasionné ce cataclysme , elle ne lui importait que dans ce sens, que leur hauteur eût été supérieure à tous les points habités par l'homme ; c'est là le fait essentiel, le fait unique, qu'il faut prendre dans son récit , et ne voir dans tout le reste qu'une de ces brillantes métaphores si communes dans le langage oriental et dont l'auteur de la Genèse ne pouvait pas toujours être exempt.

Or, la destruction du genre humain et le renouvellement de l'espèce humaine sont-ils donc

démentis par les faits géologiques ou par les traditions et les monuments historiques ? Loin d'en
être ainsi , ces faits et ces monuments viennent
ici à l'appui du récit de l'écrivain sacré. Toutes
les traditions aussi bien que les annales de tous
les peuples commencent l'histoire du genre humain par son renouvellement après un violent
cataclysme (1). Aussi les monuments historiques nous représentent les premiers souverains ,
occupés à faire écouler les eaux , qui antérieurement avaient inondé la surface de la terre et
dont ils cherchaient à la débarrasser. A cet égard
on peut dire qu'il y a consentement unanime de
toutes les nations ; ici l'on peut sans doute appliquer l'axiome du prince des orateurs romains,
lorsqu'il disait que le consentement de tous , ne
pouvait être que la loi de la nature , *omni in re,*

----

(1) Deux écrivains très distingués de notre époque observent à cet égard , que l'histoire ne doit pas négliger les découvertes importantes de la géologie, science qui appartient
tout-à-fait à notre siècle. On le doit d'autant moins , disent-ils,
qu'elle confirme pleinement le récit du législateur des Hébreux sur la révolution la plus prodigieuse qui ait boule-
versé le globe et dont la tradition, conservée dans le souvenir des plus anciens peuples du monde, est devenue aujour-
d'hui incontestable par tant de témoignages répandus sur la
surface du globe et ensevelis depuis plusieurs siècles dans
les entrailles de la terre. (Précis de l'histoire ancienne par
M. Poirson et Cayx. Paris 1831).

consentio omnium gentium lex naturæ putanda est (1).

Il en est encore de même, d'après les faits géologiques ; du moins jusqu'à présent, l'on n'a découvert aucun débris de l'espèce humaine antérieur aux dépôts diluviens. L'on sait que ceux-ci appartenant à la période quaternaire font partie des terrains les plus récents, dont ils composent même les couches les plus modernes ou les plus superficielles. Aucun débris de l'homme n'a donc été encore aperçu dans ces vieilles couches de la terre antérieures à la rentrée des mers dans leurs bassins respectifs ; ainsi d'après ces faits, ces terrains ont été déposés bien avant son existence. Il est donc incontestable, ainsi que l'a observé Cuvier, cet illustre historien de l'antique création, que l'homme est bien nouveau sur cette terre où il domine maintenant en maître. Par suite, il est également peu probable que ses restes soient jamais découverts comme ceux de la plupart des mammifères terrestres, à l'état fossile, c'est-à-dire, dans des couches dont le dépôt aurait précédé l'époque à laquelle les mers sont rentrées dans leurs bornes actuelles (2).

____

(1) *Cicero Tusculan. lib.* 1.

(2) Il est seulement bien prouvé, contrairement à ce qu'avait supposé Cuvier, que les restes de notre espèce sont mêlés et confondus avec des espèces totalement perdues au

Il est du moins certain que les débris de notre espèce n'ont été encore démontrés qu'au milieu des terrains désagrégés de l'époque géologique la plus récente, c'est-à-dire, au milieu de ces dépôts limoneux et caillouteux qui composent les terrains diluviens. Si donc les restes de l'homme sont inconnus dans des formations plus anciennes, n'est-ce point parce que notre espèce n'existait pas encore à l'époque de leurs dépôts; tandis que leur présence au milieu des terrains meubles remplis de galets, ou de cailloux roulés qui couvrent nos plaines ou qui remplissent nos cavités souterraines, annonce que l'homme a péri victime de ce grand cataclysme dont les faits physiques aussi bien que les monuments historiques nous attestent la grandeur et la violence?

Ainsi l'existence d'une inondation immense qui a ravagé la surface de la terre, postérieurement à l'apparition de l'homme et même aux dépôts de sédiment de la date la plus récente, est non seulement prouvée par le récit de l'écrivain sacré, conforme en cela à celui de tous les histo-

---

milieu de différents dépôts de la période quaternaire, principalement dans les terrains diluviens. Si donc *l'homme fossile* n'a pas été rencontré jusqu'à présent, son absence dans les couches antérieures à la rentrée des mers dans leurs bassins respectifs, ne fait point que les débris de l'homme ne se montrent dans des dépôts postérieurs à cette rentrée, c'est-à-dire, à l'état humatile.

riens ; mais elle l'est surtout par les faits physiques qui ne sauraient nous tromper. L'étendue
des dépôts dus à cette grande inondation est trop
considérable, leur épaisseur trop puissante pour
admettre que les eaux actuelles ont pu en produire
de pareils. Pour les concevoir et les expliquer,
il faut nécessairement supposer des courants plus
abondants et plus impétueux que ceux qui résultent de nos cours d'eau ordinaires, et en
même temps des causes plus actives et plus intenses que celles qui agissent encore de nos jours.
Ce cataclysme, la dernière des modifications de
la surface de la terre, ne diffère des inondations
actuelles que par son étendue et sa puissance, et
les hommes dont il a causé la perte, témoignent
assez par la présence de leurs débris, que sa date
ne remonte pas très-haut, ou tout ou moins que
cette date est postérieure à l'apparition du genre
humain.

Depuis lors, les causes qui ont agi pendant la
période géologique, quoique les mêmes que celles qui agissent encore aujourd'hui, sont rentrées
dans des limites d'harmonie et de stabilité,
qu'elles n'ont plus dépassées. Depuis lors enfin,
la semence a succédé à la moisson, le froid au
chaud, comme l'été à l'hiver, et le jour à la
nuit, dans un ordre et un accord si admirables,
que si nous ne savions pas que la terre est sor-

tie du néant, on pourrait la croire éternelle, ainsi que l'univers dont elle fait partie.

Si donc Moïse a dit que le déluge avait dépassé le sommet des plus hautes montagnes, il a seulement entendu par là que leurs eaux avaient atteint les lieux les plus élevés où les hommes avaient établi leurs demeures, et qu'ainsi elles les avaient à peu près tous anéantis. Ici l'on ne saurait le taxer d'erreur, les monuments géologiques confirment trop puissamment cette assertion, pour qu'elle puisse être démentie.

Nous ferons enfin observer à ceux qui veulent trouver des motifs humains, même chez les hommes les plus supérieurs, qui ne se laissent jamais diriger par une pareille impulsion, que le législateur des Hébreux n'a peut-être agi ainsi, que pour imprimer une salutaire terreur aux peuples dont la direction lui avait été confiée, à l'égard des châtiments que la puissance divine infligeait au crime. Si telle avait été la pensée de ce grand homme, ce que nous sommes loin de supposer, humainement parlant nous trouverions encore qu'il aurait agi sagement. Moïse est donc bien loin de mériter le blâme que nous déversons souvent avec beaucoup trop de facilité sur les actes même des hommes du plus haut génie, faute de comprendre et de bien saisir la véritable raison qui les a déterminés.

Quant aux causes de ces cataclysmes dont tous les faits physiques nous démontrent la réalité, sont-elles tellement différentes de celles dont nous pouvons calculer et apprécier l'action, qu'on doive les considérer comme produites par une suspension subite des lois de la nature et par la volonté de cet Être infini dont une seule parole a produit et formé l'univers? Sans doute il ne nous est point donné de soulever le voile qui couvre ce grand phénomène ; mais du moins il nous est permis d'apprécier les causes probables et naturelles qui ont pu l'opérer.

Parmi ces causes, il en est une qui paraît y avoir exercé la plus grande influence, d'autant que le changement de niveau qu'elle a opéré sur la masse et la configuration de nos continents, a dû en produire un très considérable sur celui des eaux qui couvraient la surface du globe. Comment supposer que les soulèvements de la chaîne centrale de l'Asie, où se trouvent les montagnes les plus hautes du monde et ceux qui ont produit les Alpes et les Pyrénées, ont été sans effet sur les eaux courantes qui baignaient les contrées où de pareilles masses ont surgi? Comment admettre également que l'exhaussement de la longue chaîne des Andes qui traverse du Sud au Nord, à peu près la totalité du nouveau continent a été sans action sur le niveau du vaste Océan, au-dessus duquel elle a été élevée ?

Cet exhaussement, loin d'avoir été sans effet sur ce niveau, parait l'avoir violemment altéré. Il peut donc avoir produit le dernier cataclysme qui a ravagé la plus grande partie de la surface de la terre. Du moins, semble-t-il que le surgissement de la chaîne des Andes a été postérieur ou contemporain au déluge ; les dépôts diluviens qui reposent à la base de cette chaîne de montagnes n'ont point en effet subi de déplacements.

On peut donc rapporter aux soulèvements qui ont fait surgir nos grandes chaines de montagnes, les divers cataclysmes qui ont troublé passagèrement la surface du globe. La position inclinée des couches de sédiment qui recouvrent leurs pieds et dont nous pouvons assigner l'origine, est une preuve évidente qu'ils ne remontent pas très-haut dans les événements géologiques. De pareils effets peuvent d'autant plus être attribués à des soulèvements aussi étendus et aussi considérables que ceux qui ont produit les hautes chaines de l'Asie, de l'Europe et de l'Amérique, que les plus violentes inondations actuelles dépendent d'un changement de niveau bien léger, en comparaison de ceux qui ont eu lieu pendant les époques géologiques. Aussi, la presque généralité des géologues modernes a-t-elle

pensé que la surface du globe a été ravagée par
un violent cataclysme, auquel sont dus les blocs
erratiques et les nombreux cailloux roulés, dispersés à peu près généralement sur cette même
surface. La plupart d'entr'eux s'accordent même
à en fixer la date à environ 4,000 ou 5,000 ans
au moins avant l'époque actuelle. Parmi ces géologues, nous signalerons spécialement Dolomieu,
Deluc, 'André de Gy, Haüy, Cuvier, Brongniart,
Buckland, Omalius d'Halloy, Biot, Beudant,
Elie de Beaumont, sans que, par cette cita-
tion, nous entendions exclure ceux dont nous
ne donnons pas ici les noms.

Un de ceux que nous venons de citer, M. Omalius d'Halloy, s'est même demandé si l'on pouvait déterminer géologiquement l'époque où le
déluge avait eu lieu, et voici sa réponse. « Si
» nous examinons, dit-il, dans les Alpes, les
» résultats des actions qui ont dû commencer
» lorsque ces montagnes ont eu pris leurs formes
» actuelles, telles que la formation des éboulis
» ou talus des montagnes, et celle des moraines
» des glaciers ; si nous étudions les attérissements
» formés par nos rivières actuelles, et si nous
» prenons en considération que les talus et les
» attérissements devaient se faire bien plus rapi-
» dement lorsque les escarpements étaient plus
» abruptes qu'ils ne sont maintenant, nous serons

» portés à conclure , avec les Deluc , les Cuvier,
» les Buckland , que les révolutions qui ont
» donné à nos montagnes leurs formes actuelles,
» et à ces fleuves le cours qu'ils ont maintenant,
» ne remontent pas à des époques excessivement
» reculées , de sorte que la distance de 4,000 ans
» du moment actuel , que la Genèse donne à son
» déluge , peut fort bien s'accorder avec les con-
» séquences tirées de l'étude des chronomètres
» naturels. »

Le même géologue se demande encore si
l'homme existait lors de ces révolutions , et il se
prononce pour l'affirmative. Ici nous ferons remarquer que puisque les débris de notre espèce
se montrent ensevelis dans les dépôts diluviens ,
avec un assez grand nombre d'espèces dont on
ne trouve plus de représentants sur la terre ,
cette affirmative ne peut plus maintenant être
l'objet du doute.

Aussi, M. Beudant, dans son voyage géologique
en Hongrie, observe-t-il « que les faits nous
» indiquent des bouleversements avant la créa-
» tion des mammifères ; mais elle nous en montre
» aussi un qui a eu lieu évidemment depuis leur
» existence. Rien ne s'oppose donc , et tout , au
» contraire , conduit à regarder cette dernière
» catastrophe comme celle dont la Genèse nous
» a donné à la fois la cause et les détails, et dont

» on retrouve, sous diverses formes, la tradition
» chez tous les peuples. » D'après l'ingénieux
auteur des *Lettres sur les révolutions du globe*,
depuis que la race humaine est répandue sur la
terre, elle a été victime d'une grande catastrophe, d'une inondation terrible, qui a presque
entièrement détruit son espèce. Si on ne retrouve
pas de ses débris sous des couches marines, c'est
que ces couches ont été déposées avant l'apparition de l'homme sur la terre, et bien certainement antérieurement à l'époque de la dispersion
des limons diluviens ou du *diluvium*, qui seuls
renferment des restes de notre espèce.

Aux yeux de l'Aristote de nos temps modernes,
de Cuvier enfin, la surface de notre planète paraît avoir éprouvé, à une époque relativement
peu éloignée, une grande révolution, qui mit
sous les eaux la partie des continents alors habitée par les hommes, et à laquelle peu d'entre
eux échappa. Ce petit nombre d'individus, ou
les ancêtres des nations, repeuplèrent ensuite
les terres nouvelles que cette même révolution
venait de mettre à sec. Mais, ce qu'il y a de plus
remarquable, les peuples qui en ont gardé le
souvenir s'accordent à placer cet événement à peu
près vers le même temps, c'est-à-dire de 4 à 5
mille ans au moins avant l'époque actuelle.

Enfin cet événement postérieur à l'apparition

de l'homme, a dû nécessairement exercer une influence funeste sur les nations qui habitaient pour lors la terre. Si l'on s'en tenait cependant au petit nombre de débris de l'espèce humaine, ensevelis dans les dépôts diluviens, résultat de ce grand cataclysme, il en serait bien différemment, tant ces débris y sont rares. Ils sont même si peu fréquents, du moins dans nos régions, qu'on a long-temps douté qu'il en existât réellement.

Mais, aujourd'hui que ce fait est démontré de la manière la plus évidente, on se demande pourquoi le déluge, que toutes les nations s'accordent à considérer comme ayant détruit en quelque sorte l'espèce humaine, les dépôts d'alluvion qu'il a entraînés dans les parties les plus abaissées de la surface du globe, en offrent cependant si peu de traces.

Les ossements humains s'altéraient-ils plus facilement que ceux des autres animaux ; si l'on examine les anciens sépulcres, et les champs de bataille de la plus haute antiquité, on ne voit pas qu'il en soit différemment des ossements d'homme de ceux des autres animaux. Les uns et les autres se conservent également, lorsqu'ils sont soumis aux mêmes conditions. Ainsi, ce n'est pas à raison de la plus facile altération des uns et des autres, que l'on peut expliquer l'extrême rareté des ossements humains comparée au nombre prodigieux des os des animaux, qui les accompagnent, et cela même dans les lieux, où ces derniers ont été modifiés par suite de notre influence.

Cette rareté tient probablement à ce que les recherches géologiques, n'ont pas encore sondé les lieux que l'homme habitait principalement avant le déluge. En effet, s'il est un point du globe, où l'on puisse espérer de rencontrer un grand nombre d'ossements humains, c'est surtout dans l'Asie, le berceau et la patrie primitive de l'homme. Sans doute, un jour, ces vastes plateaux de l'Asie centrale, au pied desquels l'on vient de découvrir tant d'animaux extraordinaires, nous montreront également de nombreuses traces des premiers hommes, qui comme ceux engloutis dans les fentes des rochers de nos contrées, ont été contemporains et victimes de ce déluge, dont tant de faits nous démontrent l'étendue et la violence. C'est donc là, qu'il faut aller chercher ces débris de nos premiers pères; c'est là que nous trouverons de nouvelles preuves de la réalité d'un événement attesté par un si grand nombre de faits, et consacré par tant de souvenirs.

PÉRIODE ACTUELLE OU HISTORIQUE.

5ᵉ Époque historique.

On a pu voir, par tout ce qui précède, que les temps dont Moïse seul nous a donné une idée, peuvent être divisés en trois principales périodes.

La première ou la plus ancienne, dont la durée paraît avoir été indéfinie, nous l'avons nommée universelle, afin de rappeler que toute la matière qui compose les corps célestes et planétaires a été créée pour lors. La seconde période, celle où les corps célestes et planétaires ont reçu leur forme et leur disposition actuelles, devait, par cela même, être considérée à la fois comme céleste et comme terrestre.

Cette période pendant laquelle la lumière a été mise en action, et notre globe a reçu ses diverses modifications, comprend plusieurs époques; ces époques correspondent à ce que l'on nomme vulgairement les sept jours de la création.

L'avant dernière époque de cette période a vu l'homme, le dernier créé entre les êtres vivants, apparaître sur la terre, et bientôt après ont commencé les temps historiques, qui géologiquement parlant, ne peuvent être divisés ni partagés en temps distincts, du moins par les diverses for-

mations qui y ont eu lieu ; car rien dans ces formations nouvelles, ne nous permet d'asseoir
quelque intervalle ni de préciser quelque date.

Telle est la manière dont nous avons cru
devoir partager les temps dont Moïse seul nous a
donné une idée ; nous disons Moïse seul, car
nous trouvons uniquement dans la Genèse, la
mention de cette création primitive de l'univers,
création, qui eut lieu au commencement des
temps, bien avant l'époque où les corps célestes
et planétaires furent mis dans leurs harmonies
respectives.

La seconde période, qui comprend les sept
époques, ou si l'on veut, les sept jours de la
Genèse, aurait pu également être nommée géologique ; car, c'est pendant les temps qu'elle embrasse, qu'ont été produites les diverses modifications, dont les témoins sont dans les entrailles
de la terre. Quoique les traces des anciennes et
diverses générations qui se sont succédées sur la
surface du globe, soient empreintes d'une manière ineffaçable dans les vieilles couches terrestres, il ne faut pas cependant en inférer que
l'on puisse rattacher le dépôt de ces différentes
couches, aux époques dont il est parlé dans la
Genèse. Il nous semble, en effet, que c'est aller
beaucoup trop loin et méconnaître en quelque
sorte le but qui a porté Moïse à nous donner le-

court récit de la création, que d'essayer d'établir une pareille concordance.

Nous nous sommes donc bornés à faire saisir, que dans sa généralité, ce récit est d'accord à la fois, avec les faits historiques et physiques, ainsi qu'avec ceux dont nous devons la connaissance aux recherches géologiques même les plus récentes. Ainsi, relativement aux seconds, nous avons vu que dans les temps actuels, il existe pour la terre, une lumière et une chaleur tout-à-fait indépendantes du soleil, et que dès lors, il devait à plus forte raison, en avoir été de même, avant l'époque où cet astre fut disposé pour répandre la lumière sur la terre. On ne doit donc pas s'étonner que l'écrivain sacré nous ait dit que la lumière avait jailli à la voix de Dieu, bien avant l'époque, où le soleil l'avait mise en action, relativement à notre globe.

On peut même supposer que comme, antérieurement à cette disposition nouvelle du soleil, l'eau répandue dans le vaste bassin de l'atmosphère s'était précipitée sur la terre et y avait constitué l'immensité des mers, les rayons lumineux purent ensuite plus facilement traverser cette même atmosphère et éclairer la terre.

Quant aux faits géologiques, nous avons vu combien ils s'accordaient avec ceux consignés dans le récit de la Genèse. En effet, d'après ces faits , comme d'après ce récit , une succession manifeste a eu lieu dans l'apparition des êtres vivants , succession qui s'est opérée en raison inverse de la loi de la complication de l'organisation.

Enfin, aux deux premières périodes, pendant lesquelles se sont passés les événements , dont nous trouvons le résumé dans la Bible , le livre par excellence des Hébreux et de l'humanité, a succédé la période actuelle ou historique.

Depuis cette époque postérieure au déluge, les hommes partis de l'orient se sont répandus dans les diverses contrées de la terre, où chacune de leurs tribus a eu sa langue, ses usages et ses lois. Depuis lors enfin, les causes auxquelles sont dues les principales modifications que la surface du globe a subies, sont rentrées dans des bornes plus étroites et plus restreintes. Devenues constantes dans leur action, elles n'ont plus opéré ces perturbations violentes qui avaient eu lieu à tant de reprises différentes sur la terre, et qui pendant les temps géologiques ont anéanti tant de races et d'êtres vivants.

Les mêmes effets qui se sont manifestés à ces anciennes époques, se produisent encore de nos jours, mais seulement avec une moindre intensité. Rien n'est donc changé à l'égard de ces causes, si ce n'est que leur action a perdu de plus en plus de son étendue et de son énergie, par suite de la stabilité vers laquelle le globe a tendu dès le principe de sa formation. Aussi, tout ce qui s'y est passé, semble avoir été une suite et une condition inévitables de la constitution de notre planète, qui devait arriver peu à peu à cette stabilité et à cette harmonie nécessaires à la durée et au bien-être des animaux et des végétaux, qui devaient l'embellir et l'animer.

Depuis lors encore, l'homme sorti des plateaux de l'Asie a irradié de ce point le plus favorable à sa dispersion, et a successivement couvert la plus grande partie de la surface de la terre. L'homme s'y est en effet d'autant plus étendu, qu'il a eu à surmonter moins d'obstacles pour pénétrer dans les contrées qu'il ne connaissait point encore. Plus tard et par suite des progrès toujours croissants de cette civilisation vers laquelle l'espèce humaine a été entraînée, comme par une puissance irrésistible, ses tribus se sont propagées à peu près partout; dominateur du monde, il n'y a plus eu pour l'homme d'asile inexploré, ni de terres inconnues. Heureuse et douce influence de la civilisation, qui a mis de l'harmonie dans le monde moral, de même que se sont établis peu à peu cet ordre admirable et cet accord merveilleux que nous voyons régner dans le monde physique et dans l'ensemble des choses créées.

RÉSUMÉ.

D'après nos sciences modernes, comme d'après la haute science dont le récit de la Genèse est empreint, la création a eu aussi ses jours et ses époques diverses, pendant lesquels se sont succédé dans un ordre merveilleux, les phénomènes qui sont pour nous un objet continuel d'admiration et d'études. Ainsi dans l'origine des choses, ou au commencement des temps, Dieu après avoir créé la matière ou le ciel et la terre, car c'est là, toute la matière, jugea bon dans sa sagesse infinie d'organiser ce globe, et l'univers qu'il avait tirés du néant (1).

Cette création primitive a donc été, d'après l'écrivain sacré, antérieure à l'organisation par-

---

(1) Le texte samaritain ne paraît pas croire à la création de la matière qu'il regarde en quelque sorte comme éternelle; aussi représente-t-il la matière, comme diffuse jusqu'à l'anihilation. Au lieu donc d'employer le verbe *bara* (*creavit*) il écrit *Clamas, compressit, ordinavit*. D'après ce texte, Dieu aurait seulement coordonné cette matière à cette époque; mais cette matière aurait préexisté antérieurement. Cette différence dans la philosophie à une époque aussi reculée, est réellement remarquable. Mais une pareille doctrine qui tendrait à faire considérer la matière comme éternelle, n'a pas été avancée d'une manière absolue mais seulement pour faire sentir que la matière existait avant sa coordonation.

ticulière de la terre. Quant à celle-ci, il est un fait qui découle aussi bien de la Genèse que des observations les plus récentes, c'est que l'état de la surface du globe et la constitution de l'atmosphère n'ont pas été constamment les mêmes, et qu'à chaque modification du globe terrestre, correspond un changement dans l'atmosphère, et réciproquement, si bien que ces changements sont tour à tour cause et effet l'un pour l'autre.

Ainsi après la séparation de la lumière d'avec les ténèbres, c'est-à-dire, après la première condensation des corps tenus jusque-là dans l'état gazeux, Dieu sépara les eaux d'en haut, et les eaux d'en bas, et créa l'air et l'eau dans son état liquide; ce fut là l'œuvre de la seconde époque.

Une fois que les eaux furent formées, elles se rassemblèrent dans le bassin des mers, et peu à peu, quelques portions des continents s'élevèrent au dessus de leur niveau. La terre parut donc, et avec elle les corps organisés. La végétation qui devait embellir sa surface jusque-là inerte et stérile ouvrit la marche. Les plantes la couvrirent seules d'abord de leur brillante verdure, et bientôt les arbres succédèrent à ces premiers végétaux. La gigantesque et active végétation de cette troisième époque, changea et modifia singulièrement l'état de l'atmosphère. En absorbant l'excès de l'acide carbonique qui y était répandu, elle la rendit plus pure et plus propre à la respiration des animaux qui arrivèrent bientôt sur la scène de ces premiers âges.

Ces végétaux ainsi créés pour l'ornement de cette terre, autant que pour l'aliment des nombreux animaux qui allaient bientôt la peupler, une vive lumière était nécessaire à l'activité et à la vie de ces plantes, de ces arbres qui avaient déjà germé sur le sein du globe ; ce fut alors que Dieu disposa deux grands corps lumineux, propres à leur distribuer celle qu'exigeaient les conditions de leur existence. Le plus grand de ces corps présida au jour, et le plus petit à la nuit. Ainsi la quatrième époque fut consacrée à disposer les corps célestes, particulièrement le soleil et la lune, à exciter par leur présence, les ondulations lumineuses dont les corps organisés exigent l'influence. Moïse en cela d'accord avec les théories les plus récentes des physiciens, a considéré la lumière et la chaleur comme indépendantes des corps, d'où dérive toute celle dont la terre éprouve maintenant la bienfaisante impression. A ses yeux, comme à ceux des physiciens, le soleil ne serait pas la source de toute lumière et de toute chaleur, et son importance dans la création serait bien moindre que celle qu'on lui avait long-temps supposée.

Mais lorsque le soleil eut lui sur la terre, du

sein de laquelle avaient déjà germé de nombreux végétaux, les animaux apparurent, d'abord les invertébrés, c'est-à-dire, ceux dont la constitution ou l'organisation est la plus simple, et successivement les espèces plus composées. La vie animale a commencé en effet par les espèces qui vivent dans le sein des eaux, et particulièrement par les zoophytes, les mollusques et les animaux articulés. Après eux, ont paru les poissons, et les reptiles aquatiques; enfin les légers habitants des airs sont venus animer l'atmosphère qui sans eux aurait été vide d'habitants. Tel fut l'œuvre de la cinquième époque.

D'après la Genèse, comme d'après les faits physiques qui eurent lieu postérieurement à cette création des animaux aquatiques, les continents en partie découverts reçurent enfin des espèces terrestres. Leurs races s'y étendirent d'une manière successive et graduée, comme celles qui les avaient précédées, les plus simples avant celles dont les conditions d'existence exigeaient une organisation plus compliquée, ou du moins plus en rapport avec les nouvelles influences dont ils allaient éprouver les effets.

L'homme n'existait pas encore; la terre avait bien reçu de nombreux mammifères, mais elle ne possédait pas celui qui pouvait la soumettre et la subjuguer. L'homme, qui devait seul comprendre les merveilles de cet univers, qui devait sonder en quelque sorte la grandeur infinie de cet Être immense, dont il est la faible image, l'homme enfin a terminé l'œuvre de la création, et l'a couronnée pour ainsi dire. Aussi, dernier ouvrage de la nature, par lui Moïse achève et complète le grand œuvre de la création.

Ce langage de la tradition est-il donc démenti par les faits les plus constants et les plus avérés? Non, mille fois non! la science tient à cet égard le même langage que la tradition. On dirait à les voir marcher d'accord, que l'une n'a fait toutes ses découvertes que pour mieux confirmer la vérité de ces antiques traditions. Ainsi, ces sciences que l'on a tant invoquées, lorsqu'encore imparfaites, elles montraient certaines impossibilités apparentes dans le récit de la Genèse, sont venues au contraire appuyer ce récit, lorsque libres dans leur essor, elles sont parvenues au plus haut degré d'exactitude et de vérité.

Il y a plus encore, le récit du libérateur des Hébreux, de leur chef dans les combats, du révélateur de la religion du Très-haut, considéré sous le point de vue historique, porte un caractère irrécusable de vérité. C'est aussi sous ce dernier point de vue que M. M. *Poirson* et *Cayx* ont examiné ce récit dans leur précis sur l'histoire ancienne. En effet d'après eux, il existe, entre ce récit et l'histoire des peuples un accord admirable, soit que l'on consulte les plus anciennes traditions, soit que l'on examine l'état moral et politique des peuples et le développement intellectuel qu'ils avaient atteint au moment où commencent leurs monuments authentiques. Ainsi les faits historiques aussi bien que la Genèse nous apprennent que l'établissement de nos sociétés est loin de remonter à une très-haute antiquité, et un pareil accord ne peut résulter que de la vérité des faits historiques et de celle de la Genèse qu'ils confirment.

Tels sont, en resumé, les faits principaux qui découlent du récit de Moïse. Ce récit a donc des droits, non seulement à notre respect comme la plus ancienne tradition de temps qui n'ont eu aucun homme pour témoin, mais surtout à raison de son accord avec les faits physiques les plus constants, qui ne nous sont pourtant connus que depuis une époque bien récente.

Ne serait-ce pas déjà une chose étonnante que de trouver dans un livre dont la date remonte au moins à 3,300 ans la distinction des deux créations (1), l'une générale et primitive qui eut lieu

(1) D'après Clément d'Alexandrie, la sortie du peuple hébreu de l'Égypte, aurait eu lieu la 445ᵉ année avant le renouvellement du cycle scythiaque; elle se rapporterait donc à l'an 1767 avant l'ère chrétienne, c'est-à-dire, qu'elle serait de 3,605 ans antérieure à notre époque.

au commencement des temps, et l'autre toute particulière à notre globe qui s'est opérée beaucoup plus tard.

Ne lisons-nous pas également dans le même livre que la terre était couverte d'eau, avant que les continents eussent surgi au dessus de leur niveau, et pris leur configuration actuelle? enfin n'y voyons nous pas, ce fait non moins remarquable de la succession dans la création des êtres vivants, succession qui d'après le témoignage de l'écrivain sacré, comme d'après les débris des générations éteintes, dont les couches de la terre nous ont révélé l'ancienne existence, aurait marché du simple au composé?

Ainsi, d'après la Genèse, comme d'après l'observation directe des faits, l'homme, le plus parfait des êtres vivants, soit au moral, soit au physique, a paru le dernier, et a couronné l'œuvre immense de la création. Ces faits attestent encore que l'espèce humaine, partie des plateaux de l'Asie, sa première et antique patrie, se serait renouvelée, après un événement terrible, gravé en traits ineffaçables dans ce livre prodigieux comme dans le grand livre de la nature. Le globe entier et les diverses couches qui le composent, ne nous fournissent-ils pas enfin des preuves irrécusables de la nouveauté de nos continents dans leur forme actuelle, comme de l'unité de l'espèce humaine, fait important que toutes les observations tendent à confirmer, et viennent chaque jour appuyer de leur grave et imposante autorité?

Après de pareils faits, fouillerons-nous encore ces antiques annales, et y chercherons-nous des traces de ces faits, pour nous si extraordinaires et dont les observations récentes viennent cependant nous démontrer la réalité, afin de savoir si le globe a une température propre, et si la lumière dont il est pénétré est le reste de celle dont la terre a joui dans le principe de sa formation? Ainsi interrogées, ces annales nous répondront que la création de la lumière et de la chaleur a précédé l'époque à laquelle Dieu assujétit les astres qui composent le système de l'univers, à en répandre d'une manière constante sur la terre, et que dès-lors il doit exister nécessairement une température et une lumière primitives, indépendantes de l'action solaire. Or, que nous répondront à leur tour les faits? ne viendront-ils pas confirmer d'une manière irrécusable cette double proposition naguères l'objet des railleries et des sarcasmes de nos demi-savans envers l'écrivain sacré.

Ainsi se concilie et s'accorde avec les faits physiques un récit, contre lequel on s'est tant élevé, par suite des plus fausses préventions, et parce que d'ailleurs, on était encore loin d'en pouvoir pénétrer les mystérieuses paroles. Nos observations auront probablement suffi à ceux dont l'esprit est dégagé de toute prévention ; quant aux autres, nous n'avons jamais eu l'espoir de les convaincre ; nous savons trop qu'il est des maux de l'esprit comme du cœur, qu'il n'est pas donné à l'homme de guérir ni même de soulager.

D'après l'exactitude que nous avons reconnue dans le récit de la création, que le législateur des Hébreux nous a laissé, comparé aux faits géologiques les plus constants, et en considérant cependant combien peu les études astronomiques étaient avancées de son temps, et que la science de la géologie n'existait pas encore, on est porté à conclure que Moïse n'a pu deviner si juste que par suite d'une révélation. Mais ici, nous devons nous arrêter, et ne point oublier que nous n'avons voulu examiner la Genèse, que sous un rapport purement scientifique.

Qu'il nous suffise de dire que cet examen prouve que les nouvelles découvertes faites dans les différentes branches des sciences physiques, loin d'être en opposition avec ce livre admirable, sont venues en quelque sorte en démontrer l'exactitude et la vérité. D'après ces découvertes, le récit de la Genèse est beaucoup plus d'accord avec les faits les plus récemment observés, que les systémes enfantés par les plus beaux génies des temps modernes, pour expliquer la formation de la terre, et de l'univers dont elle fait partie.

Si l'on ne voulait voir pourtant dans Moïse, qu'un écrivain ordinaire, on serait du moins forcé d'admirer en lui le singulier et beau privilége du génie, dont les heureuses inspirations, long-temps obscurcies et méme cachées par le voile épais de l'ignorance et du préjugé, brillent enfin de l'éclat qui les venge de l'injuste ridicule, qui fut si souvent déversé sur elles.

Du reste, pour éclairer l'histoire des premiers âges de la terre, nous n'avons que le récit de l'écrivain sacré. Sans doute, on peut s'en former quelque idée, en comparant ce qui se passe dans ces globes brillants, qui, dans leurs premiers âges, parcourent l'immensité des espaces célestes, entourés d'une atmosphère lumineuse avec les planétes de notre système solaire. Les résultats de cette comparaison prennent nécessairement une nouvelle importance, lorsque nous les trouvons d'abord avec ceux consignés dans le premier et le plus ancien de nos livres. C'est même sur les données fournies par la Genèse, que nous avons en les premiéres idées sur l'origine de cette terre qui, comme certains des astres qui nous entourent, est maintenant un soleil éteint et

tout-à-fait encroûté. L'excès de la température
propre du globe, s'est donc dissipée à travers les
espaces planétaires. Depuis lors seulement les
êtres vivants ont pu l'embellir et l'animer.

Aussi, devons nous distinguer, ainsi que l'a
fait Moïse, deux principales époques dans la
création : celle qui se rapporte à l'univers et celle
qui embrasse les différentes phases que la terre
a subies, depuis sa formation jusqu'à l'apparition
de l'homme, son maître et son dominateur.

TRADUCTION DU TEXTE DE LA PARTIE DE LA GENÈSE, EXPLIQUÉE DANS LA COSMOGONIE DE MOISE COMPARÉE AUX FAITS GÉOLOGIQUES.

Pour faire saisir l'ensemble du récit de la Genèse relatif à la création, nous allons rapporter
le texte du récit dans son entier (1). Nous met-

______

(1) Quant aux versions du texte hébreu, qui font autorité
dans l'église, nous n'en avons que deux. L'une écrite en
grec et connue sous le nom des *septante* ; et l'autre écrite
en latin nommée la *vulgate*. Pour bien saisir le sens du
texte hébreu, on peut s'aider sans doute de ces versions ;
mais il est essentiel de recourir au texte original lui-même ;
c'est ce texte que nous avons à peu près seul consulté, et
c'est lui qui nous a inspiré la traduction que nous en avons
donnée.

trons d'un côté, la traduction de la vulgate de Sacy et celle que nous avons essayé de faire du texte original. Nous sommes loin de nous dissimuler toutes les imperfections de notre traduction ; mais malgré la grande différence qui existe entre l'hébreu et notre langue, nous nous sommes plus raprochés de l'original, nous l'espérons du moins, que ne l'a fait Sacy.

Du reste, nos corrections et nos changements ne portent guère que sur les premiers versets de la Genése, c'est-à-dire, sur les seuls qui ont de l'importance, relativement aux faits géologiques qu'ils nous font connaître, et aux questions que nous nous sommes proposé de résoudre. La traduction nouvelle de la Bible que vient de publier tout récemment M. de Genoude (1834) ne nous est parvenue que lorsque nous avions terminé la nôtre. L'accord qui existe entr'elles nous fait présumer que l'une et l'autre sont plus rapprochées du texte que celles qui en avaient été données jusqu'à présent. Du reste nous avons constamment préféré nous rapprocher autant que possible de ce texte, plutôt que de sacrifier à l'élégance. On conçoit que dans le but que nous nous sommes proposé, l'interprétation la plus exacte a du être par nous constamment préférée.

GENÈSE.

Traduction de la vulgate par Le Maistre
de Sacy.

CRÉATION DU MONDE ET DE L'HOMME.

CHAPITRE I.

1. Au commencement Dieu créa le ciel et la
terre.

2. La terre était informe et toute nue ; les ténèbres couvraient la face de l'abîme ; et l'esprit
de Dieu était porté sur les eaux.

3. Or Dieu dit que la lumière soit faite , et la
lumière fut faite.

4. Dieu vit que la lumière était bonne , et il
sépara la lumière d'avec les ténèbres.

5. Il donna à la lumière le nom de jour et aux
ténèbres le nom de nuit ; et du soir au matin se
fit le premier jour.

6. Dieu dit aussi : que le firmament soit fait au
milieu des eaux , et qu'il sépare les eaux d'avec
les eaux.

7. Et Dieu fit le firmament , et il sépara les
eaux qui étaient sous le firmament d'avec celles
qui étaient au dessus du firmament ; et cela se fit
ainsi.

GENÈSE.

Traduction du texte hébreu faite d'après
nos observations.

***

CRÉATION DE L'UNIVERS ET DE L'HOMME.

CHAPITRE I.

1. Au commencement Dieu créa ce qui fut les cieux et la terre.

2. Ce qui est la terre était une matière informe et dans le chaos. Les ténèbres couvraient l'abîme et les vents agitaient la surface des eaux.

3. Dieu dit : que la lumière soit, et la lumière fut.

4. Dieu vit que la lumière était bonne, et il la sépara d'avec les ténèbres.

5. Dieu nomma la lumière jour, et les ténèbres nuit ; de la fin jusqu'au commencement, ce fut la première époque.

6. Dieu dit : qu'il y ait un intervalle au milieu des eaux et qu'il sépare les eaux d'avec les eaux.

7. Dieu étendit le firmament et sépara les eaux qui étaient au dessous du firmament de celles qui étaient au dessus ; il en fut ainsi.

8. Et Dieu donna au firmament le nom de ciel, et du soir et du matin se fit le second jour.

9. Dieu dit encore : que les eaux qui sont sous le ciel se rassemblent en un seul lieu et que l'élément aride paraisse et cela se fit ainsi.

10. Dieu donna à l'élément aride le nom de terre, et il appela mers toutes les eaux rassemblées, et il vit que cela était bon.

11. Dieu dit encore : que la terre produise de l'herbe verte qui porte de la graine, et des arbres fruitiers qui portent du fruit, chacun selon son espèce, et qui renferment leur semence en eux-mêmes pour se reproduire sur la terre, et cela se fit ainsi.

12. La terre produisit donc de l'herbe verte qui portait de la graine selon son espèce et des arbres fruitiers qui renfermaient leur semence en eux-mêmes, chacun selon son espèce. Et Dieu vit que cela était bon.

13. Et du soir et du matin, se fit le troisième jour.

14. Dieu dit aussi : que des corps de lumière soient faits dans le firmament du ciel, afin qu'ils séparent le jour d'avec la nuit, et qu'ils servent de signes pour marquer les temps et les saisons, les jours et les années.

8. Dieu appela le firmament cieux; de la fin jusqu'au commencement, ce fut la seconde époque.

9. Dieu dit : que les eaux qui sont sous les cieux se rassemblent en un seul lieu, et que l'élément aride paraisse; il en fut ainsi.

10. Dieu nomma l'élément aride, terre, et le rassemblement des eaux, mers; Dieu vit que c'était bien.

11. Dieu dit : que la terre produise de l'herbe verte avec sa semence; les arbres frutiers avec leurs fruits chacun selon son espéce, et qui renferment leur semence en eux-mêmes, pour se reproduire sur la terre; il en fut ainsi.

12. Et la terre produisit des plantes, de l'herbe portant la semence de son espèce, des arbres frutiers renfermant leur semence en eux-mêmes, chacun selon son espéce; Dieu vit que c'était bien.

13. De la fin jusqu'au commencement, ce fut la troisième époque.

14. Dieu dit : que des corps lumineux soient disposés dans le firmament du ciel, pour séparer le jour d'avec la nuit, et qu'ils servent de signes pour marquer les temps, les jours et les années.

15. Qu'ils luisent dans le firmament du ciel et qu'ils éclairent la terre. Et cela se fit ainsi.

16. Dieu fit donc deux grands corps lumineux, l'un plus grand pour présider au jour et l'autre moindre pour présider à la nuit ; il fit aussi les étoiles.

17. Il les mit dans le firmament du ciel pour luire sur la terre.

18. Pour présider au jour et à la nuit et pour séparer la lumière d'avec les ténébres, et Dieu vit que cela était bon.

19. Et du soir et du matin se fit le quatrième jour.

20. Dieu dit encore : que les eaux produisent des animaux vivants qui nagent dans l'eau, et des oiseaux qui volent sur la terre sous le firmament du ciel.

21. Dieu créa donc les grands poissons et tous les animaux qui ont la vie et le mouvement, que les eaux produisirent chacun selon son espéce, et il créa aussi tous les oiseaux selon leur espéce. Il vit que cela était bon.

22. Et il les bénit en disant : croissez et mul-

15. Qu'ils luisent dans le firmament du ciel et qu'ils éclairent la terre ; il en fut ainsi.

16. Dieu disposa deux grands corps lumineux, l'un plus grand pour présider au jour, et l'autre moindre pour présider à la nuit ; il fit aussi les étoiles.

17. Il les disposa dans le firmament du ciel, pour luire sur la terre.

18. Pour présider au jour et à la nuit, et pour séparer la lumière d'avec les ténébres ; Dieu vit que c'était bien.

19. De la fin jusqu'au commencement, ce fut la quatrième époque.

20. Dieu dit : que les eaux produisent des animaux vivants qui nagent dans l'eau , et des oiseaux qui volent sur la terre, sous le firmament du ciel (1).

21. Dieu créa les grands poissons et tous les êtres rampants qui ont la vie et le mouvement, que les eaux produisirent , chacun selon son espéce ; il créa aussi tous les oiseaux selon leur espéce ; Dieu vit que c'était bien.

22. Dieu les bénit, et dit : croissez, multipliez-

---

(1) Le mot hébreu signifie plutôt tout animal volant qu'un oiseau proprement dit ; mais nous avons préféré le rendre par *oiseau*, dont le sens est plus clair et surtout mieux déterminé.

tipliez-vous et remplissez les eaux de la mer ; et que les oiseaux se multiplient sur la terre.

23. Et du soir et du matin se fit le cinquième jour.

24. Dieu dit aussi : que la terre produise des animaux vivants chacun selon son espèce, les animaux domestiques, les reptiles et les bêtes sauvages de la terre, selon leurs différentes espèces ; et cela se fit ainsi.

25. Dieu fit donc les bêtes sauvages de la terre selon leurs espèces, les animaux domestiques et tous les reptiles chacun selon son espèce. Et Dieu vit que cela était bon.

26. Il dit ensuite : faisons l'homme à notre image et à notre ressemblance, et qu'il commande aux poissons de la mer, aux oiseaux du ciel, aux bêtes, à toute la terre et à tous les reptiles qui se meuvent sur la terre.

27. Dieu créa donc l'homme à son image ; il le créa à l'image de Dieu et il les créa mâle et femme.

28. Dieu les benit et leur dit : croissez et multipliez-vous ; remplissez la terre et vous l'assujetissez et dominez sur les poissons de la mer, sur les oiseaux du ciel et sur tous les animaux qui se meuvent sur la terre.

vous, remplissez les eaux de la mer, et que les oiseaux se multiplient sur la terre.

23. De la fin jusqu'au commencement, ce fut la cinquième époque.

24. Dieu dit : que la terre produise des animaux vivants, chacun selon son espèce, les animaux domestiques, les reptiles et les bêtes sauvages de la terre selon leurs différentes espèces. Il en fut ainsi.

25. Dieu fit donc les bêtes sauvages de la terre selon leurs espèces, les animaux domestiques et tous les reptiles chacun selon son espèce. Dieu vit que c'était bien.

26. Dieu dit : faisons l'homme à notre image et à notre ressemblance, qu'il domine sur les poissons de la mer, sur les oiseaux du ciel, sur les bêtes, sur toute la terre et sur tous les reptiles qui rampent sur la terre.

27. Dieu créa l'homme à son image ; c'est à l'image de Dieu qu'il le créa mâle et femelle.

28. Dieu les bénit et leur dit : croissez et multipliez-vous, remplissez la terre, assujetissez-la, dominez sur les poissons de la mer, sur les oiseaux du ciel (1), et sur tout animal qui se meut sur la terre.

---

(1) Quoique nous ayons employé constamment le mot *oiseau* au pluriel, il est certain que dans l'écriture il est toujours au singulier.

29. Dieu dit encore : Je vous ai donné toutes les herbes qui portent leur graine sur la terre et tous les arbres qui renferment en eux-mêmes leur semence chacun selon son espèce, afin qu'ils vous servent de nourriture.

30. Et à tous les animaux de la terre, à tous les oiseaux du ciel, à tout ce qui se meut sur la terre et qui est vivant et animé, afin qu'ils aient de quoi se nourrir, et cela se fit ainsi.

31. Dieu vit toutes les choses qu'il avait faites, et elles étaient très bonnes. Et du soir et du matin, se fit le sixième jour.

CHAPITRE II.

SEPTIÈME JOUR.

1. Le ciel et la terre furent donc ainsi achevés avec tous leurs ornements.

2. Dieu termina au septième jour tout l'ouvrage qu'il avait fait, et il se reposa le septième, après avoir achevé tous ses ouvrages.

3. Il bénit le septième jour et il le sanctifia, parce qu'il avait cessé en ce jour de produire tous les ouvrages qu'il avait créés.

4. Telle a été l'origine du ciel et de la terre, et c'est ainsi qu'ils furent créés au jour que Dieu fit l'un et l'autre, etc., etc., etc.

29. Dieu dit : Je vous donne toutes les herbes qui portent leur graine sur la terre et tous les arbres qui renferment en eux-mêmes leur semence, chacun selon son espèce, afin qu'ils vous servent de nourriture.

30. Et à tous les animaux de la terre, à tous les oiseaux du ciel, à tout ce qui vit et se meut sur la terre toute herbe verte servira de nourriture, il en fut ainsi.

31. Dieu vit toutes ses œuvres ; elles étaient parfaites ; de la fin jusqu'au commencement ce fut la sixième époque.

CHAPITRE II.

SEPTIÈME ÉPOQUE.

1. Ainsi furent achevés le ciel et la terre, et toutes leurs harmonies.

2. Dieu termina son œuvre à la septième époque ; il se reposa pendant cette époque, après avoir achevé tous ses ouvrages.

3. Dieu bénit la septième époque et la sanctifia ; car en cette époque il s'est reposé de toute l'œuvre qu'il avait créée et faite.

4. Telle a été l'origine des cieux et de la terre, lorsqu'ils furent créés à l'époque où Dieu fit la terre et le ciel, etc., etc., etc....

Cette septième époque est la dernière des temps géologiques, c'est-à-dire, celle immédiatement antérieure au grand cataclysme qui a ravagé la surface de la terre. A cette époque la création a cessé, du moins relativement à la terre; depuis lors, tout ce qui y a été placé se conserve dans une parfaite harmonie et dans une constante stabilité, par suite des lois immuables que l'auteur de toutes choses y a établies. Du reste, si la création paraît complète, par rapport à nous, elle ne l'est certainement pas pour l'univers. Celui qui par sa toute puissance a tiré le monde du néant, y opère encore; peut-être même des corps planétaires ou des corps célestes d'une dimension plus considérable que ceux qui sont visibles à nos regards y sont continuellement créés. C'est dans ce sens que l'on doit, ce semble, interpréter les paroles de celui qui ne peut nous tromper, et qui a dit que son père opérait sans cesse et opérerait jusqu'à la fin des siècles (1).

Il n'est pas inutile de faire remarquer que le nombre de sept qui constitue les diverses époques de la création, est en quelque sorte lié à l'astronomie des anciens qui ne connaissaient que sept

____

(1) *Pater meus usque modo operatur et ego operor.* Evang. secund. Joannem, cap. V., vers. 17.

corps célestes. Cette époque termine donc le récit de la création, lequel récit semble être une espèce d'ode, caractère qui témoigne de la haute antiquité de la Genèse écrite sans doute aux premiers âges historiques. Il est difficile de ne pas avoir cette pensée, lorsque l'on porte son attention sur le mode suivi par Moïse, ou si l'on veut, sur le rhythme qu'il a adopté dans son récit. En effet, chaque pensée principale y est exprimée par le même nombre de mots, et les diverses époques de la création y sont terminées par le même refrain.

Nous avons cru devoir terminer ici notre traduction, c'est-à-dire, la finir au quatrième verset du chapitre second, le reste étant tout-à-fait étranger aux questions qui nous ont occupés, et que nous nous sommes proposés de résoudre.

Les temps dont la Genèse nous donne une idée comprennent donc trois grandes périodes. La première est celle où dans le principe des choses, c'est-à-dire, au commencement des temps, Dieu créa ce qui fut les cieux et la terre. La seconde se rapporte aux temps où Dieu jugea utile dans sa sagesse, d'organiser la terre et les différents corps célestes qui composent le système de l'univers. Cette seconde période, dont nous ne pouvons pas plus apprécier l'étendue que celle de la première, comprend les temps géologiques, ceux qui sont antérieurs à l'apparition de l'homme. Ainsi, sous le rapport de leur durée et de l'espace de temps qu'elles peuvent embrasser, ces deux périodes sont hors de toute espèce d'évaluation.

La seule de ces périodes, susceptible de quelque appréciation, se rapporte à la venue de l'homme ainsi qu'à sa dispersion sur la surface du globe, qu'il a animé et embelli par les effets de son activité et de son industrie. Mais si la terre, qui fut son berceau, remonte à une très-haute antiquité, en est-il de même de l'espèce humaine ? Si nous consultons à cet égard les faits physiques comme les documents historiques, les uns et les autres nous répondront également que l'homme n'a pu s'établir sur la terre que lorsque les causes qui pendant les temps géologiques en ont successivement modifié la surface, sont parvenues à une certaine stabilité; par cela même, l'homme doit être fort nouveau sur le globe qui n'a acquis cette stabilité que bien longtemps après son organisation primitive.

Parmi les diverses versions sur l'apparition de l'homme déduites de la chronologie biblique, il en est une qui semble plus probable à raison du soin que les savants qui nous l'ont transmise, ont apporté dans sa rédaction. Cette version dûe au travail consciencieux des Septante, fixe cette

époque à 7,261 années avant les temps actuels,
(1838) (1) et chose remarquable, cette date s'accorde parfaitement avec celle que nous donne la
chronologie babylonnienne. Cette dernière chronologie mérite également la plus grande confiance ; en effet, fondée sur les observations astronomiques des Chaldéens, elle repose sur une base
solide. L'on sait que de temps immémorial ces
peuples peut-être, par suite de la beauté du ciel
des pays qu'ils habitaient, se sont livrés à ce
genre de recherches, et cela avec un talent égal
au zèle qui les y portait. D'après la version des
Septante, la venue de l'homme se rapporterait à
7,261 années avant celle où nous vivons ; car

(1) Nous avons adopté cette date, comme la plus vraisemblable ; nous aurions pu cependant la reculer bien
davantage, car d'après plus de deux cents calculs différents,
faits pour établir le nombre d'années écoulées depuis la
création du monde jusqu'à la naissance de Jésus-Christ, on
trouve 6984 ans pour cet espace de temps. Or ces 6984
années ajoutées à celles qui se sont écoulées depuis la venue
de Jésus-Christ, c'est-à-dire, à 1838 forment un total
de 8,822 années. Mais si tel est le résultat le plus long de
ces calculs, nous ne devons pas perdre de vue que le plus
court fourni par d'autres calculs donne 3484 ans pour cet
espace de temps ; nombre qui ne présente pas une différence
moindre de 3,500 années avec celui qui donne le temps le
plus long. Mais la moyenne entre ces deux extrêmes est de
7070, nombre bien peu différent de celui de 7,261 que nous
avons adopté.

d'après elle le déluge aurait eu lieu 2,256 ans après l'apparition de l'espèce humaine ou 5,005 ans avant l'époque actuelle (1).

Toutes les autres chronologies discutées avec soin et discernement, ne donnent pas du reste à l'établissement de l'homme, une plus haute ni une plus grande antiquité. Il y a même sur ce point un accord et un consentement à peu près général, ainsi que sur l'époque du renouvellement du genre humain. S'il est donc un fait certain annoncé aussi bien par les faits physiques que par les traditions et les monuments historiques, c'est que la terre peut être fort ancienne, mais que l'homme n'y a existé que depuis l'époque récente où notre globe a pris sa forme et sa configuration actuelles.

Sans doute, l'intervalle qui nous sépare de la première apparition de l'homme, que les Septante ont placée à 7,301 ans au plus avant l'époque actuelle, peut paraître bien court aux faiseurs de systèmes. Mais ce temps, quoique sa durée paraisse peu considérable, est pourtant suffisant pour expliquer et concevoir les différents faits physiques qui depuis lors se sont succédé sur

(1) Si l'on recule plus que ne l'ont fait les Septante, l'époque du déluge, et si on le place vers l'an 2,700, ou vers l'an 2,800 après la création de l'homme, on supposerait par cela même à cette création une plus haute antiquité ou 7,705 où 7,805 années.

la terre. Du reste, ce qui n'est pas moins remarquable, la marche des dunes, la formation des tourbières, les falaises des côtes, les atterrissements et les alluvions des fleuves bien étudiés dans les effets qu'ils ont produits, conduisent également au même résultat, ainsi que nous le prouverons plus tard. Sans doute, ces phénomènes peuvent paraître bien petits pour une aussi grande et aussi importante conclusion, mais enfin d'après eux comme d'après les faits historiques, l'état actuel de nos continents est loin d'être très-ancien. Enfin si l'homme est nouveau relativement à ce globe qu'il habite, il ne l'est pas moins relativement à la plupart des animaux, et surtout à ceux dont les vieilles couches de la terre nous dévoilent seules l'ancienne existence.

Les chronologies traditionnelles ne sont donc qu'un point en comparaison des chronologies de la terre. Nos sociétés paraissent tout-à-fait nouvelles et comme d'hier, quand on compare leur histoire à celle du globe où elles sont assises; car les hommes avec leur intelligence ont bientôt acquis les premiers éléments de la civilisation, et trouvé les moyens de conserver leurs traditions orales ou écrites. Quant à nous, nous sommes vivants d'un jour sur cette vieille terre qui n'a été notre berceau, que lorsqu'un grand

nombre de générations d'animaux, non moins
étranges les uns que les autres en avaient complétement disparu, et qu'un grand nombre de
modifications avait amené peu à peu le globe au
point où l'homme l'a constamment aperçu.

Tout ce que l'homme peut faire sur des matières qu'il ne saurait comprendre entièrement,
c'est d'en bien étudier les phénomènes, afin de
mieux admirer la haute sagesse et la sublime prévoyance de l'auteur de toutes choses.

TABLEAU DES PRINCIPALES PÉRIODES ÉCOULÉES DEPUIS L'AP-
PARITION DE L'HOMME, JUSQU'AUX TEMPS ACTUELS.

Nous avons divisé les temps écoulés depuis
la création de l'univers en trois grandes périodes, dont les deux dernières seulement peuvent
être divisées en plusieurs époques. Nous avons
nommé période universelle, la plus ancienne de
ces périodes, celle où Dieu tira la matière du
néant, ou ce qui fut le ciel et la terre. Rien ne
nous permet d'en apprécier le commencement
pas plus que le terme et la durée; aussi n'est-
il point possible d'y établir des divisions quelconques fondées sur des créations successives et
diverses.

La seconde période, celle où Dieu donna aux
corps célestes et planétaires la forme et la disposition que nous leur voyons aujourd'hui, comprend les sept époques ou les sept jours de la

création. Nous avons nommé cette seconde période, céleste et terrestre, parce qu'elle a vu les corps célestes et planétaires et entr'autres la terre achevés avec toutes leurs harmonies selon les propres expressions des livres saints. Les divisions de cette période sont données naturellement par celles des époques ou des jours admis par la Genèse; et nous avons cru devoir les suivre, afin d'en rendre l'explication plus simple et plus facile.

Enfin la troisième période est celle des temps historiques ou la période actuelle.

Quant aux temps compris dans la seconde période, il est impossible d'en déterminer la durée d'une manière précise, à l'exception pourtant de la plus récente des époques qui en font partie. On peut en effet supputer avec quelque probabilité, l'intervalle de temps qui s'est écoulé depuis l'apparition de l'homme sur la terre, jusqu'au grand cataclysme dont toutes les nations ont conservé le souvenir, et enfin apprécier l'espace de temps qui sépare le déluge du moment actuel.

C'est aussi à faire connaître ces diverses données historiques, que nous avons consacré le tableau ci-joint qui présente d'un seul coup d'œil les temps, qu'il est permis à l'homme d'évaluer avec quelque probabilité (1). Nous avons divisé ce

----

(1) Voyez le tableau à la fin de cet ouvrage.

tableau en deux principales périodes : 1° La période anté-diluvienne, c'est-à-dire, l'intervalle écoulé depuis l'apparition de l'homme, jusqu'au déluge ; 2° La période post-diluvienne ou historique, que nous avons divisée en deux principales époques. La plus ancienne comprend l'espace de temps qui s'est écoulé depuis le déluge jusqu'à l'ère chrétienne, et la plus récente l'intervalle qui sépare la venue de Jésus-Christ du moment actuel, 1838.

Nous avons compris dans notre tableau la plupart des grands événements qui se sont succédé sur la terre depuis la dernière et grande inondation qui en a ravagé la surface, en donnant à ces événements la date qui nous a paru la plus probable. Aussi croyons-nous ces dates à l'abri de critiques fondées, d'après nos recherches et le soin que nous avons pris pour les fixer de la manière la plus certaine qu'il est possible de le faire dans l'état de nos connaissances. Ne fût-il qu'un premier jalon, le tableau que nous soumettons au jugement des hommes éclairés aurait déjà un véritable intérêt.

DE LA DATE DE L'APPARITION DE L'HOMME, APPRÉCIÉE PAR LES FAITS PHYSIQUES.

Les nombres que présente notre tableau nous amènent naturellement à examiner si les faits physiques s'accordent ou non avec eux, c'est-à-dire, s'ils coïncident avec l'époque où l'on peut supposer que nos continents ont pris leur forme actuelle. Cette époque est en effet probablement la même que celle de l'apparition de l'homme, et ne doit pas différer de celle où les causes des modifications de la surface du globe ont agi dans leurs limites actuelles.

Sans doute, il est possible de fixer l'établissement de l'homme sur cette terre si ancienne en comparaison de sa courte existence ; mais en est-il tout-à-fait de même de celle où nos fleuves ont déposé leurs troubles vers les portions les plus basses de nos continents, et de celle encore, où les roches ont commencé à être attaquées par les agents atmosphériques ? c'est ce que l'on ne peut raisonnablement espérer.

Ce sujet est un de ceux où il n'est point encore possible de porter la précision et la netteté désirables. Mais on doit être content, lorsque dans une pareille matière, on parvient à renfermer la vérité dans des limites même fort indécises ; ces approximations ne peuvent sans doute satisfaire entièrement notre curiosité. Toutefois elles ont un puissant intérêt, puisqu'elles nous ouvrent des perspectives nouvelles dans les profondeurs du passé.

Ces recherches ont changé en entier les opinions que l'on s'était faites de la chronologie terrestre. Les idées de création par succession, enchaînement et continuité, ont remplacé en effet, presque sur tous les points, les anciennes idées de création avec explosion et instantanéité. Ainsi les majestueux phénomènes des commencements de la terre, se sont vus nantis d'une durée en harmonie avec leur étendue.

L'on a enfin compris que tous les phénomènes qui se sont succédé à la surface de la terre, n'ont pas été opérés par des causes dont l'action aurait complètement cessé, mais seulement par des causes plus puissantes et plus énergiques que celles qui agissent maintenant. Leurs effets sont une suite nécessaire et comme inévitable de la constitution de notre planète, et du mode de sa formation.

Les phénomènes terrestres n'ont donc pas été produits par de véritables révolutions ; mais par des modifications inévitables qui n'ont jamais cessé de s'opérer, bien qu'elles aient diminué dans leur intensité ; ce sont elles aussi qui ont amené peu à peu le globe à l'état de stabilité auquel il est arrivé aujourd'hui.

Étudions ces diverses modifications, afin d'apprécier l'époque à laquelle elles ont commencé.

Avant d'entrer dans cette étude, ne perdons

pas de vue que très-souvent nous sommes disposés à considérer comme éternelles les choses dont nous ne prévoyons pas la fin, et comme fixées, celles dont nous ne sentons pas le déplacement. Ainsi, parce que nous n'étions pas avertis du mouvement qui nous entraînait autour du soleil dans les espaces du ciel, nous avons longtemps regardé la terre comme un piédestal immobile.

De même, parce que les changements qui se produisent dans sa forme, nous échappent à cause de la grandeur de leur durée et de la petitesse de la nôtre, nous sommes naturellement portés à envisager sa configuration extérieure, comme quelque chose d'immuable. Les fleuves, les montagnes, les îles, les rivages, tous ces accidents qui marquent sa figure, ont à notre sens, une physionomie absolue et dont les traits ne sauraient souffrir aucune altération, parce que rien de tout cela ne s'altère, ni ne change à vue d'œil ; nous accordons nos idées comme si tous ces objets devaient être immuables précisément parce que leur altération est à peu-près insensible.

Telle n'est pas cependant la loi de ce monde, où tout passe, ou du moins, est sujet à des nombreuses et importantes variations.

Examinons donc les causes de ces variations

et commençons par celle que produit l'action
des eaux courantes.

1°. De l'action des eaux courantes sur la surface du
globe.

Dans les lieux où la vitesse des eaux se ralentit, et mieux encore, dans ceux où elle s'é-
vanouit par leur arrivée dans la mer ou dans
les lacs, les limons qu'elles charrient, se déposent et forment des accumulations progressives.

On peut jusqu'à un certain point en calculer
l'étendue totale et même en apprécier la marche
annuelle. Ces principaux fondements de la chronologie des périodes modernes, sont cependant
environnés de très grandes difficultés, lorsqu'on
veut asseoir sur eux des données un peu précises.

Voyons ce que nous apprend à cet égard le
Nil, le fleuve le plus commode pour ce genre
d'observation.

Les anciens savaient déjà, et Hérodote l'atteste
assez dans son histoire, que le sol superficiel de
l'Égypte avait été en grande partie formé par les
atterrissements de ce fleuve. En effet, des excava-
tions faites dans la vallée du Nil jusqu'à une assez
grande profondeur, montrent un sol composé
de couches alternatives de limon ou de sable,

qui ne sont autre chose que les résidus des inondations périodiques.

S'il faut en croire les prêtres de Memphis, au temps de Ménès, tout le pays depuis Thèbes jusqu'à la mer, c'est-à-dire, une étendue de près de sept journées de navigation, n'aurait été qu'un vaste marais comblé peu à peu par les terres charriées par les alluvions.

Hérodote avait conclu de ses propres observations, qu'il devait en être de même des parties supérieures de la vallée, jusqu'à trois journées de navigation au-dessus de Thèbes. Enfin d'après cet historien, si le Nil au lieu de se verser dans la Méditerrannée, s'était perdu dans la mer rouge, il ne lui aurait guère fallu plus de dix mille ans, pour combler entièrement cette mer étroite et peu profonde.

Mais on sent aisément que cette évaluation d'Hérodote est hypothétique; car comment apprécier d'une part, la quantité des limons que le Nil pouvait apporter à cette époque, en comparaison de ceux qu'il aurait pu y entraîner dans le principe où ses eaux commencèrent leur action.

N'est-il pas évident qu'alors les troubles étaient plus considérables, et qu'ils ont dû diminuer successivement dans un rapport proportionné à la rapidité des pentes qu'ils couvraient. D'ailleurs, l'action des eaux de la mer rouge aurait rejeté ces limons sur le rivage et les vents les auraient bientôt dispersés. Aussi ne voyons-nous nulle part les ports et les anses situés au-dessous des grands cours d'eau, éprouver dans l'exhaussement de leurs fonds, des différences de niveau appréciables.

Du reste, s'il était possible d'ajouter quelque confiance dans la chronologie des dynasties égyptiennes, Ménès, placé par elle douze mille ans avant Hérodote, serait un excellent point de départ pour le calcul des progrés des attérissements du Nil. Mais l'époque à laquelle on suppose que ce roi aurait vécu, est tout-à-fait hypothétique; elle ne peut être considérée que comme représentant dans la tradition humaine, une antiquité fort éloignée et non point une date précise.

Les seules données que l'on ait pour déterminer l'avancement séculaire du terrain, datent du temps des croisades. D'après ces données encore fort incertaines, il paraîtrait que le continent gagne sur la mer environ mille mètres tous les cent ans. Cette quantité adoptée par Cuvier, lui a servi pour évaluer la marche des attérissements qui ont formé le Delta du Nil.

Ce nombre a paru cependant fort exagéré à d'autres observateurs; il paraît pourtant d'après des faits positifs être bien au-dessous de la réalité. Ainsi 26 ans ont suffi pour prolonger d'une demi-lieue un cap en avant de Rosette, ce qui donnerait un accroissement d'environ deux lieues tous les cent ans.

Ces faits prouvent déjà quelles incertitudes régnent sur de pareilles évaluations, et il en est de même de celles qui sont relatives à l'exhaussement du sol. D'après M. Girault, le sol de l'Égypte s'élèverait de 5 mètres 26 centimètres par mille ans; mais évidemment cette mesure est tout au plus approximative. En effet, l'exhaussement produit par les alluvions, est nécessairement très-différent, selon qu'on l'observe dans le haut de la vallée du Nil, ou près de l'embouchure de ce fleuve; dès-lors, on ne peut guère fonder des nombres précis sur des bases aussi variables.

Tout ce que l'on sait de positif sur la marche des alluvions qui s'opèrent constamment en Égypte, et qui devaient s'avancer dans le principe, plus rapidement qu'aujourd'hui, c'est que les villes de Rosette et de Damiette, bâties sur le Delta au bord de la mer, il y a moins de mille ans, en sont aujourd'hui à deux lieues.

Il résulte encore des observations faites lors de l'expédition d'Égypte, que le sol de ce pays s'exhausse en même temps que son littoral s'étend, et que le fond du Nil s'élevant en même temps que les plaines adjacentes, l'inondation dépasse aujourd'hui les hauteurs où elle parvenait dans les siècles passés.

Ainsi à Éléphantine, l'inondation est maintenant supérieure de sept pieds aux plus grandes hauteurs qu'elle atteignait sous Septime Sévère. Par suite de la marche de ces attérissements et des limons que le Nil dépose sans cesse sur les plaines de l'Égypte, la fertilité de cette contrée, comme celle de tous les terrains qui reçoivent d'abondantes alluvions, ne peut que s'accroître d'une manière proportionnée à la marche de ces attérissements.

Mais enfin, ce qui prouve que ces alluvions n'ont pas dû commencer à une époque fort éloignée, c'est que d'après Dolomien, elles n'occupent pas en Égypte, plus de mille lieues carrées. Toutefois ces attérissements quelque considérables qu'ils soient, le sont bien moins cependant que ceux des grands fleuves du nouveau monde, dont les débordements sont constants et périodiques, comme ceux du Nil.

Néanmoins, ceux produits aux embouchures du Mississipi au fond du golfe du Mexique n'ont pas comblé de leurs dépôts de vastes espaces des terrains, pas plus que ceux opérés par les fleuves de la Plata et de l'Amazone au Brésil, et enfin par l'Orénoque. Il faut donc que leur action

n'ait pas commencé depuis une époque fort éloignée.

Du reste, la grandeur des atterrissements lorsque leur formation a lieu d'une manière constante, ne dépend pas uniquement de l'espace de
temps depuis lequel elle s'opère, mais d'une foule
d'autres circonstances. Ainsi, elle est influencée
par la violence des pluies, qui donnent une plus
grande activité aux courants des fleuves, ainsi
que par la plus ou moins grande friabilité des
matériaux, sur lesquels ces fleuves exercent leur
action. Il en est encore de même du plus ou
moins d'encaissement que présentent les cours
d'eau.

Or, d'après la nature des choses, ces différentes
causes doivent avoir agi avec beaucoup plus d'intensité, lorsque les atterrissements des fleuves
ont commencé à se former, que dans les temps
actuels. Comment dès lors, vouloir mesurer l'action de ces causes d'après les effets qui s'opèrent
et ont lieu de nos jours ? En suivant une pareille
marche, on arrive nécessairement à des résultats
tout-à-fait gigantesques, et hors de proportion
avec ce que nous apprennent les monuments et
les traditions historiques.

Ainsi, en procédant d'après ces termes qui ne
sont nullement comparables, on a voulu supposer qu'il aurait fallu au Nil plus de quarante

mille ans, pour transporter les terrains nécessaires à la formation du sol de l'Égypte. Nous
adopterons, si l'on veut, cette supputation ; mais
ce que nous contesterons, et ce semble, avec
raison, c'est que ces quarante mille ans soient
postérieurs à l'apparition de l'homme ?

En effet, la question n'est pas de savoir depuis
quelle époque les alluvions ont commencé à se
former, mais si l'homme est apparu sur la terre
antérieurement à la formation de toute alluvion.
A cet égard, les faits nous apprennent que les
couches les plus supérieures des terrains tertiaires sont essentiellement des formations d'alluvion. On les voit composées par des sables plus
ou moins pulvérulents et dont l'épaisseur est
souvent des plus considérables, sables auxquels
on a donné, dans de certaines circonstances, le
nom de faluns. Il en est de même des dépôts quaternaires composés pour ainsi dire de formation
d'alluvion, et terminés par les dépôts diluviens.
Mais ceux-ci ne sont-ils pas comme les terrains
qu'ils surmontent, de différents âges. En effet,
si les uns paraissent bien postérieurs à l'espèce
humaine, et même à l'invention des arts, puisqu'ils en renferment les produits, il en est d'autres non moins épais, non moins étendus, et
constamment inférieurs aux premiers, qui sem-

blent au contraire antérieurs à l'existence de l'homme, car ils n'en recèlent jamais les débris. Ils ne sont pas cependant dépourvus de corps organisés ; mais les espèces qu'ils renferment sont loin d'être les mêmes que celles que l'on observe dans les plus jeunes de ces dépôts.

Or, comme l'un et l'autre de ces dépôts font partie de ce que l'on a appelé atterrissements du Nil comme de tous les fleuves de la terre, on conçoit les erreurs nombreuses auxquelles a dû amener l'appréciation d'effets produits à des intervalles que nous ne pouvons point évaluer, et par des causes les plus diverses. En effet, les plus anciens de ces dépôts paraîtraient s'être opérés dans leur ensemble d'une manière assez lente, tandis que d'après la grosseur des cailloux roulés et l'état de conservation des restes des corps organisés que l'on découvre dans les nouveaux dépôts diluviens, ceux-ci sembleraient avoir été opérés par une cause aussi soudaine que violente.

Il faut probablement appliquer à ces derniers, tout ce que les monuments historiques et les traditions de tous les peuples nous apprennent relativement à une grande inondation bien postérieure à l'existence de l'homme, et qui aurait ravagé la plus grande partie de la surface de la terre. Cet accord remarquable entre ce que nous apprennent les faits physiques et les monuments de l'histoire, doit ce semble, nous porter à faire tous nos efforts, pour lever le voile qui cache encore à nos yeux une partie des faits qu'il nous importe de bien connaître.

Ainsi, relativement à la question qui nous occupe, elle ne sera bien connue que lorsqu'on aura distingué la partie des terrains d'alluvion ou des dépôts d'atterrissement qui est antérieure à l'existence de l'homme de celle qui lui est postérieure; car tant que cette distinction ne sera pas faite, on ne pourra pas apprécier l'époque à laquelle ont commencé à se produire les derniers de ces dépots.

Le seul point de fait sur lequel sont d'accord la plupart des observateurs qui se sont occupés de la marche des atterrissements, c'est que malgré leur rapidité, ces atterrissements n'ont nulle part produit de grands effets, et que pour évaluer leur commencement à 5, ou 6,000 ans au plus, il faut leur supposer dans le principe de leur formation une plus grande activité que celle qu'on leur voit maintenant. C'est du moins à cette conséquence que tendent les observations de Dolomieu et de Girard sur les atterrissements de l'Égypte, d'Astruc sur ceux du Delta du

Rhône, et enfin de Deluc Fortis, Prony et Wiebeking sur les alluvions des côtes de la mer du Nord, de la Baltique, de l'Adriatique et de la Hollande. Enfin les observations dues à ces habiles physiciens méritent d'autant plus de confiance, qu'elles ont été faites sans aucune idée préconçue; toutes cependant ont conduit au même résultat, qui s'accorde parfaitement avec l'époque que nous avons assignée à l'apparition de l'homme.

II° DE LA CHUTE DE L'EAU SUR LA SURFACE DE NOS CONTINENTS, COMME MESURE DU TEMPS.

On a cru également pouvoir faire servir à la mesure du temps, les changements que produisent sur la surface de la terre, certaines chutes d'eau. La cascade de Niagara, par exemple, a été le plus étudiée sous ce rapport. On sait que le fleuve Saint-Laurent qui la produit, tombe du plateau supérieur du lac Érié sur celui du lac Ontario par un escarpement à pic, d'environ cinquante mètres de hauteur.

Le haut du plateau est recouvert par une couche de pierre calcaire assez épaisse; mais au-dessous de cette couche et pour la supporter, il n'y a que des couches d'un terrain marneux, qui se désagrège très-facilement. Il en résulte que le terrain inférieur s'excave par derrière la cascade et laisse en surplomb le plateau calcaire du haut duquel le fleuve se précipite. Le poids des eaux oblige donc continuellement le plateau ainsi dégarni de sa base à s'ébouler.

Mais on ignore quelle est la vitesse avec laquelle l'eau ronge les bords de son déversoir ; l'on ignore également si le rocher calcaire sur lequel elle s'écoule a toujours eu la même dureté, et si les eaux du fleuve n'entraînent pas aux époques de son débordement, des cailloux qui augmentent son action. Eh bien ! malgré cette ignorance, uniquement sur le récit que font quelques vieillards, qui disent avoir vu dans leur enfance des arbres et d'autres objets attachés au rivage, plus rapprochés du lac Ontario, on a évalué que ce déplacement pouvait être d'environ cent pieds par cent ans.

Estimant ensuite la longueur totale du ravin dans son état actuel, à 40,000 pieds environ, on a supposé qu'il avait fallu 40,000 ans à la cascade, pour, du point où elle a commencé, parvenir au lieu où elle est arrivée maintenant.

Énoncer de pareils calculs, c'est en quelque sorte en démontrer la futilité ; mais fussent-ils exacts, il faudrait pour reculer d'autant la date de l'apparition de l'homme, prouver qu'ils n'ont commencé qu'à cette époque.

Du reste, des géologues anglais, et entr'autres le professeur Roger, ont nié un pareil effet des eaux. D'après eux, le creusement de la gorge profonde dans laquelle coule le Niagara est dû à un immense courant diluvien dont d'énormes blocs roulés de siénite font reconnaitre l'existence et la direction. Aussi, ajoutent les observateurs que nous venons de citer, le creusement actuel ne peut produire qu'un chenal incliné.

La même opinion a été partagée par M. Gibson, qui a observé sur les lieux mêmes cet intéressant phénomène, et qui a conclu, que l'érosion tient à tant de causes accidentelles, soit dans l'atmosphère, soit dans les variations de dureté des couches dans lesquelles elle s'opère, qu'il est bien difficile d'établir une conjecture un peu probable sur sa marche future, et encore moins de le faire pour les siècles passés. Aussi, il ne lui a point paru que les cinquante années, depuis lesquelles l'attention a été fixée sur ce phénomène, aient fourni des données suffisantes pour évaluer ses progrès avec quelque précision.

Ainsi, ce n'est point à de pareilles chutes d'eau que nous pouvons demander la date de la venue de l'homme sur la terre. Étudions donc d'autres

phénomènes propres à répandre quelques lumières sur ce point important.

III° DE L'ACTION DES EAUX DES LACS SUR LEURS BORDS
ET SUR LEURS ISSUES.

Les eaux qui remplissent les lacs, ont une double action, 1° sur leurs bords qu'elles attaquent
sans cesse, lors de leurs crues, et 2° sur les obstacles qui s'opposent à leur libre écoulement.
Cette double action tend d'une manière active
et constante à anéantir ces amas d'eau. D'un
autre côté, les lacs reçoivent une grande quantité de débris et de troubles, lesquels devraient
finir par les combler et les faire disparaître,
comme les lacs si nombreux des temps géologiques. Cependant comme nous voyons bien peu
de lacs actuels se dessécher, malgré toutes les
causes qui élèvent sans cesse le niveau de leur
fond, il faut que ces causes n'aient pas commencé
depuis un temps bien long.

Un fait cité par Saussure confirme puissamment cette conséquence. Le lac de Lucendro situé à une lieue de l'hospice du Saint-Gothard,
est long et étroit; il se trouve en effet resserré entre des rochers élevés et escarpés. Une petite
plaine le termine. Cette plaine s'étend constamment aux dépens du lac, par suite des avalanches

et des débris des montagnes voisines; mais, comme le lac existe encore, il faut que les causes qui tendent à le combler, n'aient pas commencé depuis des temps très longs, même en supposant que sa formation soit postérieure aux temps géologiques.

Il existe également dans une infinité de montagnes, un certain nombre de lacs situés sur des plateaux élevés que rien ne domine, et qui tendent, ne recevant pas d'affluents, à se dessécher; cependant comme ils se maintiennent, il faut que les causes qui doivent à la longue opérer leur desséchement n'aient pas commencé depuis une époque fort ancienne.

Que conclure de ces faits ? si ce n'est que l'action des eaux des lacs, comme celle des eaux courantes, ne s'exerce pas avec son intensité actuelle, depuis des temps autres que ceux que nous indiquent les traditions, historiques.

IV° DE L'ACTION DES EAUX DES MERS SUR LES CONTINENTS.

Les eaux des mers modifiant sans cesse la forme des continents sur lesquels elles agissent, on peut, en quelque sorte, en calculer les effets, et apprécier à leur aide la date de l'époque à laquelle elles sont rentrées dans leurs lits respectifs. Cette action s'exerce d'abord sur leur fond que leurs eaux creusent principalement dans les lieux où existent des courants considérables. Elle n'est pas moindre sur leurs bords, et là les eaux des mers produisent deux actions totalement différentes.

La première rejette sans cesse les sables sur les rivages, surtout lorsque ceux-ci sont peu élevés et les pousse vers l'intérieur des terres. La seconde sape les côtes élevées par leur base et les escarpe en falaises. Enfin, il arrive parfois, que, lorsque les eaux des mers ont tout à fait abattu et nivelé des portions de côtes jadis élevées, elles y rejettent du sable, et y forment des dunes comme elles le font sur les côtes basses et unies.

Ces effets étant constants, on peut facilement en étudier la marche, et reconnaître en quelque sorte, le moment où ils ont commencé à se produire. Brémontier est un des observateurs qui s'est le plus occupé de la marche des dunes. D'après lui, les dunes s'avanceraient dans l'intérieur des terres d'environ 60 pieds par an et quelquefois de 72 pieds dans le même espace de temps. D'après ces calculs, il faudrait à celles du golfe de Gascogne, 2,000 ans, pour arriver à Bordeaux, en sorte qu'en appréciant l'étendue actuelle des dunes de cette partie de la France, il ne doit pas y avoir plus de 4,000 ans qu'elles ont commencé à se former.

Le recouvrement des terrains cultivables de l'Égypte par les sables stériles de la Libye est encore un phénomène du même genre que les dunes ; comme elles, ces sables peuvent nous servir de mesure du temps. On sait qu'ils ont envahi un grand nombre de villes et de villages, dont les ruines paraissent encore au-dessus de leurs monticules, et cela depuis la conquête du pays par les mahométans. Dès lors, d'après une marche aussi rapide, ces sables auraient sans doute rempli les parties étroites de la vallée, s'il y avait tant de siècles qu'ils eussent commencé à y être jetés. Il ne devrait plus rien rester à combler entre la chaîne libyque et le Nil, et cependant il en est bien différemment.

Aussi est-ce là un chronomètre qu'il serait bien intéressant d'observer avec exactitude et qui nous fournirait des données bien précieuses ; néanmoins dans l'état d'imperfection où sont à cet égard les observations, on peut cependant en conclure que ces sables n'ont pas dû être poussés en avant sur le sol de l'Égypte depuis des temps bien éloignés de nous. Enfin, quoique la mer sape sans cesse les côtes élevées et en escarpe toute la hauteur en falaises, à en juger par l'état de ces mêmes côtes, son action ne doit pas dater non plus d'une époque bien reculée.

Ce commencement paraît se rapporter au plus à 4,000 ans avant l'époque actuelle lorsqu'on calcule l'action des mers dans un temps donné et qu'on la compare à celle qu'elles ont dû successivement exercer.

Il en est encore de même de la double action que les eaux produisent sur certaines parties des côtes élevées, dont elles ont sapé les bases, et sur lesquelles elles rejettent ensuite des sables, et y forment peu à peu des dunes. Ce double effet a souvent lieu sur les côtes de la Méditerranée, et l'on peut en suivre facilement les résultats. Par exemple, la côte occidentale du port de Sète a été réduite dans quelques parties en falaise très-abaissée, et la mer y rejetant ses sables d'une manière constante y a formé des monticules, mais encore si peu élevés, que nulle part ils ne dépassent le niveau de la méditerranée de plus de 3 à 4 mètres (1).

---

(1) Nous croyons devoir adopter cette manière d'écrire le nom de Sète, petit port de la Méditerranée, situé dans le département de l'Hérault, parce que le mont *Sigius* n'est autre que la montagne à laquelle la ville de Sète est adossée. Ptolomée (Liv. II chap. X.) lui donne le nom de Σίγιον ὄρος, et enfin Sextus Aviénus, celui de Sotius mons. (*Ora maritima*. Vers. 605.) Il semble donc plus conforme à l'étymologie d'écrire *Sète* que *Cette* quoique cette dernière orthographe ait en quelque sorte prévalu.

D'un autre côté, si ces sables avaient été rejetés sur le rivage depuis des temps bien longs, ils devraient s'avancer dans l'intérieur des terres, de manière à y occuper des espaces considérables. Cependant ils ne se sont nulle part étendus au-delà du rivage à plus de 25 ou de 30 mètres. D'après ces faits, dont la vérification est si facile, il faut donc que les mers, dont l'action est si puissante sur les côtes qui les bordent, n'exercent pas cette action, depuis des temps bien reculés, puisque les effets qu'elle a produits sont si peu sensibles.

Cette conséquence est du reste confirmée par d'autres faits physiques; et par exemple, ne sait-on pas que la rentrée des mers a eu lieu lors de la période quaternaire, c'est-à-dire, bien postérieurement à leur séparation, et que leur action sur les côtes qui les bordent n'a pu commencer qu'à dater de cette période. D'un autre coté, l'homme n'est apparu sur la terre que vers la fin de cette même période, en sorte que relativement à lui, il faudrait retrancher l'intervalle de temps écoulé entre le commencement de la période quaternaire, et l'époque de son apparition. C'est cependant ce que l'on n'a point encore fait et qui diminuerait d'autant le temps fixé à l'action des causes actuelles.

Vᵒ DES MOUVEMENTS DES GLACIERS.

On a également considéré comme pouvant servir de mesure du temps, le mouvement en avant
des glaciers, qui forment des espèces de dunes
ou de moraines au pied des hautes montagnes.
On s'est appuyé sur les sillons que les glaciers
tracent sur les rochers qui les encaissent parfois,
sillons qui indiquent leurs mouvements. Malheu-
reusement, l'on manque de données exactes pour
apprécier les époques de ces oscillations, dont on
trouve pourtant de si nombreux indices.

Quant à ces mouvements des glaciers, ils semblent dépendre de ce qu'ils cherchent leur niveau à peu près comme les eaux courantes ;
aussi ont-ils lieu constamment de haut en bas.
La seule différence qu'il y ait à cet égard, tient à
la rapidité de la matière, dont l'une est à l'état
liquide et l'autre à l'état solide. Cette marche
progressive des glaciers, semble du reste dépendre d'une foule de causes, comme celles de la
température surtout des avalanches, de la forme
des terrains qui soutiennent et encaissent les
glaciers, de l'action fondante des vents, comparativement plus efficace, à même température,
que l'absence de tout courant d'air.

Ces causes qui ne peuvent guère être soumises

à des calculs un peu précis, empêchent de tirer
quelque conséquence de la marche progressive
ou rétrograde des glaciers, relativement aux
températures moyennes des contrées où elle a
lieu.

En effet les routes ou les passages interceptés
par les glaces dans les chaînes élevées, ne prouvent pas que le climat se soit refroidi. Seulement ils annoncent que les causes d'accumulation des glaces et des neiges sur les hautes
montagnes, l'emportent sur les causes qui les
font descendre et se fondre.

Il existe bien à la vérité, une diminution dans
l'activité végétale des hautes régions alpines;
mais elle provient non d'un changement dans
les températures moyennes, mais de l'augmentation des glaciers. D'un autre côté si les glaces
sont descendues plus bas, la cause en est au déboisement des forêts. Cette destruction a rendu
la bonne terre et le gazon plus rares sur les Alpes, comme dans toutes les montagnes de l'Europe, même là où il n'y a ni avalanches ni chute
de rochers; par suite de cette cause, la végétation y est descendue plus bas, et ne se maintient
plus à des hauteurs aussi grandes qu'avant la
destruction des forêts.

D'autres faits annoncent également que les
forêts de l'Europe remontaient jadis plus haut

qu'actuellement, mais que l'on n'en accuse pas le climat ; car c'est l'homme qui les y a détruites. Aussi n'en est-il pas de même dans les lieux qui ont été à l'abri de ses atteintes.

La destruction des forêts sur les grandes hauteurs, a eu une autre influence non moins funeste sur la végétation. En rendant les courants d'air plus violents, les vents ont plus facilement emporté la bonne terre dépouillée de gazon, et avec sa disparition, les végétaux ont perdu leur support ou si l'on veut, leur aliment nécessaire. Aussi ne faut-il pas supposer, que là où l'activité végétale a diminué, cet effet soit dû constamment au refroidissement du climat. Cette diminution peut dépendre, en effet, de l'action renforcée des vents, et de l'absence de terreau.

En un mot, si les glaciers ont augmenté dans nos contrées tempérées, cette augmentation ne provient pas d'un changement dans le climat, mais de circonstances accidentelles, comme celle de la diminution des forêts des hautes régions. Tous les faits nous tiennent donc le même langage, et nous annoncent la nouveauté de nos continents dans leurs formes actuelles.

VIe DES TOURBIÈRES, CONSIDÉRÉES COMME MESURES
DU TEMPS.

Les tourbières produites surtout dans le nord
de l'Europe par l'accumulation des débris de
sphagnum et d'autres mousses aquatiques, peuvent encore nous donner une idée de l'époque
à laquelle elles commencent à se former. Du
moins, les voit-on s'élever dans des proportions déterminées pour chaque lieu et envelopper ainsi les petites buttes des terrains,
sur lesquels elles se forment. Plusieurs de ces
buttes ont été enterrées de mémoire d'hommes.
Dans d'autres endroits, les tourbières descendent le long des vallons, et avancent comme les
glaciers, mais avec cette différence que les glaciers se fondent par leur bord inférieur, ce que
ne font pas les tourbes, aussi ne sont-elles arrê-
tées par rien.

En les sondant jusqu'au terrain solide on juge
de leur ancienneté, et l'on trouve pour les tourbières comme pour les dunes et les falaises,
qu'elles ne peuvent remonter à une époque bien
reculée.

Il en est de même des éboulemens qui se font
avec une rapidité prodigieuse au pied de tous les
escarpemens et qui sont loin de les avoir comblés.

18

Ainsi, quoique l'on n'ait point appliqué des mesures précises à ces deux causes, elles ne paraissent cependant pas avoir exercé leur action, depuis plus de quarante ou de cinquante siècles. L'on voit souvent des débris organiques dans ces tourbes ; et lorsqu'ils se rapportent à des mammifères terrestres, ce sont ou des espèces qui vivent encore dans les mêmes lieux, ou des espèces qui se sont éteintes depuis les temps historiques.

Lorsque ces débris sont des végétaux, les troncs d'arbres que l'on y observe, conservent presque toujours leur solidité, et portent même souvent les traces de la hache qui les a abattus. L'on y voit aussi parfois divers monumens de l'industrie humaine, tels que des armes, des bois de construction, des chaussées entières qui se sont enfoncés dans la tourbe, et ont été en quelque sorte submergés par cette substance primitivement dans un état de mollesse ou du moins dans un état pâteux tout particulier.

Les tourbes, surtout celles d'eau douce, sont donc de formation moderne, et d'après les débris organiques qu'elles renferment, elles semblent de la date la plus récente. Quant aux tourbes d'origine marine, dans lesquelles on a démontré la présence de l'iode, antérieures à la rentrée des mers dans leurs bassins respectifs, elles ne pourraient rien nous apprendre sur la date de l'apparition de l'homme, puisque leur formation remonte aux temps géologiques.

VII° DE LA TERRE VÉGÉTALE, CONSIDÉRÉE COMME MESURE DU TEMPS.

Après le dépôt des terrains diluviens, nos continens durent être mis à sec, la végétation reprit peu-à-peu son cours, jusqu'au moment où elle devint générale. Dès lors, elle dut commencer à former de l'humus, puis du terreau, et enfin la terre végétale en a été la suite. Ces dépôts se sont ainsi successivement accumulés surtout dans les lieux où rien ne les a troublés.

Connaissant la manière dont la terre végétale se forme continuellement, et observant la petite quantité qui en existe, on peut en conclure que le temps où elle a commencé à s'opérer ne doit pas être très éloigné de nous. Cette conclusion s'accorde parfaitement avec ce fait généralement reconnu, du peu d'épaisseur que présente la terre végétale sur les hautes montagnes. Il y a plus, dans un grand nombre d'entr'elles, à peine en observe-t-on si ce n'est par lambeaux et encore à peu près uniquement sur les places qui offrent des assises peu inclinées.

Quant aux pentes verticales, elles en sont nécessairement privées. On y voit pourtant des forêts d'arbres verts couronner les montagnes ainsi dénudées. Cette circonstance paraît tenir au mode de croissance de ces arbres ; les racines des pins, des sapins et des mélèzes ne pivotent point, elles rampent à la surface de la roche nue et ne pénètrent dans le sol qu'à travers les fentes ou les fractures des roches. Aussi ces forêts sont-elles souvent anéanties par les grandes avalanches, qui entraînent avec elles les arbres, leurs racines et même les quartiers de roches autour desquels ils s'étaient cramponnés. Lorsqu'on se transporte sur ces lieux victimes de ce grand fléau des montagnes, on se demande où sont les restes de cette terre végétale qui avait servi à nourrir ces forêts, à peine en trouve-t-on quelques vestiges. Cependant bientôt de nouveaux arbres viendront embellir des lieux ainsi désolés, preuve nouvelle que la terre végétale n'est pas complétement nécessaire à la croissance de certains arbres, même de ceux qui acquièrent de grandes dimensions.

Si des montagnes nous nous dirigeons vers les plaines, nous verrons la terre végétale augmenter d'autant plus d'épaisseur, que ces plaines sont rapprochées des grands cours d'eau, qu'elles sont surmontées par des chaînes élevées et enfin que leur niveau est peu supérieur à celui des mers : mais nulle part, nous ne verrons cette terre végétale dépasser, en terme moyen, une épaisseur de plus d'un ou de deux mètres. Partout, les faits nous apprendront que sa formation est une des dernières opérations de la nature, et quoiqu'elle se forme avec d'autant plus de rapidité, que la végétation est florissante puisque sa puissance n'est nulle part considérable, il faut, qu'elle n'ait pas commencé à se produire depuis des temps bien longs.

Ajoutons encore que dans tous les lieux cultivés, les efforts de l'homme ont tendu sans cesse à l'augmenter, soit par ses travaux, soit par les fumiers qu'il ajoute aux terres que son industrie divise sans cesse ; cependant comme nous ne voyons point que, même dans ces lieux, son épaisseur soit fort grande, sa formation ne peut être fort ancienne. Son commencement daterait donc, d'après tous ces faits, de la même époque que celle que nous avons assignée à la venue de l'homme sur la terre.

VIII° DES ÉBOULEMENTS, CONSIDÉRÉS COMME MESURE DU TEMPS.

On sait que les éboulemens s'opèrent dans les montagnes avec rapidité, rapidité d'autant plus grande que les montagnes sont plus élevées et leurs pentes plus abruptes. Or si les éboulemens,

non ceux qui se rapportent aux temps géologiques, mais ceux qui ont eu lieu depuis l'apparition de l'homme avaient opéré leur action
depuis des milliers d'années, les vallées seraient
déjà remplies de leurs débris, au moins à une
grande hauteur.

Il devrait, d'autant plus en être ainsi, que ces
éboulemens sont des plus fréquens sur les montagnes élevées, témoin ce que Saussure nous apprend des avalanches continuelles de rochers
qui avaient lieu pendant son séjour sur le col
du géant. Les montagnes elles-mêmes devraient
être réduites en talus moins rapides et couvertes
d'une riche végétation. Cependant le progrès de
ces événemens futurs est encore bien peu avancé,
malgré leur dégradation constante.

On peut en inférer qu'il n'y a pas long-temps
que les montagnes existent dans leur forme actuelle, ce qu'indique du reste la nouveauté des
soulèvemens des grandes chaînes. Ainsi, des quatre causes actives qui altèrent la surface des
continens, il n'en est aucune, qui annonce un
commencement fort éloigné de l'époque actuelle.

Ces causes sont 1°. les pluies et les dégels qui
dégradent les montagnes escarpées, et en jettent
les débris à leurs pieds ; 2°. les eaux courantes
qui entrainent ces débris et vont les déposer dans
les lieux, où leur cours se ralentit ; 3°. la mer

qui sape le pied des côtes élevées pour y former des falaises, et qui rejette sur les côtes pla-
tes des monticules de sables nommés dunes ; 4°.
les eaux souterraines, qui déposent au dehors les
matières qu'elles tiennent en dissolution et y
produisent des dépôts plus ou moins abondants.

Nous avons étudié ces diverses causes et nous
avons vu combien leurs effets ont été bornés.
Mais comme nous n'avons encore rien dit de la
dernière, nous nous y arrêterons quelques instants.

On sait avec quelle rapidité s'augmente dans
les cavités souterraines, les concrétions que les
eaux y déposent, concrétions auxquelles on a donné le nom de stalactites et de stalagmites. Particulièrement dans les cavernes humides, on est
frappé des changemens qui s'y opèrent par suite
de cette cause et cela d'une année à l'autre. Ces
faits sont, pour ainsi dire, d'observation vulgaire;
mais il en est un dont nous avons été nous même
le témoin, et que nous ne pouvons nous dispenser de rapporter.

M. de Marsolier laissa dans la grotte des
Demoiselles près de Ganges une foule d'objets,
parmi lesquels il signala une mâchoire de cochon. Étant descendu dans cette grotte, trente
cinq ans après l'auteur des Petits Savoyards,

nous dûmes mettre de l'intérêt à retrouver cette mâchoire. Nous y sommes parvenus; elle était fixée au rocher, et encroûtée d'une couche d'albâtre calcaire d'environ trois pouces d'épaisseur, dont la dureté égalait presque celle du marbre. Eh bien! malgré la rapidité d'un pareil travail, nous n'avons pas vu dans cette grotte, pas plus que dans toutes celles que nous avons visitées, que ces concrétions souterraines aient encore obstrué les fentes ni même les fissures les plus étroites. Cependant ces fissures y sont si nombreuses qu'elles percent dans une infinité de sens et de directions différentes les rochers que composent ces cavernes. Si elles ne l'ont pas fait, il faut que leur action n'ait pas commencé depuis fort long-temps.

Ce que nous venons de dire de ces dépôts intérieurs, qui s'opèrent journellement, nous pourrions l'observer encore relativement aux récifs et aux écueils, que les lithophytes élèvent sans cesse dans les mers de la zone torride. Leur accroissement est si rapide, que Cook trouva à son dernier voyage des écueils et de petites îles madréporiques, qu'il n'avait point aperçus dans son premier. Cependant, nulle part cette accumulation de matière calcaire produite par les zoophytes, n'a fermé l'entrée des ports, ni bouché l'entrée des anses étroites, ni enfin élevé des îles d'une certaine étendue.

Néanmoins, ces lithophytes s'accumulent auprès des côtes avec la plus grande activité, sai-
sissant tous les corps, coquilles, végétaux, débris
d'animaux, qu'ils enveloppent et incrustent
promptement. En comparant leurs effets actuels
avec les effets produits dans les temps géologiques, il est difficile de ne point remarquer la
grande différence qui existe entre eux. Cette différence, à quoi tient-elle, si ce n'est à celle du peu
de temps depuis lequel agissent les premiers.

Il est bien une autre cause non moins active,
et dont l'action dure encore, c'est celle des volcans. En effet, leurs éruptions percent les couches
solides du globe, y élèvent des éminences plus
ou moins considérables, en répandant au dehors les produits de leurs déjections. Mais les
volcans brûlans ne peuvent nous apprendre
la date de leurs premières éruptions ; nous ne
pouvons donc pas nous appuyer sur eux pour
connaître la date que nous cherchons. Tout au
plus, le pourrait-on pour ceux des temps géologiques ; car pour ceux-ci, la nature des dépôts
de sédiment qu'ils ont traversés peut nous donner
une idée de leur ancienneté relative. Il ne peut
en être ainsi des volcans actuellement brûlans,
puisqu'ils percent à la fois des terrains géologiques et des terrains historiques.

Les premiers de ces terrains, ou les géologi-

ques, à quelque formation qu'ils appartiennent ,
existant antérieurement ne sauraient nous servir
de mesure pour apprécier l'époque à laquelle des
éruptions les auraient percés ; car il ne s'est déposé sur eux que des terrains historiques. Ces
derniers, tous d'une même époque, ne sauraient
donc nous rien dire même d'une manière relative. Qu'il y ait ou non des volcans qui aient
cessé leurs éruptions depuis les temps historiques, ce fait ne nous apprend pas à quelle époque
ont commencé les volcans brûlans ?

Ainsi, d'après Sidonius Apollinaris, des éruptions volcaniques auraient eu lieu dans le Vélay
au cinquième siècle. D'un autre côté, si nous devons ajouter foi aux chroniques de St. Ruppert,
évêque de Clermont, l'Auvergne, où l'on observe uniquement des volcans éteints, aurait cependant été troublée vers la fin du quatorziè-
me siècle par diverses éruptions volcaniques.
Mais en supposant que ces faits soient bien réels,
ils ne peuvent nous apprendre l'époque où les
éruptions de nos volcans brûlans ont commencé
à s'opérer, pas plus que celle où les volcans aujourd'hui éteints ont cessé de lancer leur feux.

IX° DE L'ALTÉRATION ET DE LA DÉCOMPOSITION DES ROCHES, CONSIDÉRÉES COMME MESURE DU TEMPS.

M. Becquerel à essayé une mesure d'un autre genre et qui, fort ingénieuse sans doute, n'en a pas pour cela plus de valeur réelle pour la solution de la question que nous nous sommes proposé d'éclaircir.

Cet habile physicien ayant remarqué que les rochers granitiques du Limousin subissaient une décomposition lente et graduelle, dans la partie exposée au contact de l'air, il s'est proposé de calculer la vitesse de cette décomposition. Connaissant l'époque de la construction de la cathédrale de Limoges, laquelle remonte à environ 400 ans, il a observé sur ses murailles extérieures, dans l'endroit le moins abrité, une altération pénétrant à environ 5 lignes de profondeur; ce qui donne une vitesse d'un peu plus d'un pouce par mille ans. Or, dans les rochers qui forment le pays, la décomposition a partout pénétré à 720 lignes de profondeur.

En partant de cette base, il y aurait donc plus de soixante et dix mille ans que la surface actuelle de ces rochers serait exposée à l'action désagrégeante de l'air. Mais, qui ne conçoit combien cette action désagrégeante jointe à celle des eaux courantes aidée par les cailloux roulés qu'elles transportent avec elles, est bien autrement puissante que l'effet des agens atmosphériques, agissant seuls sur une surface taillée et unie, comme l'est celle de tous les monumens ?

En outre une infinité d'autres causes peuvent avoir rendu cette altération plus rapide, soit l'état de mollesse dans lequel se trouvaient primitivement les roches, soit des infiltrations plus considérables que celles qui ont lieu maintenant, d'autant plus que les granites observés par M. Becquerel se trouvent dans le bas des vallées.

Du reste, en supposant ces altérations comparables sous le rapport de leurs effets, le calcul à l'aide duquel on voudrait apprécier la date de leur commencement, ne prouverait pas que cette action désagrégeante de l'air, n'ait pas commencé sur les rochers granitiques antérieurement à l'existence de l'homme. Dès lors ces calculs ne peuvent pas servir à reculer les temps historiques.

Il est encore un autre genre d'altération que l'on peut suivre sur les roches volcaniques et qui ne peut pas davantage nous apprendre la date depuis laquelle cette altération à commencé à se produire. Telle est celle qu'éprouvent les basanites et les laves, à leur surface extérieure ar l'action des agens atmosphériques, altéra-

tion semblable à celle que subissent les roches
granitiques.

Elle a produit deux effets sur la surface des
laves ; le premier a eu lieu sur celles qui ont
présenté leurs surfaces découvertes et décapées,
et qui ont été attaquées de manière à présenter
des taches grisâtres, ordinairement arrondies.
Les laves ainsi altérées offrent alors un aspect
tacheté tout particulier. Mais cette altération a
dû nécessairement s'opérer dans ces basanites
ou ces laves, depuis l'époque de leurs éjections
au dehors, c'est-à-dire, postérieurement aux terrains d'eau douce, qu'elles ont soulevés ; ainsi elle
aurait commencé à s'exercer depuis la période
tertiaire.

En examinant combien peu cette surface est
attaquée, puisque l'altération n'a pas pénétré au
delà d'une ligne ou de deux lignes au plus, il
faut que le commencement de cette altération ne
remonte pas à une époque bien éloignée ; cependant l'éjection de ces laves date de la fin de la
période tertiaire. Il en est de même de l'altération qui a eu lieu à la surface des laves décapées,
et qui les entoure d'une bordure blanchâtre dont
l'épaisseur est au plus de deux lignes.

Après ces faits dont la vérification est si facile,
peut-il être nécessaire d'examiner les calculs faits
par Buffon, pour évaluer le temps qu'il a fallu

pour produire les schistes et les autres roches feuilletées ? nullement ; car la formation de ces schistes a eu lieu dans les temps géologiques et bien antérieurement à l'apparition de l'homme. Dès lors, quelque considérable que puisse être le temps nécessaire à la formation de ces roches, ce temps est tout-à-fait indifférent relativement à la question qui nous occupe. Il n'est pas du reste un seul géologue qui ne pense que la terre ne soit fort ancienne ; mais cela ne fait pas que l'homme n'y soit fort nouveau.

Nous admettrons sans difficulté que les formes générales des continens, desquelles résultent le courant et la direction des rivières, ne remontent pas à une très haute antiquité ; mais cette antiquité est elle même bien antérieure à celle de l'homme. En effet, les chronologies traditionnelles qui ne remontent pas au delà de notre existence, ne sont qu'un point, en comparaison des chronologies de la terre. Nos sociétés paraissent bien nouvelles et comme d'hier, quand on compare leur histoire à celle du globe où elles sont assises. Si donc on a voulu, à l'aide des faits physiques, donner à l'homme une plus haute antiquité que celle qu'il a réellement, c'est en confondant des effets produits dans les temps géologiques avec ceux qui lui sont contemporains. S'il est une vérité confirmée par toutes les observa-

tions, c'est que nous sommes vivans d'un jour
sur notre vieille terre.

X° LES ESPÈCES PERDUES DEPUIS LES TEMPS HISTORIQUES,
ANNONCENT-ELLES A CES TEMPS UNE TRÈS-HAUTE ANTI-
QUITÉ.

Nous allons suivre maintenant un ordre de
faits totalement différens de ceux que nous avons
étudiés jusqu'à présent. Les premiers que nous
examinerons sont relatifs à l'influence que peuvent avoir les espèces perdues depuis les temps
historiques sur la date de cette même époque.

Le premier point, que l'on ait à examiner
pour la solution de cette question, est celui de
savoir, si réellement des espèces se sont éteintes
depuis les temps historiques. On remarque sur
les monuments de l'antiquité des figures d'animaux qui réunissent toutes les conditions d'existence propres à rendre leur existence possible,
et cependant l'on n'en découvre plus de traces
sur la terre. Ces espèces ainsi reproduites avec
fidélité sur divers monuments ont donc existé,
et des causes quelconques ont dû les anéantir.

Tel est parmi ces espèces détruites, le san-
glier d'Érimanthe, tracé par le ciseau d'Alca-
mène sur le temple de Jupiter à Olympie. Tels
sont encore deux autres pachydermes dont le

monument qui nous a conservé le souvenir de l'un
d'entr'eux, nous a fait connaitre la patrie ; c'est le
Xithit des anciens Égyptiens. Si nous cherchons
ces animaux représentés sur la mosaïque de Pa-
lestrine, parmi nos espèces vivantes ou parmi
celles dont les entrailles de la terre nous ont
conservé les restes, nous n'en découvrons nulle
trace ; dès lors nous sommes en droit d'en conclure que ces espèces ont dû cesser d'exister.
Pourquoi ne les inscririons-nous pas sur nos
catalogues, comme nous le faisons de tant d'espéces
qui ne nous sont connues que par le témoignage
d'un seul voyageur ?

On observera peut-être que les représentations
de ces espèces ne sont point exactes et qu'elles
sont l'effet du caprice bizarre des statuaires de
l'antiquité. Sans doute, l'imagination fantastique
des peintres et des statuaires de l'antiquité a créé
une foule d'êtres imaginaires. Mais ces êtres fantastiques ne sont fabuleux que dans l'assemblage
des parties qui les composent, et nullement dans
chacune de ces parties. Dès lors, on doit supposer que ces artistes, et notamment ceux du
beau temps de l'antiquité, avaient une tendance
remarquable vers le vrai, et que même cet
amour de la vérité s'est fait ressentir jusque
dans leurs compositions les plus bizarres. Ce qui
le prouve, c'est qu'ils avaient fort bien distingué

les deux espèces d'éléphant, avant Linné et Buffon qui n'ont jamais discerné ainsi que l'avaient fait les artistes de l'antiquité, l'éléphant d'Asie de l'éléphant d'Afrique.

Mais n'y a-t-il donc que les espèces figurées sur les anciens monuments qui se soient perdues; où trouver cependant aujourd'hui en Égypte les deux espèces de crocodiles, recueillies par M. Geoffroy St. Hilaire, dans les catacombes d'Égypte? où voyons-nous également parmi nos espèces vivantes ces cerfs à bois gigantesques qui existaient cependant encore en Prusse et en Italie, à une époque peu éloignée de nous, c'est-à-dire au quinzième siècle, au dire de Sébastien Munster, de Jonston et d'Aldrovande. Cette espèce est si complétement perdue, que Cuvier, ignorant ces faits, l'avait considérée comme l'une des espèces fossiles des plus remarquables. En effet, ce cerf si singulier par la grandeur de ses bois, s'est anéanti depuis peu de temps; cependant, comme l'homme lui-même, il a été contemporain des anciens éléphants, des rhinocéros, de l'hippopotame et des hyènes qui n'ont plus de représentants sur la terre.

D'un autre côté, cette espèce a été fort bien décrite par Oppien et signalée par Julius Capitolinus, comme une des plus remarquables parmi celles que l'on envoyait d'Angleterre en Italie.

Dès lors, nous devons être moins surpris de trouver ce cerf exactement représenté dans les peintures et les sculptures de Rome antique, et d'apprendre de Hart qu'il existe dans les alluvions du val d'Arno, des ossements de ce cerf, où l'on observe des calus, suite de blessures opérées par un instrument tranchant et acéré.

Mais enfin, faut-il donc des causes bien extraordinaires pour faire périr des espèces, et ne voyons-nous pas les causes les plus simples produire ce résultat. Il suffit en effet que la mortalité d'une race soit hors de proportion avec sa naissance, pour l'anéantir d'une manière nécessaire. Ainsi par exemple, le Dronte ou Dodo, dont nos musées renferment encore quelques débris, a entièrement disparu de l'île de France et de l'île Bourbon, où au dire d'Herbert, il vivait encore en 1626.

Dès lors, on ne peut conclure du mélange des débris humains avec des espèces perdues, regardées même par les meilleurs observateurs, comme fossiles, que l'antiquité de l'homme soit plus grande que celle que lui assignent les monuments et les traditions historiques.

L'observation qui annonce que des espèces intertropicales ont jadis vécu dans les régions polaires est loin de prouver le contraire. Elle se rapporte évidemment aux temps géologiques, c'est-à-dire, aux temps où la température de la surface de la terre était assez élevée, pour permettre aux espèces dont les analogues ne se trouvent plus maintenant que dans les régions les plus chaudes, de vivre jusque dans les contrées aujourd'hui glacées des environs des pôles. Ces faits bien antérieurs à l'existence de l'homme ne peuvent donc rien nous apprendre sur la date de son apparition.

Il en serait toujours de même, si au lieu de la cause si simple et si bien confirmée par l'ensemble des faits, que le changement des climats terrestres a été une suite nécessaire de l'abaissement de la chaleur centrale, on voulait admettre que ces changements ont été produits par un déplacement de l'axe du globe.

L'observation des étoiles fixes qui correspondent aux régions polaires, nous apprend bien qu'il s'opère dans l'axe de la terre un déplacement; mais ce déplacement est si léger, qu'il n'est que de neuf secondes et fait sa révolution dans environ dix-neuf ans. En vertu de ce mouvement, l'axe de la terre trace donc un cercle de dix-huit secondes de diamètre, dont le centre est le lieu moyen du pôle. D'après Laplace, il y a 21,400 à parier contre 1, que ce déplacement n'est ni au-dessous de 9″ 31 ni au-dessus de 9″ 34. Cet effet est donc loin de répondre au

déplacement qui devrait se produire dans l'axe
de la terre, pour opérer l'instabilité des climats
les plus opposés, et échanger les glaces du pôle
contre les feux de l'équateur.

La comparaison des observations anciennes
avec les modernes, nous montre aussi que l'obli-
quité de l'écliptique sur l'équateur terrestre,
n'est pas aujourd'hui ce qu'elle a été autrefois,
et il est clair qu'elle ne peut varier sans entraîner
un changement correspondant dans les climats.
Mais ce déplacement dont les causes sont connues et appréciées est borné entre des limites très
étroites ; car il ne s'élève qu'à quarante-huit secondes par siècle, et il ne dépassera certainement jamais un degré et demi. Assurément, cette
cause est bien insuffisante pour transporter aux
pôles le climat des régions équatoriales.

Du reste, il suffit pour la solution de la question que nous nous sommes proposés d'éclaircir,
de faire remarquer que lors même qu'un pareil
déplacement serait possible, se rapportant aux
époques géologiques, il serait tout-à-fait indifférent pour la détermination de la date de l'apparition de l'homme.

Le déplacement de l'axe de la terre, indiqué
par l'observation des étoiles circompolaires, n'est
qu'un déplacement par rapport aux étoiles, et
non par rapport à la terre, celle-ci ne cesse pas

de tourner autour du même diamètre, ou si l'on veut, l'axe autour duquel elle tourne ne cesse pas de passer par le même point de sa surface. Or, un pareil déplacement, quelque grand qu'il soit, ne saurait faire que les régions polaires actuelles deviennent les régions équatoriales et réciproquement. Il n'a d'autre effet que de rendre plus égale la répartition de la chaleur entre divers points de la terre, et plus inégale la répartition de la chaleur au même point pour les divers temps de l'année. Le déplacement de l'écliptique produit des effets absolument pareils; il ne saurait donc expliquer le transport du climat équatorial aux pôles. Pour opérer cette inversion, il faudrait que la terre tournât autour d'un autre diamètre, et on ne connaît pas de cause qui puisse produire un pareil effet, excepté pourtant le choc d'un corps étranger.

Encore, faudrait-il que ce corps étranger eût une certaine masse et qu'il frappât la terre dans une certaine direction. Or, parmi les corps étrangers qui pourraient exercer une pareille action, nous ne voyons guère que les comètes. Mais pour cela, il faudrait supposer à ces astres bien plus de masse que n'en présentent ceux qui ont été observés jusqu'à présent.

Ce choc ne pouvant être qu'instantané, ne permettrait pas mieux que les autres causes astronomiques, de concevoir comment il se fait que les mêmes espèces fossiles ou des espèces analogues se trouvent à la fois dans les mêmes formations des différentes régions de la terre, c'est-à-dire au milieu des houillères, des contrées polaires et des régions équatoriales. Sans doute les terrains carbonifères que l'on doit rapporter à une même époque, n'ont pas été déposés partout d'une manière simultanée; mais il est pourtant difficile de supposer que les différentes couches qui les composent ont été précipitées à de longs intervalles les unes des autres. Dès lors les causes astronomiques comme celles résultant du choc d'une comète, ne sauraient nous rendre raison, comment il se fait que les mêmes végétaux fossiles se retrouvent sur la plus grande partie de la surface de la terre qui nous est connue dans des formations houillères, à peu près identiques relativement à la nature des couches qui les composent, et qui par cela même, ne peuvent appartenir qu'à une seule et même époque géologique.

XI° DES TRAVAUX DES MINES, CONSIDÉRÉS COMME MESURE DU TEMPS.

Les travaux des mines rentrent tout-à-fait dans l'appréciation de la date que nous cherchons, car il sont dus à l'homme; mais on en a beaucoup exagéré l'antiquité. D'après certains

observateurs, les mines de fer de l'île d'Elbe auraient été exploitées depuis plus de 40,000 ans.
Cependant M. Fortia d'Urban, qui a examiné
avec soin les déblais sortis de ces mines, a réduit cet intervalle à un peu plus de 5,000 ans.
Encore dans ses calculs, cet antiquaire a supposé
que les anciens n'exploitaient chaque année que
le quart de ce que l'on exploite maintenant.

En admettant ces derniers calculs, on se demande pourquoi les Romains qui consommaient
une si grande quantité de fer dans leurs armées,
auraient tiré si peu de parti de ces mines presque
inépuisables. D'un autre côté, si elles avaient été
exploitées il y a seulement 4,000 ans, on ne
saurait s'expliquer comment le fer était si peu
connu dans la haute antiquité ; et pourquoi il
n'a été commun que lors des beaux temps de la
Grèce où son emploi devint général.

XII° LES TRADITIONS ET LES MONUMENTS HISTORIQUES DES
ANCIENS PEUPLES, CONTRARIENT-ILS LA DATE QUE NOUS
AVONS ADOPTÉE D'APRÈS LA CHRONOLOGIE DES HÉBREUX ?

L'on sait que les différentes nations qui ont
apparu tour à tour sur la terre, se sont disputées
le degré de leur ancienneté ; comme si elle pouvait être une illustration. Ces nations sont les Hébreux, les Égyptiens, les Chaldéens, les Phéniciens, les Indiens et les Chinois. Examinons les

titres que nous présentent ces différentes nations pour faire prévaloir leurs dires contradictoires.

Le plus ancien livre que ces peuples puissent nous montrer, est d'abord celui des Hébreux, dont la date remonte, ainsi que nous l'avons déjà fait observer, à plus de 3,300 ans avant l'époque actuelle. Ainsi, sous ce rapport, les Hébreux seraient les plus anciens ; car ils ont une véritable histoire des temps les plus reculés sur lesquels nous ayons quelques données.

Quant aux écrits qui nous restent sur l'ancienne Égypte, ils sont très récents auprès de la Bible ; ils paraissent du moins postérieurs à la dévastation de Cambyse. D'un autre côté, leur peu d'accord atteste qu'ils sont tirés de monumens mutilés. Aussi est-il à peu près impossible d'établir les moindres rapports entre les listes des rois d'Égypte, écrites par Hérodote, Eratosthène, Manéthon et Diodore. Il y a plus, on ne peut même accorder entre eux les différents extraits tirés de Manéthon.

Cependant les Égyptiens se sont plu à se forger une haute antiquité, et pour cela, ils ont fondé une chronologie d'après laquelle sur les 36,525 ans qu'ils auraient attribués à la durée des premiers temps, il y en aurait eu 33,984 consacrés au règne des dieux. Il ne serait donc resté que 2,541 ans pour le règne des hommes, jusqu'à la quinzième année avant la conquête d'Alexandre, c'est-à-dire jusqu'à l'an 347 avant l'ère chrétienne, ou 4,725 années avant l'époque actuelle.

Ce nombre de 4,725 années parait bien réel, du moins d'après les progrès que l'étude des antiquités de l'Égypte a fait faire à la chronologie de ce pays. En effet, d'après cette étude, l'histoire certaine de cette contrée célèbre ne parait pas remonter à plus de 2,888 années avant l'ère chrétienne, ce qui revient au même nombre que nous avons déjà fixé. Quant au reste du temps compté pour le règne des dieux, il est consacré aux fables mythologiques et n'a pas ce caractère certain qui convient seul à l'histoire. Dès lors, la véritable chronologie, celle qui se fonde sur une histoire réelle ou sur des monuments authentiques, ne permet pas d'assigner aux Égyptiens une plus haute antiquité, que celle que nous venons de leur attribuer.

Mais les observations astronomiques des anciens Égyptiens ne sont-elles pas en opposition formelle avec cette supposition ? Nous observerons que les formules établies par les géomètres pour représenter les mouvements planétaires, sont arrivées à un tel état de perfection, qu'avec leur secours, il n'est pas aujourd'hui dans le système du monde, un phénomène de mouvement observable que l'on ne puisse prévoir pour un avenir quelconque, ou reproduire pour une antiquité presque sans bornes.

Ce sont là comme des instruments nouveaux avec lesquels on peut remonter dans la série des temps, reconstruire l'ancien aspect des cieux, et le comparant aux observations ou aux traditions des peuples, assigner l'état de leurs connaissances positives, rechercher les idées qui leur ont été propres ou qui ont pu leur être transmises, et donner ainsi un élément de plus à l'histoire comparée de l'esprit humain.

En appliquant cette méthode aux documents que l'on possède sur l'ancienne Égypte, M. Biot a pu constater qu'à une époque aussi reculée que 3,285 ans Juliens, avant l'ère chrétienne, les Égyptiens avaient déterminé dans le ciel la vraie position de l'équinoxe vernal, du solstice d'été, et de l'équinoxe d'automne. Ils avaient également reconnu 1505 ans plus tard, ou 1780 ans avant l'ère vulgaire, que ces points primitifs s'étaient considérablement déplacés; aussi ont-ils exprimé ces deux états sur leurs monuments.

M. Biot est parvenu à ces résultats en étudiant les travaux astronomiques découverts en Égypte par Champollion, et leur appliquant les travaux de ce dernier sur l'ancienne année égyptienne. Cet illustre antiquaire a prouvé par les monuments, que cette année composée de douze mois de trente jours, avec cinq épagomènes, s'écrivait depuis la plus haute antiquité par des signes qui la partageaient en trois saisons coïncidantes avec les phases que le débordement périodique du Nil assigne aux cultures annuelles et respectivement caractérisées par les symboles de la végétation, de la récolte et de l'inondation.

En outre, à chacun des mois était attaché un personnage divin qui y présidait; et parmi eux, Champollion faisait reconnaître avec évidence les emblèmes des deux solstices de l'équinoxe vernal. Ces notions astronomiques sont-elles nées d'abord en Égypte, en commémoration de faits réels, et passées de là aux Chaldéens; ou ceux-ci les ont-ils données aux Égyptiens qui en auraient fait le fondement de leur année vague? C'est un point de critique chronologique important sans doute à éclaircir, mais qui est tout-à-fait indifférent pour la solution de la question qui nous occupe.

Du reste, ceux des monuments mythriaques les mieux caractérisés par des symboles astronomiques, et qui permettent d'arriver à une pareille détermination sont tous des ouvrages des Romains. On trouve également des vestiges des mêmes traditions sur les cylindres babyloniens et persépolitains, et sur divers bas-reliefs de Persépolis.

Mais ces monuments ne remontent pas à plus de cinq ou six siècles avant l'ère chrétienne; à la vérité, on croit retrouver quelques traces de ces traditions jusque dans les racines de la langue persanne.

Si l'on pouvait compter sur l'exactitude du fait souvent cité, que Callisthènes avait envoyé à Aristote des observations astronomiques chaldéennes, remontant à 19,000 ans, l'embarras relativement à la question de priorité entre la Chaldée et l'Égypte augmenterait encore.

Du reste, en observant, relativement à l'astronomie des Chinois, et notamment sur les causes de l'étrange inégalité qu'on remarque dans l'étendue des signes de leur zodiaque et du choix du groupe d'étoiles par lesquelles ils les distinguent, ce savant a été conduit à penser que la coïncidence entre leur astronomie et celle des Égyptiens et des Chaldéens était purement fortuite, et non l'indice d'une communication qui se serait établie entre ces différents peuples.

Enfin, les plus anciennes observations astronomiques, mentionnées dans les livres des Chinois remonteraient seulement, d'après M. Biot, à 2,400 ans avant notre ère. Elles seraient donc postérieures de neuf siècles à la position primitive des solstices et des équinoxes, rappelée par les notations et les tableaux sculptés des Égyptiens.

Quant au mode de division du ciel chinois par
ascension droite, le choix de leurs constellations
et les dénominations qui les désignent, il n'a
aucun rapport avec le système astronomique
égyptien. Il n'y a donc rien qui puisse faire supposer une transmission de méthodes ou de traditions qui se serait propagée des Égyptiens aux
Chinois. Les deux systèmes d'idées semblent, au
contraire, tout-à-fait indépendants.

Si cependant on découvre entre ces deux peuples quelques autres analogies, comme le culte
du ciel, celui des ancêtres, l'assimilation des
rois au soleil, l'emploi des signes figurés dans
l'écriture primitive, il faut admettre qu'ils ont
été conduits tous deux à ces usages par la seule
pente naturelle de l'esprit humain. S'ils les ont
puisés dans une communauté de patrie ou de
race, ces relations ont dû précéder le phénomène
astronomique qui est devenu l'origine des traditions et de la notation égyptienne, c'est-à-dire,
qu'elles ont dû être antérieures à l'année 3,285
avant l'ère chrétienne, époque qui correspondrait
à environ 5,122 ans avant l'époque actuelle.

Il est également certain que les observations
d'éclipses faites par les Chaldéens et citées par
Ptolomée, ne remontent pas à plus de 2,500 ans
avant notre ère.

Les millions d'années que s'attribuent les Chaldéens sont donc tout aussi fabuleuses que celles à l'aide desquelles les Égyptiens ont voulu se donner une haute antiquité. Leurs périodes astronomiques ont été calculées pour la plupart sur des observations inexactes, et même en rétrogradant; plusieurs de ces périodes sont de simples cycles arbitraires multipliés par eux-mêmes. Aussi les Chaldéens n'ont-ils jamais su ni expliquer ni prédire les éclipses de soleil. Tout porte à croire que leur grande réputation en astronomie leur a été faite à des époques récentes, lorsque leurs successeurs vendaient dans tout l'empire romain des horoscopes et des prédictions.

En supposant aux Chaldéens des connaissances astronomiques plus avancées que celles qu'ils avaient réellement, cette circonstance ne serait pas une preuve de leur plus grande ancienneté. En effet, des peuples pasteurs qui habitaient de vastes plaines, sous un ciel toujours pur, étaient par cela même, à portée d'observer le cours des astres. Leur vie pastorale et nomade devait, d'autant plus, les engager à cette étude que les astres pouvaient seuls les guider pendant la nuit. Il ne fallait donc qu'un esprit méditatif pour les faire arriver au degré de connaissance qu'ils paraissent avoir eu, et des siècles ne leur ont pas été nécessaires pour acquérir d'aussi faibles connaissances.

Ce que nous venons de dire des Chaldéens s'applique également aux Phéniciens, qui ne peuvent nous présenter des monuments historiques, dont la date soit au-delà de 4 ou de 5,000 ans avant les temps actuels. Quant aux Grecs, ils sont bien plus nouveaux; l'étonnante civilisation à laquelle ils étaient arrivés a été plutôt une suite de l'influence de leur constitution libérale, et en même temps des circonstances fortunées sous lesquelles ils ont vécu, que de celles du temps. Mais cette civilisation, ils en reçurent les premiers bienfaits de l'Égypte et de la Phénicie, surtout des habitants de cette dernière contrée qui vinrent s'établir en foule dans les champs heureux de la Grèce.

Quant aux Indiens, ils n'ont jamais eu d'histoire proprement dite. Leurs livres de théologie mystique ou de métaphysique abstruse, ne sauraient nous instruire sur leur origine et sur les vicissitudes de leurs sociétés. Aussi, a-t-on beaucoup de peine à établir quelques lambeaux d'une espèce de chronologie indienne. Cette chronologie, interrompue à chaque instant, ne paraît pas remonter plus haut qu'Alexandre.

Leur Surga Siddanta, qui au dire des Brames, aurait été révélé, il y a plus de vingt millions d'années, ne peut avoir été composé que depuis environ 760 ans avant l'ère actuelle. Leurs livres sacrés ou vedas, postérieurs à la Bible, ne remontent pas à plus de 3,200 ans. Leur histoire qui commence aussi par un déluge ne le place pas à plus de 5,000 ans avant nous.

Du reste, il est assez remarquable que l'époque à laquelle les Indiens assignent le commencement de leurs souverains humains, ceux de la race du soleil et de la lune, soit à peu près la même que celle à laquelle Ctésias fait commencer ceux des Assyriens, il y a environ 4,000 ans. Quant aux listes des rois que des pandits ou docteurs indiens ont prétendu compiler d'après les Pouramas, sorte de légendes ou de romans versifiés, ce sont de simples catalogues sans détails ou ornés de détails absurdes. Tels sont ceux qu'avaient les Égyptiens et les Chaldéens; tels sont ceux de Trithème et de Saxon le grammairien pour les peuples du Nord.

Ces listes sont fort loin de s'accorder les unes avec les autres; aucune d'elles ne suppose ni une histoire, ni des registres, ni des titres réels. Le fond même a pu en être imaginé par les poètes dont les ouvrages ont été la source de ces histoires fantastiques. Ces listes toutes pleines de fables qu'elles sont, ne remontent cependant qu'à 4,300 ans, sur lesquels plus de 4,200 ans sont remplis de noms de princes dont les règnes demeurent indéterminés quant à la durée.

Cet état déplorable de connaissances historiques devait être celui d'un peuple, où les prêtres héréditaires d'un culte monstrueux dans ses formes extérieures et cruel dans beaucoup de ses préceptes, avaient seuls le privilége d'écrire, de conserver et d'expliquer les livres. Ces prêtres devaient redouter l'histoire qui éclaire les hommes sur leurs rapports mutuels et sur leurs véritables intérêts. Les mêmes causes ont agi en Égypte et en Chaldée ; aussi pour peu qu'on réfléchisse sur les fragments qui nous restent des traditions égyptiennes et chaldéennes, on s'aperçoit qu'elles ne sont pas plus historiques que celles des Indiens.

Si cependant l'époque qui sert de point de départ aux tables astronomiques des Indiens, avait été effectivement observée, ces tables auraient une très haute antiquité, et par suite les peuples qui les auraient dressées. Mais les travaux de la société de Calcuta, ont prouvé qu'elles avaient été calculées en retrogradant, et que leur résultat était tout-à-fait inexact. Aussi le savant Bentley a-t-il reconnu que les tables de Treviranus que Bailly avait considérées comme très anciennes, avaient été calculées vers 1281, depuis l'ère chrétienne, il y a seulement 556 ans.

Enfin, des solstices, des équinoxes indiqués dans les Pouramas et calculés d'après les positions que semblaient leur attribuer les signes du zodiaque avaient également paru d'une haute antiquité ; mais une étude exacte de ces signes a montré à M. Paravey, qu'il ne s'agit que de solstices de 1200 ans avant l'ère chrétienne. Du reste, le lieu de ces solstices y est si grossièrement fixé, qu'on ne peut répondre de cette détermination à deux ou trois siècles près. Cela est du reste facile à concevoir ; les Indiens peu patients, observent peu et n'ont jamais eu d'instruments propres à leur permettre de faire des recherches utiles. D'un autre côté, la nouveauté du verre, comme moyen d'observation, dépose contre l'ancienneté de ces tables astronomiques. Cependant un certain nombre de ces tables anciennes, telles que celles d'Hipparque, de Ticho-Brahé et de Kepler, ont été calculées sans que leurs auteurs aient fait usage du verre dans leurs observations.

Les Indiens ont cependant connu des procédés de calculs fort ingénieux, qui, sans prouver l'ancienneté de leur astronomie, en montrent du moins l'originalité. On ne peut étendre cependant cette conclusion à leur sphère ; car indépendamment de leurs maisons lunaires qui ressemblent à celles des Arabes, ils ont au zodiaque, les mêmes douze constellations que les Égyptiens, les Chaldéens et les Grecs.

Les Chinois se sont plu aussi à se donner une haute antiquité ; mais elle n'est pas plus réelle que celle des peuples, dont nous venons de discuter l'histoire. Le Chou-king est leur plus ancien livre. On assure, qu'il a été rédigé par Confucius, sur des lambeaux d'ouvrages antérieurs, il y a environ 2,255 ans. Ce fut deux cents ans plus tard, qu'arriva sous l'empereur Chi-Hoangti la persécution des lettrés, et la destruction des livres. Aussi ce fut 400 ans plus tard, qu'une partie du Chou-King fut rétablie de mémoire, et cela par un vieux lettré. Une autre partie de ce travail précieux, fut retrouvée dans un tombeau, mais près de la moitié fut perdue pour toujours.

On sent dès lors, quelles incertitudes doivent envelopper une histoire, fondée sur de pareilles bases. Quoi qu'il en soit, elle commence par Yao, occupé à faire écouler les eaux de dessus la surface de la terre ; cet empereur vivait, il y a 4,464 ans, selon certains de ces manuscrits, et selon les autres, il y a seulement 3,944 années.

On a bien supposé, à la vérité, qu'il existait des empereurs avant Yao ; mais l'on a admis pendant leur règne des circonstances tellement extraordinaires, que leur existence est plus que problématique. En effet l'histoire des Chinois ne devient raisonnable et ne peut soutenir l'examen de la critique, que lorsqu'elle nous transmet des événements réels passés sous les yeux des historiens, ou du moins qui leur étaient bien connus.

Quant aux observations astronomiques dues aux Chinois, la plus ancienne, parmi celles qui ont un caractère d'exactitude, est celle du gnomons, dont la date remonte, à 2,900 ans. A la vérité on trouve dans le Chou-King des détails d'une éclipse qui daterait de 3,965 ans; mais cette éclipse est racontée avec des détails si absurdes, que la description en a été évidemment faite après coup. Du reste, l'état du ciel à l'époque où l'on prétend que cette éclipse aurait été aperçue s'oppose à ce qu'on puisse la considérer comme réelle. Il est également question dans le même livre d'une conjonction qui aurait eu lieu il y a environ 4,260 ans. Sans doute, cette observation serait la plus ancienne connue; mais elle a été rejetée par tous les astronomes, en sorte que nous n'avons d'observations précises, que celle du gnomons, dont nous avons fixé la date à 2,900 ans avant les temps actuels.

Quant aux monuments les plus anciens de la Chine, ils ne remontent pas non plus à une haute antiquité; car ils sont postérieurs de plus de mille ans à l'empereur Yao-Chu. Il en est de même de leurs vases. On n'en connaît pas dont la date soit antérieure à 1,766 ans avant l'ère chrétienne.

Ces vases peu chargés de caractères sont du
reste fort difficiles à débrouiller à raison même
de leur uniformité. Aussi ne peuvent-ils pas
toujours nous servir à éclairer la chronologie,
d'autant que les hiéroglyphes chinois sont à peu
près arbitraires.

On peut donc conclure avec fondement, de
l'examen attentif de l'histoire chinoise, que ce
n'est jamais en astronomes, mais en astrologues,
que ces peuples ont observé le ciel. Dès lors
leurs observations sont - elles nulles pour la
chronologie et l'histoire, comme elles le sont
pour la science.

En un mot, les observations astronomiques,
les livres, les monuments historiques nous manquent, lorsque nous voulons dépasser la date
que nous avons fixée à l'apparition de l'homme.
C'est donc sans raison, comme sans autorité,
que l'on a voulu aller au-delà par suite d'idées
préconçues ou pour le soutien de systèmes plus
ou moins ingénieux.

Un simple hasard ne saurait nous donner un
résultat aussi frappant et aussi uniforme, que
celui dont nous venons de démontrer l'évidence.
En effet d'après lui, l'origine des monarchies
égyptiennes, assyriennes, indiennes et chinoises,
ne remonterait pas au-delà de 4,000 ans ou au plus
de 5,000 ans. Les idées de peuples qui ont eu si

peu de rapports ensemble, dont la langue, la religion, les lois n'ont rien de commun, auraient-elles pu s'accorder sur un pareil point, si elles n'avaient la vérité pour base et la réalité pour appui.

XIII° DES MONUMENTS ET DE LA CIVILISATION CONSIDÉRÉS COMME MESURES DU TEMPS.

La beauté, la grandeur des villes de l'antiquité ainsi que les faits représentés sur certains monuments des premiers temps de l'histoire ayant paru annoncer à l'existence de l'homme une plus haute ancienneté, que celle que nous lui avons attribuée, il paraît nécessaire d'en discuter la valeur.

Les plus anciens monuments qui nous soient connus, sont : la tour de Babel et ceux qui couvrent le sol de l'Égypte et particulièrement les pyramides. L'époque de la construction de ces monuments est évidemment postérieure à celle du déluge, et par conséquent déjà fort éloignée de l'apparition de l'homme. Aussi ceux qui ont le plus reculé le terme de leur construction ne le font pas remonter au-delà de 3,409 ans, tandis que d'après la Genèse, elle ne dépasserait pas 2,642 ou au plus 2,647 années avant les temps actuels. Nous adopterons si l'on veut avec plusieurs écrivains modernes , le premier de ces nombres qui éloigne le plus cette époque, et loin de trouver cette date en contradiction avec les autres faits que nous avons déjà exposés, elle les confirme au contraire pleinement.

Les pyramides d'Égypte doivent être et sont en effet moins anciennes que Moïse ; car si ces monuments dont, suivant l'expression d'un poëte, la masse indestructible a fatigué le temps, avaient existé du temps de ce grand législateur , il en aurait certainement parlé aux Hébreux , qui comme lui sortaient d'Égypte. Sans doute leur grandeur et l'ensemble de leurs proportions colossales frappent l'imagination et même à tel point , que plusieurs étonnés de leurs dimensions gigantesques, ont répété à diverses reprises, que ces monuments annonçaient, ou des hommes de cent pieds ou une antiquité incalculable.

Nous avons déjà répondu à la seconde branche de cette supposition; et nous dirons relativement à la première que tout ce que ces monuments redisent à ceux qui les jugent sans prévention , c'est qu'ils n'ont pu être élevés que par des nations avilies sous l'oppression d'un pouvoir absolu , et des efforts réunis de tout un peuple d'esclaves. Que d'instruction dans ces monuments ! ne révèlent-ils pas à notre pensée sous quel joug honteux gémissaient les hommes qui les ont érigés. Ils sont encore debout, témoignage impérissable des fléaux sans nombre qu'entraîne après lui le despotisme lorsqu'il se laisse guider par une stupide ambition ou un ridicule orgueil.

Aussi dans l'état actuel de notre civilisation moderne, de pareils monuments sont à peu près impossibles, surtout lorsque leur but ne peut être que de flatter l'orgueil et la vanité du souverain qui en exige l'érection. Ils le seraient même dans ces pays où le pouvoir despotique subsiste encore, tant les idées généreuses ont fait de progrès dans l'esprit de tous les hommes, dont le cœur bat et s'enflamme lorsqu'on veut y porter atteinte.

Des monuments, d'une grandeur aussi colossale, auraient même été impossibles sous la domination romaine; les empereurs tout puissants pour lever des milliers de soldats prêts à verser leur sang pour la patrie, auraient été sans pouvoir s'ils avaient exigé des anciens Romains, le sacrifice de leur temps et de leur liberté. Après de pareils faits parlerons-nous de la difficulté que ces peuples auraient éprouvée, pour évaluer avec leurs chiffres, la dépense que de pareilles constructions auraient occasionnée?

Quoi qu'il en soit, les pyramides sont loin d'être les monuments les plus anciens de l'Égypte, elles leur sont même d'après Champollion le jeune, postérieures d'environ mille ans. Les premières ne remonteraient pas, d'après lui, à plus de 3,037 ans avant l'époque actuelle, tandis que les autres monuments, auraient été érigés, il y a déjà 4,037 années.

Ce que nous venons de dire des monuments, nous pouvons l'appliquer à la grandeur et à la splendeur des villes de la haute antiquité. Leur beauté tient également à l'abus du pouvoir absolu, et d'autant plus, qu'à toutes les époques les rois ont été jaloux de rendre le lieu de leur résidence en harmonie avec l'étendue de leur pouvoir et de leur domination.

Enfin on a voulu voir dans le zodiaque de Dendéra une preuve des connaissances astronomiques des anciens Égyptiens, lesquels annonceraient une suite de très longues observations. Mais depuis que ce zodiaque a été soumis à l'examen de nos savants, on a reconnu que sa date était loin d'être certaine et excessivement reculée. On a employé dans ce zodiaque les mêmes figures des constellations zodiacales que celles que nous employons aujourd'hui, seulement avec une distribution toute particulière.

On a cru voir dans cette distribution, une représentation de l'état du ciel au moment où l'on avait dessiné ce monument, et c'est aussi un point auquel on est arrivé. Par là et à l'aide de la méthode dont nous avons déjà donné une idée, on a pu juger que les observations astronomiques des Égyptiens, étaient loin de confirmer la haute antiquité que l'on avait voulu leur attribuer.

Sans doute, si les Égyptiens avaient pu déterminer la longueur de l'année, d'après le lever héliaque de Sirius, ce résultat serait réellement étonnant; mais pour qu'il le fût, il faudrait qu'il eût été déduit d'observations réelles de Sirius; ce qui est à peu près impossible, surtout en Égypte, où l'on ne voit jamais d'étoiles qu'à quelques degrés au-dessus de l'horizon, et que le soleil à son lever et à son coucher, se trouve entièrement déformé.

Si les Égyptiens avaient eu des idées astronomiques aussi exactes que celles qu'on leur a supposées, comment Eudoxe qui avait étudié pendant treize années dans leurs écoles, aurait-il porté en Grèce des cartes du ciel si grossières et si incohérentes dans leurs diverses parties ? Comment la précession n'aurait-elle été connue des Grecs que par Hipparque, si elle eût été consignée dans les registres des Égyptiens et écrite en caractères si manifestes aux plafonds de leurs temples ? comment enfin Ptolomée qui écrivait en Égypte, n'aurait-il pas profité des observations des anciens Égyptiens, et comment n'en aurait-il pas été de même de Thalès et plus tard d'Hérodote?

Les inductions tirées de la haute perfection des connaissances astronomiques des anciens peuples, ne sont donc pas plus concluantes, en faveur de leur antiquité, que les témoignages qu'ils se sont rendus à eux-mêmes. Du reste, quand leurs connaissances auraient été plus avancées, que prouveraient-elles? a-t'on calculé les progrès que peut faire une science chez des peuples qui n'en avaient point d'autres. La sérénité du ciel; les besoins de la vie pastorale ou agricole, les registres des phénomènes particuliers tenus par des colléges d'hommes habiles, l'hérédité des professions, tout a dû y contribuer. Aussi a-t-il suffi que, parmi les hommes dont l'astronomie était la seule occupation, il se fût trouvé deux esprits géométriques, pour découvrir le peu que les nations de l'antiquité ont connu.

Du reste depuis les Chaldéens, la véritable astronomie n'a eu que deux âges ; celui de l'école d'Alexandrie qui a duré environ 400 ans, et le nôtre qui n'a pas été aussi long. A peine l'âge des Arabes y a-t-il ajouté quelque chose. Les autres siècles ont été tout-à-fait nuls pour elle. Il ne s'est pas écoulé trois cents ans entre Copernie et l'auteur de la mécanique céleste ; et l'on voudrait que les Égyptiens ou les Indiens aient eu besoin de milliers d'années pour arriver à leurs informes théories. Un homme de génie suffit seul pour créer une science et la porter à un haut degré de splendeur.

Si cette vérité avait besoin d'être étayée par des exemples, l'histoire nous en fournirait de nombreux et de frappans. Qu'étaient en effet les sciences naturelles avant Aristote ? et que sont-elles devenues pendant les siècles qui se sont écoulés depuis lui, jusqu'à Linné et Buffon ? Qu'était également la médecine, avant Hippocrate ou, pour mieux dire, avant les Hippocrates ? n'est-ce pas eux qui ont fondé cette science sur des bases inébranlables, et qui, en dirigeant les médecins vers l'expérience, leur ont frayé une voie nouvelle dont l'humanité a depuis lors tant profité.

Considérons enfin des temps plus rapprochés de nous, et demandons-nous ce qu'étaient les sciences physiques et mathématiques avant Galilée, Leibnitz et Newton. N'est-ce pas à ces physiciens que sont dues ces méthodes et ces instruments qui nous ont mis en communication avec le monde extérieur ? A leur aide, nous avons pénétré dans l'immensité des cieux, et découvert des mondes tout aussi merveilleux que celui qui est offert immédiatement à nos regards.

N'est-ce pas également à eux que l'esprit humain a dû ces moyens nouveaux d'analyse qui
nous ont fait faire tant de découvertes inatten-
dues et qui en préparent tant pour l'avenir ?
Heureux supplément de l'intelligence humaine ,
l'analyse infinitésimale est un instrument en
quelque sorte rationnel, et qui, au milieu de tous
ces avantages, a celui d'être applicable à tout ce
qui peut être saisi par des nombres. Ce n'est
donc pas sur le temps que nous devons calculer
les progrès des sciences et de la civilisation qui
en est la suite. Le génie crée et perfectionne
tout à la fois ; à sa voix puissante , tout cède et
obéit , et dans un instant , il invente ce que des
siècles n'ont su trouver. Aussi n'est-il pas de
branche des sciences physiques, à l'exception de
celle qui se rapporte à l'histoire des animaux,
qui date de plus d'un siècle ; car nos sciences
modernes n'ont presque rien de commun avec
les ébauches imparfaites que les anciens nous
ont laissées. Aussi par suite de leur influence
puissante , non seulement , il n'est pas sur le
globe d'asyle inexploré, mais nous y avons découvert quatre fois plus de terre que n'en con-
nurent jamais les anciens. Nous a-t-il fallu des
siècles pour produire de pareilles merveilles ? et
voudrait-on y trouver une preuve de l'ancienneté
des nations modernes , comme on l'a fait pour

celles de l'antiquité? Non, sans doute, les faits sont trop près de nous pour le prétendre; mais remarquons que si cet argument ne peut avoir la moindre force relativement à nous, peuples si nouveaux, il ne saurait en avoir davantage pour les peuples anciens.

On peut donc circonscrire les progrès de la civilisation ancienne et moderne dans l'espace de temps qui s'est écoulé depuis l'apparition de l'homme que nous avons fixée, en terme moyen, à 7,067 ans avant les temps actuels. Ainsi, entre l'aurore de l'histoire grecque et le déluge, il se serait écoulé un intervalle de 3,500 ans au moins, ou au plus de 4,864 ans. Or, cet intervalle est plus que suffisant pour avoir amené les peuples de l'antiquité au point de civilisation où nous les représente l'histoire. En effet, les Égyptiens, les Indiens et les Chinois, vivant dans un climat doux et dans un pays fertile, sous le despotisme ou sous la théocratie, ont bien pu arriver, il y a environ trois mille ans, à cet état de civilisation où le pouvoir souverain crée de grands monuments, et où le luxe nourrit et développe les arts, propres à le perpétuer.

C'est à cet état où les Indiens et les Chinois se sont arrêtés et où serait encore l'Égypte, si cette belle contrée n'avait été subjuguée et colonisée par des nations d'une autre trempe d'esprit.

Quant à la civilisation des Grecs, son commencement ne date guère de plus de quinze siècles avant l'ère chrétienne. En effet, Homère n'a fleuri que 900 ans avant cette époque, et Hérodote, qui lui a été bien postérieur, que de 464 ans avant la même époque. Cette carrière de quinze siècles est du reste bien suffisante pour expliquer toutes les merveilles de la civilisation des Grecs. Ce temps semble surtout suffisant lorsque l'on considère les immenses progrès que la civilisation moderne a faits depuis la renaissance des lettres, époque si glorieuse pour l'esprit humain qui, jusqu'alors, plongé dans les langes de l'ignorance, s'est réveillé tout-à-coup et a produit les plus belles découvertes des temps modernes.

Le cercle de chronologie biblique, qui parait si étroit aux faiseurs de systèmes, est encore assez vaste pour les historiens. On peut y faire entrer non seulement toute la Grèce historique et héroïque, mais encore ces grands empires d'Orient, dont les lourds et immenses monuments ont exigé des siècles pour s'achever. On peut également y faire entrer la civilisation des Indiens et des Chinois, ainsi que les antiques migrations des Celtes et des Scandinaves, dont Suhm, le Varron des Danois, a si judicieusement déterminé les époques.

La véritable philosophie de l'histoire rejette

donc sans embarras ; comme sans regrets, tous ces millions de siècles dont elle n'a que faire. Elle doit d'autant plus les rejeter, que la nature nous tient partout le même langage, que les monuments et les traditions historiques, relativement à la nouveauté de l'homme sur cette terre dont il est devenu le maitre et le dominateur par son intelligence aussi bien que par ses travaux.

XIV° LES MODIFICATIONS QUE L'ESPÈCE HUMAINE A ÉPROUVÉES, ANNONCENT-ELLES UNE HAUTE ANTIQUITÉ ?

L'espèce humaine, par suite des causes diverses dont elle a subi l'action, a éprouvé de nombreuses et importantes modifications dans ses formes extérieures. On a donné le nom de races aux variétés principales qui en ont été le résultat ; certains observateurs ont plus fait encore, ils ont considéré ces races comme autant d'espèces. A leurs yeux, le genre humain n'est point simple, c'est-à-dire, formé d'une seule espèce ; mais il est, au contraire, multiple, étant constitué par plusieurs espèces distinctes. Ceux qui ont adopté cette dernière opinion ont supposé que s'il n'y avait eu dans le principe qu'une seule espèce d'homme, il fallait que des circonstances agissant depuis des temps bien longs, eussent produit ou fait naitre les différentes races qui existent aujourd'hui.

Examinons donc la question de l'unité ou de la multiplicité du genre humain sous ces différents rapports, et voyons ce que les faits nous apprendront.

Le premier point que nous ayons à étudier est de savoir ce que l'on doit entendre par espèce et par variété; car avant tout, il semble que pour décider s'il y a ou non plusieurs espèces d'hommes, il faut bien définir ce qui doit être compris sous cette dernière dénomination. Il est trop évident que les différences, quelque grandes qu'elles soient, qui se montrent chez les espèces sans en altérer le type d'une manière essentielle, conservant constamment le caractère qui les distingue, ne peuvent être considérées que comme des variétés. Seulement il y aura à distinguer entre elles, d'après la permanence de leurs caractéres, les variétés du premier ordre ou fondamentales, des variétés du second ordre ou passagères.

Voyons donc d'abord ce que l'on doit entendre par espèce; car ce premier point de départ est essentiel à fixer, pour reconnaître si le genre humain est réellement simple, ainsi que parait nous l'apprendre l'ensemble des faits.

La génération, quel qu'en soit le mode ou de quelque manière qu'elle s'exerce, semble être le type de l'espèce; en sorte que tous les individus qui peuvent se reproduire et se perpétuer indéfiniment les uns avec les autres, sont d'une seule et même espèce. Les différences qui les distinguent, quelque grandes qu'elles puissent être, ne seraient en définitive, que des variétés, puisqu'elles dériveraient de la même souche. Si ces faits sont exacts, ce qui est incontestable, il s'ensuit, que par le mot *espèce*, on doit comprendre tous les individus qui descendent les uns des autres et qui se ressemblent entr'eux, autant que se ressemblaient les parents dont ils sont provenus.

Or, maintenant, toute la question se réduit à savoir si les races humaines peuvent se reproduire les unes avec les autres, et cela d'une manière indéfinie. Ici l'expérience nous répond que les plus abâtardies donnent des individus féconds, réunies avec les races les plus'parfaites. Cette expérience que nous invoquons n'est point fondée, comme on pourrait le croire, sur quelques faits isolés, mais bien sur l'ensemble et l'universalité des faits confirmés par l'observation de tous les jours.

Il n'y aurait donc qu'une seule espèce d'homme, si notre définition est exacte. Mais on oppose que la génération en est si peu le type, que plusieurs espèces, reconnues comme différentes, donnent par leur accouplement des individus féconds, et que chez d'autres, un seul accouplement suffit à plusieurs générations.

L'homme est à la vérité, parvenu par suite de son influence sur les animaux, à faire accoupler plusieurs espèces différentes. Ces accouplements, qui n'ont jamais lieu dans les espèces livrées à elles-mêmes, donnent souvent des produits qui tiennent plus ou moins de la forme des parents, quelquefois même, ils tiennent le milieu entre le père et la mère dont ils proviennent. On a donné, probablement à raison de cette circonstance, le nom de *métis* ou de *mulet*, à ces produits de deux races différentes.

L'homme seul a le pouvoir de forcer les espèces à se soumettre à de pareils réunions, et encore pour les y contraindre, il faut qu'elles se trouvent sous l'empire de certaines conditions. Ainsi un des deux sexes au moins doit être en état de domesticité. Si toutefois la domesticité n'est pas une condition absolue sans laquelle deux espèces différentes ne peuvent s'accoupler, il est pourtant nécessaire que toutes deux soient privées de leur liberté.

Les produits forcés, de ces accouplements contre nature, sont si peu dans leur état normal qu'ils sont presque généralement stériles et inféconds. Lorsqu'ils sont aptes à la génération, ce qui, du reste, est fort rare, ce pouvoir s'arrête à la troisième ou au plus à la quatrième génération. Il est donc certain que les métis, résultant de l'association de deux espèces différentes , ne possèdent pas cette faculté génératrice dont jouissent seules les véritables espèces; dès-lors ils n'altèrent en rien le type qui constitue celle-ci, puisque ces métis ne sont pas durables , ne pouvant se propager eux-mêmes.

Quant à l'objection tirée de ce qu'un seul accouplement suffirait quelquefois à plusieurs générations, elle ne paraît pas avoir une grande valeur pour faire changer la définition de l'espèce; en effet, cette particularité que présentent quelques pucerons ne modifie pas les espèces où elle a lieu; elle tend uniquement à en assurer la durée. Ce mode est donc le plus parfait, car avant tout, la conservation et la perpétuité de l'espèce sont le point le plus important de l'économie vivante.

Ces arguments ainsi écartés , il s'agit de savoir comment, s'il n'y a qu'une seule espèce d'hommes , cette espèce unique a pu produire un si grand nombre de races particulières.

Pour faire concevoir, autant qu'il est possible, comment ces diverses races ont été formées, examinons ce qui s'est passé chez les animaux dont nous pouvons suivre chaque jour les variations. En effet, nous produisons chaque jour de nouvelles races dans les animaux, en les transportant avec nous dans les climats les plus divers,

en leur distribuant la nourriture à notre gré,
enfin en les forçant à se croiser de mille ma-
niéres différentes. À l'aide de toutes ces influences, nous tendons sans cesse à détruire ce type
immuable des espèces auquel elles reviennent;
pour ainsi dire, instantanément dès que, libres
du joug de l'homme, elles retournent à la vie
indépendante.

Aussi les variations des animaux sont plus considérables et plus nombreuses que celles que
nous présente l'espéce humaine. Pour nous en
assurer, il suffira sans doute de comparer, sous
le rapport de leurs variations, l'homme avec l'a-
nimal dont il a le plus fait la conquête, le chien.

Ce dernier varie singulièrement par l'effet de
notre influence, soit dans son instinct, soit dans
son naturel, soit même dans son intrépidité. Il
varie beaucoup également dans ses qualités physiques; par exemple, dans sa taille, il varie
comme un à cinq dans les dimensions linéaires,
ce qui fait plus du centuple de la masse.

Cette différence est bien plus grande que celle
que l'homme présente, dans les mêmes dimensions. En effet, les Lapons, les Esquimaux et les
Boschimans n'ont guére moins de 4 pieds et les
Patagons n'arrivent jamais au-delà de 6 pieds.
Ainsi la plus grande diversité dans la taille de
l'homme resterait dans le rapport d'un à un et

demi ; par conséquent, elle serait de trois fois et demi moins considérable que dans le chien. Enfin la masse du corps, comparée dans les diverses races, resterait, à peu de chose près, dans les plus dissemblables : : 1 : 4 1/2.

Si nous comparons enfin les mêmes dimensions chez les nains et les géants, que nous ne saurions regarder comme dans l'état normal, nous trouverons encore que les extrèmes de leurs différences sont moindres que celles des races des chiens. Ainsi, la hauteur des plus petits nains est à celle des plus grands géants presque exactement : : 1 : 4, et, en les supposant bien proportionnés, la masse du corps des premiers est à celle des seconds : : 1 : 64.

Les chiens varient en outre beaucoup dans leurs autres caractères ; la forme de leurs oreilles, de leur nez, de leur queue, ainsi que la hauteur relative de leurs jambes éprouvent de nombreuses et importantes variations. Il en est de même de la couleur et de l'abondance de leurs poils, qu'ils perdent quelquefois entièrement. Le développement progressif du cerveau, d'où résulte la forme même de leur tête, tantôt grêle, à museau effilé, à front plat, tantôt à museau court, à front bombé, éprouve aussi de grandes différences qui ne sont pas sans quelque influence sur l'instinct [de ces animaux.

Par suite de ces variations, les différences apparentes d'un mâtin et d'un doguin sont plus fortes que celles que l'on reconnaît entre les espèces sauvages d'un même genre naturel. Enfin, certaines races de chiens offrent un doigt de plus aux pieds de derrière, avec les os du tarse correspondant, à peu près comme dans l'espèce humaine, nous voyons des familles sex-digitaires. Ce développement d'un sixième doigt est, du reste, le maximum de variation, connu jusqu'à ce jour dans le règne animal.

Il n'est pas moins constant que toutes ces variations, qui ont produit des races si diverses, dérivent cependant toutes d'une seule et même souche. A la vérité, on s'est demandé long-temps où était cette souche primitive du chien de laquelle sont provenues nos races domestiques. D'après M. Hogdson, cette race, de laquelle seraient sortis nos chiens domestiques, se trouverait dans le Népaul, où elle est connue sous le nom de Buansu.

Les caractéres de ce type fondamental seraient, du reste, les mêmes que ceux de nos chiens et il en aurait toutes les habitudes. Nous n'avons donc plus à nous demander si nos chiens de berger ou le chacal sont ou non la souche de nos chiens domestiques. Cette souche se trouve dans les anciennes contrées de l'Asie, berceau du genre humain, là où l'homme a fait ses premiers pas vers cette civilisation à laquelle il a été poussé comme par une puissance irrésistible.

Si donc les animaux que l'homme a le plus rapprochés de lui ont éprouvé des variations plus grandes et plus nombreuses que l'espèce humaine, nous pouvons ainsi concevoir plus facilement celles que nous avons nous-mêmes éprouvées. Du reste, on conçoit qu'ici, on ne peut pas supposer qu'elles ont été produites par l'influence du temps; car toutes ces races sont naturellement de beaucoup postérieures à notre existence. Aussi voyons-nous les espèces sauvages rester immuables dans leurs formes, quelques divers que soient les pays qu'elles habitent. Au milieu des nombreux exemples que nous pourrions citer, il nous suffira de rappeler celui que nous fournissent le loup et le renard qui s'étendent depuis la zone torride, jusqu'à la zone glaciale, et n'éprouvent pourtant dans cet immense intervalle, qu'un peu plus, ou un peu moins de beauté dans leur fourrure.

Enfin, voyons si nous ne pourrons pas nous rendre compte, comment d'une seule espèce d'homme, ont pu provenir ces races nombreuses, dont certaines rappellent si peu le type primitif dont elles sont cependant sorties. On peut remarquer en premier lieu que les variations de l'espèce humaine devraient être plus étendues et plus nombreuses que celles que l'on observe chez les animaux, et pourtant, il en est tout le contraire. Cependant l'homme présente de plus que les animaux un instrument perfectible, c'est celui de son intelligence. En faisant d'immenses progrès chez certains peuples, cette intelligence a du entraîner dans son mouvement, les formes extérieures qui l'expriment. Cette cause étant éminemment variable, les caractères des différentes races ne peuvent être par cela même permanents, ce que prouve du reste l'observation directe de l'homme.

Le principe de ces modifications est donc dans cet agent supérieur aux climats, ou dans l'organe matériel de l'intelligence qui plus ou moins développé a produit par suite de son influence de nombreuses variations dans l'espèce humaine; ces variations en se perpétuant ont produit à leur tour les diverses races qui en font partie. Le système nerveux encéphalique différent pour chaque peuple a ainsi gouverné les formes extérieures, en même temps qu'il a présidé à la répartition des forces vitales, dont l'intervention a enfin modifié les effets des agents extérieurs.

Le travail intellectuel doit avoir nécessairement pour résultat de faire de la tête un centre de fluxion, et d'y faire prédominer l'énergie vitale.

L'effet d'un pareil phénomène est de donner à la portion de la tête où il se passe, un plus grand développement, et d'attribuer aussi au système pileux une plus grande activité, activité qui coïncide avec la plus grande complication du cuir chevelu.

Tels sont les effets qui ont eu lieu chez la race blanche, qui, plus parfaite au moral, que toutes les autres, ne l'est pas moins au physique. Tel est celui qui s'effectuera également par le perfectionnement de l'intelligence, chez toutes les races humaines, même chez la plus dégradée de toutes, la race nègre.

Le fait seul d'un travail intellectuel prolongé en amenant un surcroît de sang vers la tête, aura nécessairement pour effet d'alonger et d'amollir cette laine grossière et rabougrie qui manquait d'aliment. Comment pourrait-il en être autrement, puisqu'il y a identité entre le pigmentum sous-épidermique et la matière des poils. Ainsi le développement de la chevelure ne saurait avoir lieu qu'aux dépens de la couleur noire; en effet à mesure que les cheveux s'alongent, nous observons en même temps une coloration moins foncée, un angle facial de plus en plus rapproché de l'angle droit, signe évident d'un plus grand degré d'intelligence.

Ce que nous venons de dire de la race nègre,

s'effectuera également chez toute autre race et par exemple chez la race mongole, par l'influence des progrès de la civilisation. Ici, comme ailleurs, nous verrons les formes du crâne, suivre les variations du système nerveux encéphalique. Les pommettes cesseront d'être proéminentes, lorsque les lobes antérieurs du cerveau élargiront le front. Le visage cessera aussi dès ce moment d'être coupé en losange et les yeux regarderont directement en avant.

La prééminence des plus nobles instincts fera également disparaître la saillie du menton et la grandeur de la bouche. Les cheveux puisant dans les matériaux plus ou moins abondants qu'amène l'activité cérébrale, deviendront fins et moëlleux, et la barbe ornera le visage siége des mouvements expressifs. Enfin recevant par contre-coup, la loi du système nerveux, la coloration de la peau disparaîtra de plus en plus, et le sens du toucher deviendra plus parfait.

Si ces effets se continuent, et si les progrès de l'intelligence s'étendent de plus en plus, on verra ces races à teint coloré, à cheveux crépus ou laineux ou à cheveux courts, tendre d'une manière manifeste vers la race blanche, celle dont l'angle facial est le plus rapproché de l'angle droit, où les cheveux sont les plus longs, et la peau la moins colorée.

Le développement du système nerveux encéphalique instrument de l'âme dans les opérations intellectuelles , suffit donc pour produire le passage d'une race à une autre ; car tous les caractères spécifiques gravitent autour de ce premier système et en suivent les mouvements. Il est facile de concevoir, quelle instabilité existe dans ce développement, et dès-lors combien doivent être nombreuses les variations qui en sont la suite. Il ne faut donc pas s'étonner, d'observer un si grand nombre de races dans l'espèce humaine, et de reconnaître le peu de permanence de leurs caractères. On doit d'autant moins en être surpris, qu'à l'influence du système nerveux, vient s'ajouter une foule d'autres causes, dont l'action est aussi sensible sur l'espèce humaine , qu'elle l'est sur les animaux.

Sans vouloir entrer dans l'examen de ces différentes causes, il nous suffira de rappeler l'influence du croisement des hommes, qui ont éprouvé en sens contraire les effets de la civilisation, celle qui résulte de la diversité des climats, des milieux et de la pression barométrique qu'ils supportent , sans même y comprendre, si l'on veut , celle de la nourriture. Toutes ces causes agissant d'une manière constante et par cela même efficace sur les hommes , qui y sont soumis , ont dû produire à la longue les grandes variétés que l'on y observe ; de la même manière que, par suite de notre influence, les animaux ont éprouvé les grandes et notables modifications, qui y ont constitué des races diverses et nombreuses.

Si donc l'exercice d'un organe en accroît le développement, une cause contraire ne peut que le diminuer, et finir même par en annihiler l'influence, si sa cessation dure long temps. L'instabilité des races en est donc un fait nécessaire ; aussi peut-on la reconnaître, en observant les peuples qui ont abandonné la civilisation, comme en étudiant ceux qui ont fait tous leurs efforts, pour en accélérer les progrès. Cette vérité est loin d'être une pure théorie, comme on pourrait peut-être le supposer. Car la terre avec ses nombreux habitants est là pour justifier l'exactitude de ces aperçus.

Si cependant il était nécessaire de citer des exemples de l'influence de cette marche rétrograde dans le chemin de la civilisation, nous pourrions en signaler un bien frappant, c'est celui que nous offre la race Finnoise, qui paraît se rapporter à la race blanche ou caucasienne. La taille des Lapons et des Groënlandais qui en font partie est plutôt petite que grande ; leur corps est grêle, et leur front étroit comme dans toutes les races dont l'intelligence est peu avancée. Leurs cheveux sont courts, leurs pommettes saillantes, et leur teint d'un brun sale.

L'abondante chevelure de la race blanche a disparu ici, avec l'activité cérébrale. Les poils et à leur défaut, le pigmentum ont dû se montrer sur le reste du corps, en sorte que la peau est devenue plus colorée et les cheveux plus courts qu'ils ne l'étaient primitivement.

Tous ces effets ne résultent-ils pas d'une manière nécessaire de l'affaiblissement de la civilisation des peuples qui ont ainsi perdu la beauté de leur type primitif. Il ne faut donc pas assigner un berceau différent aux diverses races humaines, et s'appuyer à cet égard sur l'incompatibilité de leurs caractères ; car toutes se fondent les unes dans les autres, parce qu'elles proviennent d'une même source. Il ne nous a pas été donné, il est vrai, de suivre pas à pas de pareilles métamorphoses. Les historiens arrivent, lorsque le genre humain est déjà bien loin de son départ, les consulter sur ces temps éloignés ; c'est en quelque sorte demander à l'homme mûr l'histoire de son enfance.

Après les faits que nous venons de rapporter, qui oserait dire que les hommes de couleur, dont la civilisation fait tous les jours de nouveaux progrès, ne remonteront pas au point où nous sommes parvenus maintenant. Par l'effet du développement du système nerveux encéphalique,

nous verrons la coloration de leur peau s'affai-
blir par degrés, et en même temps leurs cheveux
s'alonger et leur angle facial devenir beaucoup
plus ouvert.

Ainsi ces peuples, qui déjà se sont réunis sous
une forme de gouvernement régulier, et se sont
créé une civilisation, n'auront bientôt plus rien
de ces nègres, dont ils tirent leur origine. Bien
différents de leurs ancêtres, qui n'ont pas su se
faire une écriture, ni construire le moindre
monument, ni enfin avoir une histoire propre à
les éclairer sur leur origine et leur destinée, ces
peuples transplantés dans un monde nouveau, y
prendront par suite des progrès de leur civilisation, des formes nouvelles, fruits heureux de
cette même civilisation, dont leur perfectionnement physique, ne sera pas un des moindres
bienfaits.

Ainsi, comme semble l'avoir démontré
M. Georges Gaidan, les traits du visage de
l'homme et son angle facial sont subordonnés à
son état intellectuel; cet état gouverne également
la coloration de la peau d'une manière indirecte
par l'influence qu'il exerce sur la distribution
du système pileux. Aussi voyons-nous dans
chaque race, l'ensemble des caractères spécifiques être toujours en harmonie avec l'état de
leur civilisation.

C'est donc à tort que MM. Desmoulin et Bory de Saint Vincent, ont supposé l'un, qu'il existait seize espèces dans le genre humain et l'autre seulement quinze de ces espèces, lesquelles ils ont fait sortir isolément des racines des principales montagnes du globe. Du moins les faits physiques aussi bien que les faits historiques s'opposent à l'admission d'une pareille supposition ; car s'il est un point démontré, c'est que l'homme, bien différent en cela des animaux, n'a pas été placé simultanément sur la terre sur plusieurs points particuliers, mais bien sur un seul, duquel il a irradié pour peupler successivement la totalité du globe, dont ses descendants devaient plus tard, embrasser l'ensemble. L'Asie semble avoir été cette partie primitive, et le premier berceau du genre humain. Du moins cette contrée, une des principales parties du plus ancien des continents, offre-t-elle à la fois les plateaux et les pics les plus élevés qu'il y ait sur la surface de la terre. D'un autre côté le soulèvement des chaines centrales de l'Asie, a eu lieu avant la dispersion des dépôts diluviens, et par conséquent bien avant l'apparition de l'homme. En effet les faits géologiques annoncent que la haute chaîne de l'Himalaya qui constitue le plateau central de l'Asie, est du même âge que le Mont-Blanc, c'est à dire qu'elle

a été soulevée, lors de la précipitation des dernières couches tertiaires. Cette chaine existait
donc dans sa forme actuelle, lors de cette époque ;
bien différente en cela de la Cordilière des Andes, dont le soulévement tout nouveau paraît
avoir été postérieur ou tout au moins contemporain de la dispersion du *Diluvium*.

Peut-être le nouveau monde doit-il à cette
circonstance d'avoir été peuplé si tard, du moins
la race américaine qui l'habite semble provenir
du mélange de la race circassienne et de la race
mongole, d'après les observations de M. de Humboldt. Elle serait donc beaucoup plus jeune que
les deux races qui l'ont formée par leur association ; aussi les traditions et les monuments des
peuples de l'Amérique sont-ils loin de remonter
fort haut.

D'après le célèbre observateur que nous venons de citer, les monuments des Péruviens ne
seraient pas antérieurs à l'ère vulgaire, et quant
à ceux des Mexicains, quoique plus anciens, ils
ne remonteraient pas à plus de cinq ou de six siècles avant la même époque.

Tous les faits s'accordent donc pour annoncer
que les vastes plateaux de l'Asie centrale, ont
été soulevés au-dessus des eaux, bien avant une
grande partie des terres de l'ancien continent.
Peut-être ces plateaux ont-ils dû en partie à

cette cause leur grande élévation, et en même temps, ces nombreuses mers intérieures, qui relaissées des anciennes mers, sont aujourd'hui le trait le plus frappant et le moins effacé de leur retraite.

Quoi qu'il en soit, le centre de l'Asie paraît être le point du globe le plus favorable à la facile dispersion du genre humain ; c'est aussi de ce point que l'homme semble s'être répandu sur la terre par irradiation. Cette marche que nous venons de tracer à la population n'a du reste rien d'arbitraire. Elle est au contraire fondée sur les monuments et sur l'histoire qui lui donnent le plus de certitude. Les plus anciens monuments et les premières traditions historiques n'ont-ils pas été élevés, ou ne se rapportent-ils pas à cette partie de l'ancien continent, où l'homme a essayé ses premiers pas, et a vu de loin cette aurore de civilisation qui devait être pour ses descendants une source toujours nouvelle de bonheur et de prospérité.

En résumé, soit que l'on étudie les différentes causes dont l'action modifie la surface du globe, afin de fixer l'époque à laquelle elles ont commencé d'agir ; soit que l'on considère les progrès de la civilisation chez les diverses nations qui tour à tour se sont succédées sur cette terre ; soit que l'on apprécie les différentes variations que l'espèce humaine a éprouvées, on arrive toujours à la même conséquence. Toutes ces causes aussi bien que leurs effets nous représentent l'homme comme fort nouveau sur cette terre, patrie fugitive de notre espèce, qui dans les désirs de son intelligence, aspire sans cesse à une patrie plus durable que celle qui lui a été donnée pour quelques instants.

Ainsi se trouve justifiée la date que nous avons fixée à l'apparition de l'homme et les conséquences qui s'en déduisent ; car cette date suffit pour expliquer les progrès que la civilisation a faits, depuis lors, comme tous les effets physiques qui se sont opérés sur la terre, depuis que les causes actuelles ont exercé leur action dans l'intensité et la mesure que nous leur voyons maintenant.

Cependant plusieurs peuples anciens ont voulu reculer singulièrement leur origine et contredire ainsi la nouveauté de l'apparition de l'homme sur la terre, et la marche des événements qui ont coïncidé avec cette apparition. Mais lorsqu'on examine avec attention ces traditions, qu'ils se sont plu à forger, on n'est pas long-temps à s'apercevoir qu'elles n'ont rien d'historique. On est bientôt convaincu, en discutant les preuves sur lesquelles ils ont cherché à appuyer ces traditions, qu'elles n'ont rien de réel, et qu'au contraire la véritable histoire et tout ce qu'elle nous a conservé de documents positifs sur les premiers établissements des nations, confirment ce que les monuments naturels qui ne sauraient nous tromper, nous apprennent et nous certifient.

Si cependant tant de voix se sont élevées pour repousser une conséquence aussi juste, nous ne devons pas nous en étonner. Le plus grand nombre des observateurs ont ignoré toutes les données du problême qu'ils se sont proposé de résoudre, en sorte que tout en raisonnant juste relativement à leurs connaissances, ils se sont pourtant égarés, lorsqu'ils ont voulu en donner la solution. Les termes de leur équation ne représentaient donc pas toute la valeur de l'inconnue.

Telle est aussi la cause des nombreuses variations de l'esprit humain. Chaque siècle ajoute un terme à l'équation que nous cherchons à résoudre, et la valeur de l'inconnue change sans cesse. Ainsi s'accroît d'une manière constante l'édifice majestueux de la science ; mais à cause de l'immensité des objets sur lesquels la science porte ses regards, il ne peut être donné à l'homme d'achever ce monument, nouvelle preuve de son impuissance, et cependant de sa perfectibilité.

NOTE ADDITIONNELLE

SUR

LES SINGES FOSSILES

ET SUR LES CONSÉQUENCES QUE L'ON PEUT DÉDUIRE DE LA
PRÉSENCE DE TANT DE DÉBRIS D'ÊTRES ORGANISÉS ENSE-
VELIS DANS LES ENTRAILLES DE LA TERRE.

Depuis la découverte remarquable faite par
M. Lartet de singes fossiles dans les terrains
tertiaires de Sansan près d'Auch (Gers), singes
qui auraient appartenu à une espèce qui a plus
de rapport avec les Gibbons limités aux parties
les plus reculées de l'Asie qu'avec toute autre
actuellement vivante, il paraît que ce genre
d'animaux a été également observé ailleurs. En
effet, d'après un recueil anglais, MM. Cautley et
Falconner, auxquels nous devons déjà tant de
découvertes importantes, auraient trouvé dans
le riche dépôt d'ossemens fossiles des sous-hy-
malayas une mâchoire de singe qu'ils ont rap-
portée à un cynocéphale. Ce fait est d'autant plus
remarquable, que toutes les espèces de ce groupe
n'ont été rencontrées jusqu'à présent qu'en

Afrique ; à la vérité on assure qu'une espèce de cynocéphale le *Simia Hamadryas* vit actuellement en Perse, en sorte que ce groupe aurait des représentants en Asie, soit vivants, soit fossiles.

Du reste, la France n'offre pas de singes vivants, et cependant il est maintenant incontestable que notre patrie en renferme de fossiles. Il n'est pas moins évident qu'aucune des espèces de singes qui font partie de nos collections actuelles, n'offrent les caractères spécifiques de l'espèce découverte par M. Lartet, en sorte que cette dernière n'a aucun rapport avec celles de notre création actuelle. Aussi ce singe paraît former une petite section particulière, à moins qu'on ne puisse le rapprocher des Colobes qui dans l'Afrique méridionale semblent représenter les Semnopithèques de l'Inde, et avec lesquels M. de Blainville n'a pu comparer le système dentaire de l'espèce fossile.

Ainsi, en résumé, la mâchoire inférieure découverte à Sansan a appartenu à un quadrumane, à un singe de l'ancien continent, et à un singe élevé dans la Série, puisque les incisives sont égales en largeur, qu'elles sont presque verticales, que les canines sont courtes, verticales et devaient se croiser sans s'outre-passer. On arrive également à la même conclusion, en faisant attention, que la première fausse molaire n'est

nullement inclinée en arrière par la pression de
la canine supérieure, et qu'elle est au contraire
tout-à-fait verticale comme dans l'homme; et
enfin à ce que les molaires ont leur couronne
armée de tubercules mousses, disposés par
paires obliques.

Or, comme les Gibbons sont certainement le
groupe de singes qui doivent suivre immédiatement les orangs, s'ils n'appartiennent pas au
même sous-genre, le rapprochement que M. Lartet
avait fait de l'espèce fossile du groupe des Gibbons, est donc bien près de la vérité.

Il n'en est pas tout-à-fait ainsi des autres rap-
prochements faits par le même observateur. Il
avait rapporté une dent molaire assez complète,
à un singe de la famille des Sapajous aujourd'hui
limitée à l'Amérique méridionale, et par suite
il avait admis l'existence ancienne dans nos pays,
d'une espèce de singe de cette famille. Mais quoique cette dent, par ses proportions et sa forme
générale, cadre assez bien avec celle de ces animaux, sa ressemblance n'a pas paru assez frap-
pante à M. de Blainville pour admettre le rapprochement supposé. Elle paraitrait même à cet habile zoologiste, avoir plus de rapport avec l'une
des arrières molaires tuberculeuses qui arment
l'une et l'autre mâchoire dans les espèces du genre
Ursus de Linné, qui passent aux carnassiers et

dont les canines sont en général comprimées et plus ou moins striées longitudinalement. Le genre *Arctitis* des zoologistes modernes a par exemple la dernière molaire supérieure armée de quatre tubercules fort surbaissés ; mais son talon beaucoup plus prononcé que dans l'espèce fossile empêche toute idée de rapprochement entre les deux dents. Il existe donc encore une grande incertitude sur l'espèce à laquelle on doit rapporter la molaire fossile découverte par M. Lartet, et l'on doit espérer que les recherches auxquelles se livre cet excellent observateur, permettront de la lever.

Quant aux makis ou quadrumanes de Madagascar, que M. Lartet croyait, d'après un bout de mâchoire, avoir découvert à Sansan, il paraîtrait d'après M. de Blainville, que pour déterminer cette mâchoire, il faudrait choisir entre les insectivores qui ont parfois dans la disposition des dents de leur mâchoire inférieure quelque chose d'analogue ou les cochons. Pour lui il se déciderait plutôt à rapprocher ce fragment de mâchoire, d'une espèce du genre cochon, ou peut-être mieux encore d'un genre voisin. Du reste, M. de Blainville, pour donner du poids à son opinion, fait observer que le dépôt d'ossements de Sansan offre des restes fossiles de ce genre de pachydermes et entr'autres

des phalanges et des molaires sur la détermination desquelles on ne peut pas se tromper.

Ainsi les seuls doutes qui se sont élevés sur les
découvertes de M. Lartet, ne tiennent nullement
à l'existence en France, de singe à l'état fossile ;
il a paru seulement difficile d'admettre ce fait
extraordinaire de fossiles d'animaux, aussi rigoureusement limités dans leurs circonscriptions
géographiques que les singes, les sapajous, les
makis, trouvés à la fois, dans les mêmes lieux
et dans les mêmes circonstances géologiques sans
des preuves positives. Faute de ces preuves, il
n'en reste pas moins que la découverte d'ossements fossiles ayant appartenu à un singe et à
une espèce qui a plus de rapports avec les Gibbons limités aux parties les plus reculées de l'Asie,
qu'avec toute autre espèce vivante, est une des découvertes les plus heureuses et les plus inatten-
dues que l'on ait faites dans ces derniers temps.

Peut-être a-t-elle provoqué les recherches de
MM. Cautley et Falconner qui paraissent avoir
également découvert un fait du même genre, au
milieu du riche dépôt d'ossements des sous-hi-
malayas. Du reste, s'il existe quelque part, non
dans les couches des terrains tertiaires, mais
dans les dépôts stratifiés des formations quaternaires des ossements humains, il est probable
que c'est au pied de la chaîne de l'Himalaya, ou

du moins en Asie que l'on en découvrira, dans les formations géologiques les plus récentes. Du moins nous n'en avons encore rencontré qu'au milieu du diluvium, le dernier des dépôts qui s'est opéré dans les temps géologiques, et qui, par suite des causes qui l'ont produit, ne se présente jamais en couches distinctes et régulières.

En observant ce grand nombre de débris organisés que chaque jour on retire de l'intérieur des couches terrestres, on se demandera peut-être si de pareils événements se reproduiront encore sur la surface du globe, et si tel peut être l'avenir physique du globe qui nous a été donné pour séjour.

Pour concevoir et apprécier l'avenir physique de la terre, il faut, ce semble, étudier les conditions primitives qui lui ont été assignées et porter ensuite ses regards sur ses conditions actuelles. Étudions donc ces deux principaux états de la terre, afin de nous faire une idée de son état futur et prévoir les conditions qui se succéderont sur ce globe soumis à tant de vicissitudes.

La terre n'a pas été, à toutes ses phases, constituée telle qu'elle est maintenant. Sa forme sphéroïdale, aplatie vers les pôles et renflée à l'équateur, sa densité croissante de la circonférence au centre, les couches terrestres disposées à peu près dans l'ordre des fusibilités, annoncent assez qu'elle a dû être primitivement dans un état complet de fluidité; car la condition nécessaire de tout corps fluide tournant sur lui-même avec une grande vélocité, est d'être renflé à son équateur et aplati à ses pôles. On peut même supposer, ce fait étant général pour toutes les planètes de notre système solaire, que cette grande loi de la nature a lieu également pour les autres mondes placés hors de ce grand système. Cette fluidité n'a pu être produite par l'effet d'un liquide, quelque actif et quelque énergique qu'on le suppose; car l'eau forme à peine la cinquante millième partie de la masse totale de la terre. Ainsi, en supposant à la portion fluide une température extrêmement élevée, elle serait encore tout-à-fait impuissante pour opérer une pareille dissolution, puisqu'aucun liquide ne peut dissoudre une quantité de matière solide de beaucoup supérieure à son poids.

Pour expliquer la fluidité primitive du globe, il faut avoir recours à l'action de la chaleur ou du feu. La terre aurait donc eu dans le principe des choses, une chaleur excessive et, par conséquent, elle posséderait une température propre, indépendante de celle qui lui est continuellement fournie par les rayons solaires.

L'expérience confirme à cet égard nos théories. En effet, l'accroissement de la température se manifeste à mesure que l'on s'enfonce dans les entrailles de la terre, au-delà du terme où les effets de la chaleur solaire se font ressentir. La température, au lieu de s'abaisser, comme on aurait pu le supposer, augmente et s'accroît, dans des rapports qui ne sont presque jamais moindres de 1° par 30 ou 40 mètres.

Ainsi, soit que l'on détermine la température des mines les plus profondes, soit que l'on plonge des thermomètres dans les eaux souterraines, ou dans celles qui jaillissent des puits artésiens, partout on arrive au même résultat, c'est-à-dire, que partout elle se montre supérieure à la chaleur moyenne du lieu où de pareilles expériences sont tentées.

Comment ne pas admettre dès lors avec Buffon, que ces phénomènes dépendent d'un feu central ou d'une source principale et unique de chaleur, dont l'accroissement est si rapide, que l'incendie du noyau terrestre ne peut être loin de nous.

L'incandescence primitive de la terre qui en a fait une masse entièrement liquide est donc un point acquis dans la constitution de notre planète, et nous devons nous représenter le globe aux premières époques de sa formation, comme une masse énorme entièrement liquéfiée par le feu.

Tel a été l'état primitif de la terre, jusqu'à l'époque où les lois de l'équilibre de la chaleur ont rendu habitables ces régions incandescentes, et cela, par suite de la succession des temps; car, dans l'univers, le temps n'est jamais plus compté que l'espace.

On se demandera, peut-être, ce qu'est devenue cette énorme chaleur qui faisait des matériaux terrestres les plus denses et les plus fixes comme une vaste mer ardente, bouillonnant sous une atmosphère orageuse. Ce qu'elle est devenue, elle s'est dissipée à travers les espaces stellaires, abîme immense, dans lequel sont semés à de prodigieuses distances, les astres qui composent le système de l'univers. C'est là le vaste réservoir, où les feux de la terre ont été absorbés. Ces feux sont venus s'y perdre et s'y amortir, comme le plus petit des ruisseaux se perd et se confond dans l'immensité de l'océan.

Mais, qui nous dira la longueur de ces périodes traversées par notre planète jusqu'au moment où les substances terreuses peu à peu refroidies se sont rapprochées et ont formé une mince écorce bouleversée plus tard par d'effroyables convulsions?

Pour répondre à une pareille demande il faudrait savoir sur quels éléments on pourrait appuyer de semblables calculs. Serait-ce sur la chaleur qu'il a fallu pour tenir en fusion la masse des corps solides, et sur le temps nécessaire pour que cette chaleur se perdit à travers les espaces stellaires, de manière à arriver à la température actuelle de la terre ? Mais, dans ces calculs, est-il possible d'évaluer avec quelle rapidité devait s'opérer le refroidissement aux premières époques, par suite de la différence qui existait entre la chaleur de l'espace et celle de la terre. Or, cette base ne pouvant pas être saisie, la science est impuissante pour arriver au résultat que nous cherchons.

Franchissons donc ce chaos et ces temps dont nous n'aurons jamais aucune idée et dont nous sommes séparés par un incalculable passé; arrivons au moment où la vie dans les organes devint compatible avec la chaleur de la surface du globe. A cette époque où les premiers êtres vivants commencèrent à animer la surface de la terre, apparurent ces immenses fougères dont on retrouve les troncs ensevelis dans les anciennes couches du globe, et ces végétaux gigantesques dont les débris ont formé les houillères ou ces masses de charbons, preuve à jamais irrécusable de la vigueur avec laquelle ils se sont développés aux premiers âges du monde.

Cette active végétation, presque toute composée de plantes monocotylédones, était alors entretenue par la chaleur propre du globe et par une proportion plus considérable d'acide carbonique répandue dans l'atmosphère. Cet excès d'acide carbonique, nuisible à la vie et à l'entretien des animaux, fut peut-être la cause à laquelle il faut attribuer la rareté des animaux terrestres à ces premières époques où la vie commençait à s'établir sur notre planète, jusqu'alors inerte et complétement nue. A peine quelques insectes à respiration aérienne furent-ils les contemporains de ces antiques fougères ou de ces prêles gigantesques qui brillèrent si long-temps sur la scène de l'ancien monde. Ce furent ces fougères et ces prêles qui épuisèrent peu à peu l'acide carbonique de l'atmosphère, et préparèrent peut-être la formation des couches calcaires, dont l'abondance et l'étendue ont été, depuis lors, de plus en plus considérables.

A ces végétaux, dont nous cherchons envain les analogues, succédèrent les plus étranges animaux qui aient jamais existé, et dont les formes bizarres semblent presque aussi fantastiques que celles des êtres fabuleux de la Mythologie. Des reptiles, plus extraordinaires les uns que les autres, soit par leurs formes singulières, soit par leurs habitudes, furent donc les compagnons et les contemporains d'une végétation toute nouvelle et toute différente de celle qui avait brillé aux plus anciennes époques. Précédant, en quelque sorte, les grands animaux terrestres qui arrivèrent beaucoup plus tard sur la scène du monde, ces immenses sauriens n'eurent qu'une

vie, pour ainsi dire, éphémère sur le globe où
ils avaient été placés. Leurs races, bientôt anéanties, furent à leur tour remplacées par de nouvelles espèces qui n'y vécurent aussi que quelques instants.

Devons-nous attribuer leur anéantissement à
leur organisation imparfaite ou à leurs habitudes carnassières qui les portaient à se dévorer
les uns les autres? ou n'en fut-il pas d'eux
comme des premiers végétaux, qui dûrent leur
destruction à l'affaiblissement progressif de la
chaleur? Cette cause a été bien plus puissante
sur ces races anciennes, qui ont disparu à jamais de la surface de la terre, que celles qui
dépendaient de leur organisation; c'est elle,
sans doute, qui a opéré leur anéantissement et
fait jaillir la vie nouvelle qui leur a succédé.

Mais, n'anticipons pas sur l'examen des causes
qui ont successivement agi sur tant de générations éteintes, et poursuivons l'histoire de ces
êtres antiques qui pour toujours ont cessé de vivre.

Notre planète vit donc disparaître deux générations de reptiles pendant la période secondaire. Ces générations, assez différentes l'une de
l'autre, n'avaient du reste rien de commun avec
nos races vivantes, surtout la plus ancienne. Mais
un ordre nouveau, bien plus rapproché de l'ordre
actuel, vint enfin s'établir sur cette terre, où

parurent des êtres de plus en plus semblables à ceux qui s'offrent maintenant à nos regards.

Avec cette période se montrèrent, pour la première fois, des mammifères dont les espèces, comme celles des plantes dicotylédones, leurs contemporaines, se multiplièrent graduellement sur ce globe, auquel ils donnèrent une physionomie et un aspect nouveaux. Par une particularité réellement remarquable, ces premiers mammifères, qui succédaient à des animaux vivant dans le sein des eaux, eurent quelque chose des habitudes si long-temps presque exclusives aux êtres des anciennes époques. Ils commencèrent, en effet, par des espèces marines ou par des races qui, habitant des terres découvertes, préféraient cependant les bords fangeux des marais, ou les lisières à demi-inondées des lacs ou des grands fleuves. Telles furent du moins les habitudes de ces antiques pachydermes, dont les débris sont le plus profondément enfoncés dans les vieilles couches tertiaires. L'organisation de ces animaux se rapproche, du moins, beaucoup plus de l'organisation des espèces aujourd'hui essentiellement aquatiques que de la structure particulière aux races qui se plaisent sur un sol sec et tout à fait découvert.

A ces espèces, qui exigeaient également une assez grande chaleur, succédèrent des rongeurs, des ruminants et enfin des carnassiers, dont le nombre parut s'étendre, plus tard, avec celui des autres populations, sur lesquelles ils auraient peut-être exercé leur redoutable empire, si l'apparition de l'homme n'y avait mis un obstacle qu'ils n'ont pu surmonter.

Heureuse époque ! elle a non-seulement séparé les temps anciens des temps nouveaux ; mais elle a conduit l'ensemble des choses créées vers cette harmonie et cette stabilité, la loi la plus impérieuse et la plus nécessaire de l'époque actuelle !

Ainsi, notre planète, d'abord impropre à l'existence d'aucun être vivant, est devenue, par suite des lois de l'équilibre de la chaleur, susceptible de recevoir des végétaux et des animaux qui, pour la plupart, plus tard, en ont disparu sans retour. Depuis l'apparition de ces êtres jusqu'à nos jours, les conditions de la vie ont donc changé plusieurs fois, et des forces tout-à-fait inconnues ont jeté, à diverses reprises. sur la surface de la terre, des êtres totalement différents de ceux qui l'habitent aujourd'hui. D'autres forces non moins puissantes et non moins actives ont anéanti successivement les êtres qui tour à tour ont paru sur la surface du globe pour faire place à de nouveaux habitants, jusqu'au moment où l'ordre actuel, dont nous sommes les produits et les témoins, a été établi.

Mais, qui a donné à cette terre, primitivement vide d'habitants, le mouvement et la vie ? Car la vie est aussi une force, et une force d'un ordre tout différent de celles qui régissent la marche des corps célestes ou les phénomènes du monde physique. Ses profondeurs sont même plus difficiles à pénétrer que l'immensité des espaces et les lois de l'univers. Produite par une puissance dont l'action est en dehors d'elle, la vie n'a pu être donnée que par l'Être infini qui a opéré toutes les merveilles de la nature, et qui seul peut la faire naître par l'effet de son pouvoir et de sa volonté.

Cet ancien monde, dont les débris animés sont conservés dans les entrailles de la terre, devait être soumis à des lois bien différentes de celles qui régissent notre planète, où chaque climat, chaque région ont leurs espèces particulières et distinctes. Rien de semblable ne paraît avoir eu lieu dans ce monde, qui n'a eu aucun homme pour témoin. Le globe a vu, en effet, se succéder sur son écorce qui se solidifiait de plus en plus, des périodes distinctes, caractérisées autant par des températures particulières que par des êtres presque constamment nouveaux, et d'autant plus différents de nos races actuelles, qu'ils appartenaient à des époques plus anciennes.

Si nous nous transportions, par la pensée, à une de ces périodes, quelle physionomie singulière ne nous présenterait-elle pas, quand ce ne serait que par l'uniformité du tableau des êtres répandus sur les diverses contrées de la terre? Tout, dans ce monde, nous paraîtrait différent de ce qui existe maintenant, plantes, animaux, aspect du sol, étendue des mers, grandeur des fleuves et des rivières, tout serait un objet de surprise et d'étonnement pour nous, accoutumés à contempler une nature dont les productions varient, pour ainsi dire, à chaque pas.

En vain le voyageur se serait-il transporté dans les diverses régions de cet ancien monde pour y trouver des sensations ou y chercher des tableaux variés et piquants? Partout, ses regards auraient été frappés par une triste et fatigante monotonie, produite par une similitude dans les végétaux et même dans les animaux. Cette similitude était si grande que non-seulement les mêmes familles de végétaux se retrouvaient dans les deux hémisphères, mais contrairement aux lois de la nature actuelle, les mêmes espèces se présentaient presque partout. Ici, le doute est impossible; le mineur qui sonde les houillères de l'Amérique n'y reconnaît-il pas les mêmes fougères et les mêmes équisétacées qu'il avait vues dans les contrées polaires ou dans les mines de l'ancien continent ?

Cette similitude des premiers végétaux semble avoir été la loi générale de cette ancienne nature; mais elle n'est pas moins évidente, dans les animaux qui ont vécu sous leurs ombrages. Une pareille uniformité en rappelle une non moins grande dans les lois de l'organisation des anciennes espèces et dans celles des conditions d'existence auxquelles elles avaient été soumises. Du reste, qui ne voit dans ces caractères communs aux êtres des régions les plus diverses, une preuve d'une distribution plus égale de la chaleur et d'une plus grande similitude dans les climats de ces anciennes périodes.

Simple dans son organisation, gigantesque dans ses proportions, peu variée dans ses formes, cette antique végétation n'a jamais vu, à aucune période, la totalité des classes de nos végétaux actuels briller à la fois sur un seul point du globe. Loin de présenter ces formes élégantes et pittoresques qui surprennent et étonnent le peintre qui parcourt en silence les forêts vierges du Nouveau Monde, ou celles de la Nouvelle Hollande, la végétation des temps d'autrefois aurait sans doute fatigué nos regards, si un pareil monde avait jamais pu être fait pour l'homme.

Où trouver la cause d'une aussi grande et d'une

aussi étonnante différence, si ce n'est dans l'uniformité de la température des anciens climats?
Mais ces climats ne pouvaient éprouver d'importantes modifications, sans qu'il en fût de
même des êtres qu'ils avaient vus naître et qu'ils
devaient voir mourir. Eh quoi! l'astre brillant
du jour n'envoyait sur cette terre que des
rayons dont elle n'avait nul besoin, et ses feux
amortis par les feux plus puissants de la terre
elle-même, ne réglaient donc ni l'ordre des saisons ni celui des climats? Monde étrange et
singulier, où les convulsions du globe menaçaient
à chaque instant la vie des êtres bizarres qui y
avaient pris naissance! Comment redire son histoire et y voir des preuves de la régularité et de
la constance de l'ordre nouveau qui s'y est peu à
peu établi?

Cependant à l'aide de la comparaison des variations des anciens climats, avec la fixité de nos
climats actuels, la science peut prévoir en quelque
sorte, l'avenir physique de la terre et le sort ré-
servé à nos descendants. Étudions donc ces anciens climats; voyons si avec raison les poètes de
l'antiquité avaient placé l'âge d'or ou le prin-
temps perpétuel à l'origine du monde. Les tableaux poétiques dont ils ont embelli les premiers
âges semblent avoir quelque chose de réel, si on
considère la température de la terre bien avant

les temps historiques et surtout si l'on fait attention à l'universalité des anciens climats, qui donnait à toutes les régions une chaleur égale, mais bien supérieure à celle de nos étés les plus brûlants.

Pour nous en faire une idée précise, voyons si nous ne parviendrons pas, à l'aide de la flore qui a brillé dans les temps géologiques et des animaux qui l'ont accompagnée, à déterminer quelques-uns des anciens climats.

Choisissons d'abord un de ceux qui, moins éloigné de nous, semble pouvoir être mieux saisi, à cause des analogies qu'il paraît offrir avec certains de nos climats actuels. Prenons pour exemple celui de Paris, à l'époque tertiaire ou à celle du dépôt des terrains marins inférieurs. A cette époque les fougères arborescentes et les cycadées, qui jadis avaient peuplé nos continents et dont les formes se retrouvent encore de nos jours entre les tropiques, avaient totalement disparu dans nos latitudes. Du moins nous n'en découvrons plus aucune trace pendant cette longue période, où cependant des dépôts aussi abondants qu'étendus ont été successivement opérés. On n'y voit pas non plus de vestiges de ces nombreux récifs madréporiques, qui, pendant la période de transition et peut-être même pendant la formation des houilles avaient peuplé les mers jusqu'au nord de l'Amérique, et s'étaient étendus pendant l'époque juracique jusque dans nos parages.

Nos régions avaient donc vu disparaître à la fois les fougères arborescentes, les cycadées qui y avaient naguère prospéré, et avec elles s'étaient également anéantis ces nombreux zoophytes, qui dans les périodes précédentes, s'étaient groupés en récifs et avaient construit des iles nouvelles au milieu du sein de l'ancienne mer. Une autre végétation et de nouveaux animaux avaient succédé à cette population, et étaient venus s'établir sur un sol que celle-ci avait abandonné.

Si nous descendons jusqu'aux couches les plus anciennes des terrains tertiaires, au lieu des espèces que nous venons de signaler, de nombreux débris de palmiers, des crocodiles et de grands pachydermes viendront s'offrir à nos regards. La température du bassin de Paris, et en particulier celle des hivers, était donc alors assez élevée pour permettre à ces végétaux de s'y développer et aux animaux de vivre ou de se plaire sous leurs ombrages. On peut même supposer que cette température aurait pu s'abaisser dans de certaines limites sans les faire disparaître.

En rapprochant ces considérations, on obtient deux limites entre lesquelles semble avoir été comprise la température de nos contrées, à l'époque des dépôts tertiaires. Ces limites paraissent assez rapprochées comme il est facile de s'en convaincre en consultant les latitudes, où s'arrêtent les fougères en arbre, et les cycadées, d'une part, et de l'autre, les palmiers, les crocodiles et les grands pachydermes.

Ces limites ainsi fixées, si nous cherchons sur la terre un point quelconque où la température des hivers, tombe précisément entre ces deux limites, nous trouverons que l'Égypte et particulièrement le Caire, offrent cette double condition. La végétation des palmiers y est florissante, et les crocrodiles se plaisent encore, comme du temps des Pharaons, à se jouer au milieu des eaux du fleuve qui fertilise cette contrée. D'un autre côté, de grands pachydermes, et entre autres les hippopotames, foulent constamment le sol marécageux des vastes plaines de l'Égypte, rappelant les formes lourdes et massives de leurs ancêtres, dessinées sur les monuments de l'antiquité.

En vain cherchons-nous dans les plaines fécondées par le Nil, des fougères en arbre et des cycadées. Les unes et les autres en ont disparu à jamais, pour faire place à une végétation nouvelle, plus en harmonie avec un climat également nouveau. Cependant des récifs de polypiers bordent encore les rivages d'une grande partie de la mer Rouge ; mais ils s'arrêtent au port de Thor, en Arabie, à près de deux degrés de latitude, au sud du Caire.

Que nous disent ces faits, si ce n'est que la température des hivers et celle des étés devaient être à Paris, ce qu'elle est aujourd'hui dans la Basse Égypte, quand les palmiers y ombrageaient de leurs feuillages les crocodiles et les pachydermes qui furent leurs contemporains ? Ainsi se trouve fixé l'ancien climat de Paris, et sa température moyenne devait être au moins égale à celle qui règne maintenant au Caire, c'est-à-dire, d'environ 22 degrés. Or, la température moyenne du bassin de Paris se trouvant actuellement entre 11 et 12 degrés, elle a dû nécessairement éprouver un abaissement d'environ 10 degrés. Cet abaissement paraît bien faible encore lorsqu'on le compare à celui qu'ont dû subir les plus anciens climats. Ceux-ci bien interrogés, nous apprennent du moins que l'affaiblissement de la température a été d'autant plus considérable, que l'on étudie les climats des plus anciennes périodes : loi remarquable, qui nous donne, en quelque sorte, la clef des premières créations, et dont la constance semble avoir eu lieu à toutes les époques de l'ancien monde.

N'est-ce pas à cette cause qu'il faut attribuer

la disparition des palmiers, des crocodiles et des grands pachydermes qui furent leurs contemporains dans ce même bassin de Paris, lors du dépôt des formations supérieures des terrains tertiaires ? En vain en cherchons-nous des traces dans les couches qui surmontent les gypses à ossements ; et pour en trouver des vestiges, il faut aller fouiller le sol de nos contrées méridionales.

Quelle cause a donc été assez puissante pour les faire disparaître des lieux où naguère ils trouvaient à remplir les conditions de leur existence ? La même qui avait déjà anéanti tant de générations : l'abaissement de la température terrestre, ou un pur effet thermométrique. Suivant sa marche progressive, cette cause a détruit certains êtres et a permis à d'autres de vivre et de prospérer dans des lieux où ils n'avaient point encore à redouter les effets d'une pareille influence. Ce que l'observation nous annonce, un raisonnement bien simple le confirme. Lorsque la température moyenne des régions méridionales de la France était encore égale à celle du Caire, par suite de son abaissement elle était devenue inférieure à ce terme, lors du dépôt des couches supérieures des terrains tertiaires dans le nord de cette même contrée. Ces faits nous font concevoir comment des espèces qui prospéraient dans nos pays méridionaux, ne pouvaient plus vivre dans le bassin de Paris.

Il suffit qu'un abaissement d'environ 5 ou 6 degrés ait eu lieu à la fois dans le Nord et dans le midi de la France, pour qu'un pareil résultat ait été produit. — En effet, n'existe-t-il pas maintenant entre les températures moyennes des deux régions une pareille différence. Ainsi, lorsque celle de Paris n'avait plus que 16 ou 18 degrés, la température moyenne de nos provinces méridionales n'était pas moindre de 22 ou de 23 degrés, c'est-à-dire, égale ou supérieure à celle du Caire, sous l'influence de laquelle vivent encore les palmiers, les crocodiles et les hippopotames, qui ont aussi vécu dans les diverses contrées de la France.

Ces faits, on le juge aisément, sont à l'abri de toute contestation. En effet, puisque les hippopotames et les crocodiles ont vécu à Paris, sous les ombrages des anciens palmiers, ils devaient y trouver une température favorable à leurs conditions d'existence.

Est-il donc si difficile de comprendre l'influence de la chaleur centrale sur les anciens climats? Est-il plus difficile de se rendre raison de l'influence de l'action solaire à mesure que ces climats arrivaient à leur état actuel? N'est-il pas d'abord évident que, contrairement à la première de ces influences, les effets solaires ont dû être d'autant plus sensibles, qu'ils ont exercé leur action dans les temps les moins éloignés de la période historique ? Ne l'est-il pas également que toutes les régions de la terre ont dû éprouver une chaleur non-seulement égale à celle des climats équatoriaux, mais encore infiniment supérieure ? Enfin, il ne l'est pas moins que, par suite de l'abaissement successif de la température de la surface du globe et de l'établissement des climats nouveaux, les régions polaires et les sommets les plus élevés de nos montagnes, les premiers refroidis, ont dû être les premiers à recevoir des êtres vivants : car alors seulement la vie devint possible dans ces régions aujourd'hui glacées, dont la température avait été si long-temps incompatible avec elle.

Sans doute une telle conséquence peut paraître bien extraordinaire : mais il ne faut pas perdre de vue que les houillères des régions glacées du pôle, recèlent les mêmes fougères et les mêmes lycopodiacées que l'on revoit sur toute la terre, dans le même ordre de formation. Or, si comme les faits et les observations les plus précises nous l'annoncent, ces végétaux y ont vécu, ces contrées ont dû avoir une température moyenne, tout au moins égale à celle que possèdent aujourd'hui les régions équatoriales. L'expression de cette dernière température étant entre 25 et 28 degrés, celle des pôles devait être de 44 degrés supérieure à celle qui les caractérise maintenant.

Mais, lorsque les pôles avaient une pareille chaleur, quelles espèces auraient pu résister à celle qui brûlait les régions équatoriales. Cette chaleur ne devait pas être moindre de 74 degrés, c'est-à-dire, bien au-dessus de celle que pourraient soutenir les êtres les plus robustes et les plus vivaces. Sans-doute, l'organisation des ichthyosaurus, des anciens plesiosaurus, ainsi que celle des gigantesques mégalosaurus semble avoir été appropriée à supporter sans danger une excessive chaleur.

Mais, qui oserait soutenir que ces animaux pouvaient impunément se jouer au sein d'un élément dont la température était supérieure à celle qui est nécessaire à l'ébullition de l'eau ? Comment, dès-lors, s'étonner que des êtres vivants, soumis à de pareilles influences et aux variations nombreuses des anciens climats, n'aient pu résister à tant de causes de mort et de destruction ?

Qui ne voit dans ces variations et dans les convulsions qu'elles ont produites dans l'écorce du globe une suite nécessaire et presque inévitable des modifications qu'elle devait subir avant d'arriver à cette fixité et à cette stabilité, caractère le plus remarquable de l'époque actuelle, et sur laquelle nous allons maintenant fixer l'attention?

Demandons-nous enfin, si les conditions qui ont opéré dans la température de notre monde ces grands changements, cause de l'anéantissement de certaines espèces et de la vie d'une infinité de nouvelles, se produiront encore sur cette terre qu'elles ont si souvent bouleversée. Notre globe ira-t-il en se réfroidissant sans cesse, et finira-t-il, ainsi que l'avait supposé Buffon, par devenir une masse de glace morte, inanimée, et roulant dans l'espace autour d'un soleil qui n'enverra plus que d'impuissants rayons sur ces régions inhabitées?

Pour se former une idée précise de l'avenir de notre planéte, il faut, avant tout, distinguer la chaleur propre du globe de celle que le soleil et les astres stellaires lui envoient continuellement. Celle-ci, parvenue seule à un état à peu-près fixe et permanent, est aussi devenue presque indépendante de la chaleur centrale.

Cette dernière source de chaleur pour la terre, dont l'influence a été si grande aux premiers âges du monde, continue donc à se perdre dans l'espace; mais par suite de l'obstacle qu'apportent à la transmission du calorique les couches déjà solidifiées, cette déperdition n'a lieu qu'avec une extrême lenteur. Cette lenteur doit même aller toujours croissant, et ses effets deviendront graduellement moins sensibles sur la surface du globe par suite de l'accroissement d'épaisseur des couches solides. La mesure de la quantité de ce réfroidissement est déjà bien faible; car à peine s'élève-t-elle à un millième de degrés en mille ans, ce qui correspond à un degré en un million d'années.

A la vérité, quelques longues que soient ces périodes, elles finiront pourtant par s'accomplir; car la chaleur centrale quelque intense qu'on la suppose, s'épuisera elle-même, et la croûte mince que nous foulons aux pieds et qui nous sépare des incendies souterrains, prendra nécessairement par cet abaissement une plus grande épaisseur.

A ce refroidissement graduel et aux changements de volumes partiels qui en sont la suite, ont été dus ces tremblements de terre et ces soulévements du sol si fréquents aux premiers âges du monde, et qui, pendant de si longues périodes, ont rendu la terre inhabitable pour les êtres vivants. Comme toutes les causes perturbatrices, celles-ci se sont affaiblies et ont perdu peu à peu de leur intensité. Admirable harmonie des choses créées! Les lois conservatrices des œuvres du Tout-Puissant ont fait sortir des bouleversements et des catastrophes l'ordre régulier et stable qui régne aujourd'hui dans l'immensité de l'univers!

Aussi, après avoir traversé de si longues et si tristes périodes, cette chaleur centrale, cause pour la terre de tant de désordres, paraît enfin parvenue à un état presque complet de fixité qu'elle ne perdra plus désormais.

Ses effets ne seront pas à l'avenir plus marqués qu'ils ne le sont de nos jours. Ils se borneront à augmenter l'épaisseur de la croute solide du globe, condition la plus favorable au développement de l'organisation. La vie n'aura donc plus à craindre ces violentes catastrophes qui l'ont troublée à tant de reprises différentes, et en ont si souvent anéanti les produits.

Les tremblements de terre, les soulèvements, les affaissements, les éruptions volcaniques sont bien plus rares maintenant qu'ils ne l'étaient aux premières époques ; ils perdront même tous les jours de leur intensité. Comment ne pas admirer ces lois de l'équilibre de la chaleur, qui peu à peu ont fait cesser toutes ces causes de désordre, dont l'action puissante a épouvanté, pour ainsi dire, l'entière période des temps géologiques!

Les causes de perturbation et d'anéantissement ont cessé leur action dès le moment où la chaleur de la surface de notre planète est devenue indépendante de la température intérieure. L'influence de cette température se borne à faire varier nos thermomètres au plus d'un trentième de degré; et si les feux souterrains venaient à s'éteindre, cette influence, toute faible qu'elle est maintenant, cesserait tout à fait son action.

L'équilibre de la température du globe ne dépend plus en effet aujourd'hui que de l'influence du soleil, de l'atmosphère et des espaces interpolaires. La première de ces causes, le soleil, verse continuellement sur notre terre ses rayons vivifiants, source de presque tous les mouvements dont elle est animée. Toutefois, ces rayons contribueraient peu à l'échauffer, si elle n'était entourée d'un atmosphère propre à les concentrer et à les réunir. Aussi, lorsque nous nous approchons de cet astre lumineux, en nous élevant dans les vastes plaines de l'air, éprouvons-nous un froid des plus intenses, quoi qu'il brille de tout son éclat, froid qui paraît tenir à la raréfaction de l'air. On sait que plus cette raréfaction est grande, moins l'air retient de chaleur solaire. L'aréonaute assez heureux pour franchir les limites de l'atmosphère, et arriver jusqu'aux espaces planétaires, où sans doute aucun homme ne parviendra jamais, y serait surpris non par un froid sans bornes, comme on aurait pu le supposer, mais par la température glaciale de 60 degrés.

La température des astres nombreux qui

composent le système de l'univers, n'est pas non plus sans influence sur celle de la surface du globe. En effet, si notre planète se trouvait dans une enceinte privée de toute chaleur, les régions polaires subiraient un froid immense, et le décroissement des températures depuis l'équateur jusqu'aux pôles, serait incomparablement plus rapide et plus étendu.

Si le froid de l'espace était absolu, il est sensible que tous les effets de la chaleur, du moins à la surface du globe, seraient dus à la seule présence et à l'action du soleil. Les moindres variations de la distance de cet astre à la terre occasionneraient des changements très considérables dans les températures, et l'intermittence des jours et des nuits produirait des effets subits et totalement différents de ceux qui se passent sous nos yeux. L'absence du soleil déterminerait subitement un froid presque sans bornes, qu'aucun être vivant ne pourrait supporter. D'un autre côté, les animaux et les végétaux ne résisteraient pas davantage à une action aussi forte et aussi prompte, qui se produirait en sens contraire au lever du soleil, et leur existence en serait bientôt compromise.

Enfin, si tout-à-coup nous étions privés de notre atmosphère, la surface que nous habitons tomberait bien vite à la température glaciale des espaces interplanétaires, température tout-à-fait incompatible avec la vie. Mais dans sa sage prévoyance, la nature a disposé autour de nous une enveloppe gazeuse, dont un des principaux avantages est de retenir une portion de la chaleur solaire, et de l'empêcher de retourner dans l'espace.

Abri salutaire et protecteur, l'atmosphère maintient la température de la terre dans des bornes nécessaires à la conservation de la vie : tant qu'elle restera dans son état actuel, la chaleur de la surface ne souffrira pas d'altération sensible, et les effets qui en sont la suite inévitable, se maintiendront dans l'équilibre et l'ordre accoutumé. Mais si, par des causes en dehors des éléments actuellement agissants et que rien ne peut faire prévoir, cette même atmosphère venait à se raréfier, le froid deviendrait plus vif, comme si, au contraire, elle se condensait, la chaleur augmenterait d'une manière sensible.

La température de la surface du globe, dont la chaleur originaire ne se fait guère plus sentir à cette surface, ne dépend et ne dépendra plus désormais que de la constitution de l'atmosphère, de la chaleur du soleil et de celle des espaces planétaires. Ces causes déterminent à elles seules la climature générale du globe et sa température moyenne et permanente. Ces éléments fixent en quelque sorte la puissance organique de la terre ou l'amplitude de l'évolution des êtres organisés, en même temps que la chaleur solaire, de concert avec la lumière et l'électricité, règle périodiquement le jeu de leurs fonctions.

Sans doute, la composition de l'atmosphère a éprouvé dans les premiers temps de grandes et d'importantes variations. Mais pouvait-il en être autrement, lorsque la terre possédait une énorme chaleur, tout au moins supérieure à la chaleur rouge et suffisante pour réduire en vapeurs la plus grande partie des matériaux terrestres qui se présentent maintenant à nous sous un tout autre état? On se demandera peut-être si cette atmosphère, dont l'uniformité de composition n'est pas une des particularités les moins remarquables, est destinée à éprouver des changements ultérieurs, et si ces changements n'auront pas d'influence sur les phénomènes de la distribution de la chaleur? Nous ne saurions répondre d'une manière précise à une pareille question; car il est dans les sciences des faits que l'on ne peut saisir que par la voie de l'induction et de l'analogie. Si cependant nous nous aidons de ces deux moyens et de l'ensemble des faits, il nous paraitra très probable que de pareils changements n'auront pas lieu. En effet, qui pourrait les produire? seraient-ce les variations de la température de la terre? mais elle semble parvenue à un état remarquable de stabilité; seraient-ce de nouvelles combinaisons chimiques? mais n'en connaissons-nous pas les limites et l'étendue; serait-ce, enfin, par l'influence de la végétation actuelle, que notre atmosphère pourrait être modifiée? Mais, s'il pouvait en être ainsi, l'atmosphère serait loin de présenter dans tous les climats, comme à toutes les hauteurs, une uniformité de composition que nous n'avons admise qu'après les expériences les plus nombreuses et les plus positives. Ainsi, rien dans les éléments, tant qu'ils se maintiendront dans leur équilibre actuel, ne peut nous faire craindre qu'un changement ultérieur ait lieu dans l'atmosphère.

Sans doute, les rayons du soleil sont, ainsi que nous l'avons déjà fait observer, la source de presque tous les mouvements qui ont lieu à la surface du globe. Par l'effet de ces rayons, les eaux de la mer circulent en vapeurs à travers les airs et arrosent la terre en faisant naître les sources et les rivières. Par eux, sont produits tous les dérangements de l'équilibre chimique des éléments matériels, qui, par une suite de compositions et de décompositions, donnent lieu à de nouveaux produits et occasionnent le transport de nombreux matériaux.

A eux est due également la lente dégradation des solides dont la surface de notre planète est composée, dégradation qui opère les principaux changements géologiques, par la défection de ces solides dans la masse de l'océan. Leur chaleur produit de même les grands courans d'air et les dérangements dans l'équilibre électrique de l'atmosphère, qui donnent naissance aux phénomènes du magnétisme terrestre. Enfin, par leur action salutaire et vivifiante, les végétaux, après avoir été élaborés de la matière inorganique, servent à leur tour à l'entretien des hommes et des animaux.

Causes puissantes et actives, la chaleur et la lumière solaire régissent et déterminent, pour ainsi dire, l'ensemble des phénomènes de ce globe qu'ils éclairent et vivifient. Nobles et brillants rayons, source de tant de biens pour cette terre où vous répandez la vie et l'activité, seriez-vous aussi destinés à vous éteindre et à amortir vos feux, comme cette chaleur centrale qui ne vous a jamais rien emprunté pour entretenir ses fournaises brûlantes ?

Eh quoi ! le soleil qui verse dans les espaces une chaleur plus de deux mille millions de fois plus considérable que celle qu'il envoie à notre planète, souffrirait une diminution dans sa puissance, et s'affaiblirait de plus en plus pendant la durée des siècles ! Mais, quelle cause serait assez active pour produire un effet aussi immense?

Nous la chercherions en vain parmi celles qui agissent sur cette terre, livrée à la bienfaisante influence des rayons solaires. Nous ne serions pas plus heureux, si nous voulions en trouver d'assez puissantes parmi celles qui régissent l'astre brillant du jour. Non : ses feux ne s'éteindront pas, quelque longue que soit la durée des siècles. Il en sera probablement de même de la chaleur des espaces planétaires, nécessaire aussi à l'existence et à l'entretien des êtres vivants.

Comment ne point supposer que les espaces célestes, dont l'état thermométrique est parfaitement stable, conserveront d'une manière constante la fixité de leur température ? Cette fixité ne résulte-t-elle pas du rayonnement de tous les astres, dont les masses énormes et les immenses distances réduisent pour ainsi-dire à rien les dimensions de notre système solaire ? Dès-lors, comment pourrait-elle diminuer de manière à donner aux espaces célestes un froid infini, dont rien ne pourrait fixer la limite ?

Toutes les causes actuellement agissantes, bien examinées, semblent donc nous apprendre que la chaleur de l'espace égale à environ 60 degrés au-dessous de zéro, accumulée avec les 73 degrés au-dessus du même terme qui représente la somme moyenne de la chaleur fournie à la terre par le soleil, est désormais assurée. Les

effets de cette chaleur continueront certainement
à nous faire éprouver leur action bienfaisante,
tant que les éléments étrangers à l'ordre établi
ne viendront pas en troubler l'harmonie et la
stabilité. Ainsi, notre globe roulera constamment
au milieu des espaces célestes avec une température moyenne de 13 à 14 degrés, à moins que
la main toute-puissante de celui qui l'a créé,
ne vienne détruire les lois qui président à la conservation de l'univers.

Si la suite des temps doit apporter de grandes
et d'importantes modifications dans la température intérieure, leur longue succession sera probablement sans effet sur la température de la surface de la terre. Ces phénomènes sont cependant
les seuls qui puissent compromettre l'existence
des êtres vivants. N'avons-nous pas vu que tous
les changements qui pouvaient s'opérer se bor-
naient à environ un trentième de degré? Ainsi
s'évanouit la crainte de l'entière congélation du
globe, dont Buffon avait menacé nos descendants,
au moment où la chaleur intérieure serait totalement dissipée. Rejetons loin de nous ces craintes
chimériques, et au lieu de rêver un aussi triste
avenir, bénissons la haute sagesse du Tout-
Puissant qui nous en a préservés.

Serait-il maintenant nécessaire de s'assurer si
les climats terrestres, tels que l'observation nous

les représente, ont réellement cette fixité que
nous venons de leur supposer, et si, depuis les
temps historiques, ils n'ont pas été plus ou moins
sensiblement modifiés ; on arriverait encore par
cette voie au résultat que la science nous permet
de prévoir.

A la vérité, l'on ne pourrait pas, pour la solution de cette question, invoquer le témoignage
des instruments qui nous ont mis en communication avec les corps extérieurs ; leur invention,
comme les grandes applications des sciences,
sont trop modernes pour éclairer des faits dont
l'origine est déjà si loin de nous. Cependant, un
des hommes les plus étonnants, les plus prodigieux de notre siècle, M. de Humboldt, après
avoir discuté et calculé avec une patience infinie
plus de vingt-cinq mille observations thermomé-
triques, est arrivé à un résultat sur lequel nous
pouvons du moins nous appuyer. D'après ses
observations, les températures moyennes ne varie-
raient dans aucun climat, d'une année à l'autre,
de plus d'un à deux degrés. Les températures
terrestres seraient donc arrivées à un état presque complet de stabilité, contrairement à ce que
nous disent le témoignage de nos sens et les produits variables de nos récoltes et de nos moissons. Dès-lors, si elles sont aussi fixes, comment
ne pas supposer que les températures partielles

qui les composent et les déterminent, peuvent bien varier accidentellement, mais ne sauraient influer d'une manière sensible sur l'avenir de la température terrestre? Ce résultat est un des plus remarquables que l'on puisse déduire de l'examen approfondi des limites des variations qu'éprouvent les climats terrestres.

Les calculs sur lesquels il repose, doivent donc nous rendre très circonspects dans l'appréciation que nous pourrions faire des températures à l'aide de nos sens ou d'après les produits de la culture. En effet, sans parler d'une diminution momentanée de la chaleur, qui peut faire disparaître le végétal d'un pays où il avait long-temps prospéré, combien de causes tout-à-fait étrangères à un abaissement thermométrique peuvent détruire également quelques-uns des produits de la nature dans des contrées entières!

Nous sommes donc en droit de le demander : Est-ce avec raison que l'on suppose que la région des oliviers s'avance continuellement vers le sud, parce que nous voyons la culture de cet arbre précieux cesser dans des lieux où elle avait obtenu un certain succès?

Mais dans une pareille appréciation, a-t-on remarqué que, lorsque la mortalité d'une espèce quelconque est supérieure au nombre des individus qui doivent la composer, il faut nécessairement que cette espèce finisse par s'éteindre, si cette mortalité continue à s'opérer. Cette cause paraît amener dans les contrées méridionales de la France, la disparition partielle de l'olivier, dont nous sommes menacés. Elle semble donc dépendre, parmi nous, plutôt du découragement du laboureur que de l'affaiblissement de la température de nos contrées. Une autre circonstance n'y est pas non plus sans influence : elle tient aux produits plus avantageux que d'autres récoltes donnent aux soins actifs et industrieux de nos cultivateurs, et qui les portent à négliger un arbre dont la croissance est si lente et le rapport si incertain.

Telle est l'histoire de l'olivier, de cet arbre si utile, dont l'existence, comme celle de la vigne, dans nos contrées méridionales, remonte bien au-delà des temps historiques. Telle est aussi celle de tous les arbres, qui, faute de soins actifs et d'une culture assidue, ont disparu des lieux qu'ils couvrirent long-temps de leurs ombrages.

Après ces faits, qui oserait dire que l'olivier, considéré par les anciens comme un présent des dieux, et dont les terrains géologiques recèlent même les débris, diminue dans les lieux qui l'ont vu naître, par suite d'un changement dans les climats actuels?

Étudions maintenant avec l'illustre physicien

de notre siècle, M. Arago, les documents historiques, et assurons-nous si de pareils changements sont aussi réels qu'on a voulu le supposer. La statistique végétale, dont nous trouvons
quelques traces dans les écrits même les plus anciens, nous fournira encore les données propres
à nous apprendre ce qu'il en est de la fixité des
climats.

Interrogeons d'abord la Bible, le plus ancien
des livres qui soit parvenu jusqu'à nous, et dont
nous venons de prouver toute l'exactitude. Ce
livre nous apprendra en premier lieu ce fait important, que, antérieurement à Moïse et long-
temps après lui, les palmiers étaient en grand
nombre dans toute la Palestine. Les Juifs man-
geaient les dattes et les préparaient comme des
fruits secs ; ils en tiraient même une sorte de miel
et une liqueur fermentée. Enfin, cet arbre devrait
être très répandu dans la Palestine, puisque la
ville de Jéricho était appelée la ville des palmiers, et qu'un assez grand nombre de monnaies
hébraïques nous ont laissé des représentations
distinctes de cet arbre chargé de fruits.

Il n'est pas moins certain que, à la même
époque, la vigne était cultivée dans cette contrée ;
cela est suffisamment attesté par les vins d'En-
gaddi, par la fête des tabernacles qui venait
après les vendanges, et surtout par la fameuse

grappe que les envoyés de Moïse rapportèrent de la terre de Chanaan. Or, on sait, d'une manière positive, qu'il est pour certaines plantes un maximum et un minimum en deçà et au-delà duquel elles ne vivent plus ; et à l'aide de cette loi, il est facile de déterminer la température d'un lieu quelconque, dont on connaît les productions.

Ainsi, le palmier ne fructifie pas, la datte ne peut mûrir, quand la température moyenne est inférieure à 24 degrés. Dès lors, tous les lieux où l'on rencontre des débris de cet arbre, doivent avoir eu une température tout au moins égale à celle qui est nécessaire maintenant à sa complète végétation. On arriverait au même résultat, mais d'une autre façon, en s'aidant de la théorie mathématique de la chaleur, fondée par les beaux travaux de Fourier ; car, les sciences, en se prêtant mutuellement leur appui, nous font toutes arriver, quoique souvent par des voies opposées, à ce que l'homme a le plus intérêt de découvrir, la vérité.

D'un autre côté, la vigne ne peut être cultivée de manière à donner de véritables récoltes, si la température moyenne excède 22 degrés ; du moins sa limite méridionale est actuellement à l'île de Fer dans les Canaries, dont la température est égale à celle que nous avons assignée comme limite de sa culture.

Dès lors, antérieurement à Moïse et long-temps après lui, la température de la Palestine devait être comprise entre 21 et 22 degrés ; mais, ce qui est digne de remarque, cette contrée a encore aujourd'hui précisément la même température. Plus de trois mille ans n'ont donc pas altéré d'une manière appréciable le climat de la Palestine, ni apporté aucun changement aux propriétés lumineuses ou calorifiques du soleil, conséquence que l'on pourrait tout aussi bien déduire d'autres faits agronomiques non moins positifs ni moins importants.

Après ces faits, nous verrons encore dans la distribution des animaux, une preuve que, depuis l'apparition de l'homme, les climats terrestres, jusqu'alors inconstants et variables, sont parvenus à une sorte de stabilité réellement remarquable. A la vérité, cette distribution, quoique soumise à des lois analogues à celles qu'ont suivies les végétaux, n'offre peut-être pas le même degré de précision et de généralité. En effet, les animaux sont bien moins que les plantes sous la dépendance du sol et du climat. Toutefois, quoiqu'il soit bien plus difficile d'établir des lois précises à leur égard, la difficulté n'existe guère que pour les carnassiers. Du moins, la nourriture restreint beaucoup plus les espèces herbivores dans les lieux qui les ont vues naître, que celles dont les habitudes carnassières les portent à chercher partout une proie propre à satisfaire leurs penchants et la violence de leurs appétits.

Ainsi, la Genèse et les plus anciens monuments historiques, nous apprennent que, bien avant le règne des Pharaons, le chameau parcourait les plaines de l'Égypte, tandis que l'hippopotame y fréquentait les bords fangeux de ses marais et les lisières à demi inondées des lieux voisins du grand fleuve. Or ces animaux ne prospèrent guère que sous l'influence d'une température moyenne de 22 degrés; tels sont les crocodiles, les ibis et les ichneumons qui furent, comme ils le sont maintenant, leurs fidèles et constants compagnons. Mais, cette température est encore celle de la contrée qu'ils se sont choisie, et où ils trouvent à remplir les conditions d'existence qui leur ont été imposées.

La température de l'Égypte semble avoir si peu varié depuis leur ancienne existence, qu'aucune différence appréciable ne se fait remarquer entre ces espèces qui vivent encore sur son sol brûlant et celles qui y vivaient il y a déjà près de trois mille ans. En effet, soit que l'on étudie les restes des animaux ensevelis dans les anciennes catacombes, soit que l'on examine les représentations existant sur les monuments de la plus haute antiquité, on découvre une telle conformité avec les mêmes espèces vivantes, qu'il faut, ou que les climats n'aient pas changé depuis lors, ou bien que leurs variations n'aient eu aucune action sur la conformité organique.

Cette dernière supposition paraît peu admissible, lorsque l'on considère jusqu'à quel point l'influence des anciens climats a été profonde sur les espèces des temps géologiques. Cette influence a été si grande que par l'effet de ces variations, des générations entières ont été successivement anéanties ; elles ont fait place à d'autres totalement différentes, qui ont pu s'accommoder et prospérer sous l'influence de nouvelles températures. C'était le résultat inévitable des modifications qu'avaient subies les anciens climats.

Nous pourrions invoquer également une foule d'autres faits relatifs non seulement aux animaux qui ont vécu constamment en Égypte ; mais encore aux végétaux conservés dans les anciennes catacombes. Les uns et les autres nous donneraient la même réponse et nous annonceraient l'immuabilité des nouveaux climats terrestres.

Il en serait de même si nous interrogions les monuments antiques des autres contrées, pour nous assurer si les espèces qui y sont représentées ont éprouvé ou non des modifications qui auraient amené un changement dans les climats.

Ils nous répondraient que, comme les espèces qu'ils reproduisent ne diffèrent de nos races vivantes par aucun caractère, il faut que ces espèces, comme les climats dont elles ont subi l'influence, n'aient éprouvé aucune sorte de changement notable, ni de variation importante.

Si maintenant nous portons notre attention sur les climats de l'Europe, nous verrons que, depuis les temps les plus reculés, ils ne paraissent pas avoir éprouvé les plus légères variations. En général, la stabilité de la température semble une des conditions les plus essentielles de cette contrée tempérée. Ainsi, la ligne des Cevennes que Strabon nous a représentée comme la limite septentrionale où le froid arrêtait de son temps les oliviers, l'est encore de nos jours.

Aucune modification ne s'y est donc opérée. De même, la végétation habituelle des lauriers et des myrtes dans l'Italie moyenne, aux environs de Rome, et le désastre qui atteignait quelquefois les lauriers, au rapport de Pline le jeune, assignent à cette contrée une température moyenne constante. Cette température était donc autrefois, comme elle l'est aujourd'hui, probablement très rapprochée de 15 degrés au-dessus de la glace. D'un autre côté, le climat de la Toscane, qui n'admettait ni les myrtes, ni les lauriers, ne paraît pas avoir éprouvé le moindre changement ; du moins ces arbustes n'y prospèrent pas davantage. Ainsi, le déboisement des montagnes de cette contrée n'y a opéré aucune diminution sensible dans la température, quoiqu'une opinion assez généralement répandue ait supposé le contraire.

Les mêmes effets se représenteraient également à nous si nous examinions les variations de la chaleur dans d'autres climats ; partout nous les verrions comprises entre des limites extrêmement resserrées. Ainsi, lorsque les Grecs apportèrent le dattier dans leur patrie, cet arbre n'y donna aucun fruit. La température de la Grèce a si peu changé, qu'il en est de même aujourd'hui. Dans l'île de Chypre, la datte, sans mûrir complétement, y était pourtant mangeable, en sorte que la petite quantité de chaleur dont ce fruit aurait besoin pour y arriver à une parfaite maturité, y manquait autrefois comme de nos jours.

Cependant, d'après certains documents, cette constance dans les climats ne serait pas aussi stable que nous le présumons ; et selon leur témoignage, les températures extrêmes sembleraient avoir subi quelques variations dans plusieurs contrées. On a prétendu, par exemple, que la culture du froment et de la vigne avait éprouvé, d'après d'anciennes chartes, quelques changements depuis deux ou trois siècles, et que l'époque des vendanges avait été légèrement déplacée.

Mais ces documents ont-ils bien la valeur qu'on leur a supposée? N'est-il pas évident que des actes privés qui imposent l'obligation de porter certaines rentes à des époques fixes, sont loin d'être une preuve positive que les époques des récoltes et des moissons dussent nécessairement coïncider avec elles? C'est cependant sur de pareils titres que l'on voudrait nous faire admettre un changement dans les saisons dont les effets auraient rendu les hivers moins rudes et les étés moins chauds. Mais, comment préférer des documents si incertains aux observations positives qui nous apprennent que les climats terrestres demeurent à peu près invariables.

En effet, l'oscillation extrême des températures moyennes, ainsi que nous l'avons déjà fait observer, semble à peine varier, d'une année à l'autre, d'un à deux degrés du thermomètre, en sorte que la somme de toutes ces températures est égale, lorsqu'on la calcule sur le nombre de dix années prises au hasard. Aussi, et par suite de cette harmonie qui maintient les choses créées dans un merveilleux équilibre, les années chaudes se compensent avec les froides, comme les sèches avec celles qui se font remarquer par leur grande humidité.

Si cependant les climats avaient éprouvé, dans certaines localités, quelques légères modifications, nous ne devrions les attribuer ni à l'influence des corps célestes, ni au refroidissement de la terre, ni même à l'accroissement et à l'accumulation des glaces du pôle arctique.

L'homme seul a produit insensiblement ces modifications; n'est-ce pas lui qui a défriché nos plaines, déboisé nos montagnes, encaissé nos rivières et fait disparaître les eaux marécageuses et stagnantes, qui, avant sa présence, infectaient les parties les plus abaissées de la surface du globe? Son activité et son industrie ne déchirent-elles pas sans cesse le sein de la terre, et ne lui donnent-elles pas continuellement de nouvelles dispositions et de nouvelles formes? Car l'homme fait sa région, en même temps qu'il arrange et façonne cette terre dont il est devenu le maître et le conquérant. Douce et bénigne influence! votre pouvoir se borne à corriger l'excès des températures extrêmes, mais vous êtes impuissante pour affecter les températures moyennes, base invariable de la fixité des climats!

En vain voudrait-on attribuer au temps une puissance d'action supérieure à celle des causes que nous avons énumérées jusqu'ici : on arriverait toujours à la même conséquence , après en avoir calculé les effets. Sans doute, le temps entraine tout dans sa marche rapide ; mais il ne saurait changer la marche et encore moins la durée des choses établies. Impuissant pour modifier à lui seul les espèces vivantes , il l'est également pour intervertir la régularité des grands phénomènes de la nature. Aussi que de milliers de siècles se sont écoulés pour amener le globe à l'état de calme dont il jouit maintenant ! Que de millions d'années s'écouleront encore avant que les phénomènes existants puissent éprouver quelques légères modifications !

La science bien interrogée nous redit donc, comme celui dont les paroles ne sauraient nous tromper : tant que la terre durera, la semence et la moisson, le froid et le chaud, l'été et l'hiver, la nuit et le jour ne cesseront point de se suivre et de se succéder. Douce et consolante promesse ! vous nous rassurez sur l'avenir de notre monde, sur lequel nous et nos descendants passerons sans trouble comme sans effroi ! Si nos premiers pas ont été environnés ici-bas de mille dangers , si de violentes convulsions ont si souvent menacé nos vies; si enfin les fleuves débordés , les marais sans limites, les froides et profondes forêts, des animaux ravisseurs , des nuées innombrables d'insectes nous ont disputé si long temps une terre dont nous ne pouvions pas nous dire les rois, de pareils ennemis et de pareils fléaux ne sauraient plus nous troubler dans la possession d'un monde que nous avons conquis par la constance de nos travaux.

Oui, depuis long-temps, l'homme a soumis les animaux qui pouvaient lui être utiles, détruit ceux qui pouvaient lui nuire, et dompté une terre rebelle. Fort de son intelligence, il a plus fait encore : les arts, fruit de son génie, sont devenus pour lui une source continuelle de gloire et de bonheur, et les sciences dont il a aussi élevé le magnifique et majestueux édifice, l'ont rendu le maître de tout ce qui l'entoure, en même temps qu'elles lui ont donné l'immense avantage de saisir et de comprendre quelques-unes des merveilles de l'univers.

Déjà bien loin de nous sont donc ces temps, où le sort des espèces qui animaient cette terre dépendait fatalement de l'inconstance et des variations des climats. En effet, dès l'apparition de l'homme, les climats terrestres, devenus fixes et constants, ont maintenu toutes les causes dans une harmonie et une stabilité presque merveilleuse. Sa présence parmi les êtres vivants a été en quelque sorte une promesse envoyée par le Créateur, que l'ordre naturel ne serait plus troublé, et que chaque espèce pourrait désormais se développer et fleurir en paix dans le lieu qui lui a été assigné. Bénie soit donc cette puissance tutélaire qui a fait concourir l'avènement de l'homme sur la terre avec l'époque où celle-ci pacifiée a reçu sa température définitive, ainsi que de nouvelles créations, qui, comme leur dominateur, dureront probablement autant que l'ordre de choses établi !

Tel est l'avenir du séjour qui nous a été donné : rien dans cet avenir ne nous annonce que la terre doive jamais éprouver, dans les siècles futurs, un froid excessif, ou subir les effets d'une chaleur incalculable. Funestes pressentiments, éloignez-vous donc de nous ! nos esprits éclairés par le flambeau de la science qui sonde l'avenir comme elle juge le passé, rejettent à la fois vos vaines et fausses terreurs, et le brillant prestige dont vous aviez su les entourer.

Cette conclusion est loin d'être démentie par les nombreux débris de corps organisés que nous découvrons chaque jour dans les entrailles du globe. Ces débris de la vie des temps d'autrefois, sont bien la preuve des anciennes révolutions dont la terre a été si souvent le théâtre ; mais ils sont loin d'annoncer qu'elles se renouvelleront encore sur sa surface pacifiée, et les faits que nous venons d'exposer, l'auront certainement bien assez démontré, pour n'être plus obligé d'insister à cet égard.

TABLEAU DES PRINCIPALES ÉPOQUES HISTORIQUES CALCULÉES DEPUIS L'APPARITION DE L'HOMME.

PREMIÈRE PÉRIODE OU PÉRIODE ANTÉ-DILUVIENNE, C'EST-À-DIRE, L'INTERVALLE DES TEMPS QUI S'EST ÉCOULÉ DEPUIS L'APPARITION DE L'HOMME JUSQU'AU DÉLUGE.

SECONDE PÉRIODE OU PÉRIODE POST-DILUVIENNE OU HISTORIQUE COMPRENANT L'INTERVALLE DE TEMPS ÉCOULÉ DEPUIS LE DÉLUGE JUSQU'AUX TEMPS ACTUELS OU 1839.

PREMIÈRE ÉPOQUE, DEPUIS LE DÉLUGE JUSQU'À L'ÈRE CHRÉTIENNE.

DEUXIÈME ÉPOQUE OU ÈRE CHRÉTIENNE APRÈS L'APPARITION DE L'HOMME.

ÈRE CHRÉTIENNE APRÈS LE DÉLUGE.

DATE DE L'APPARITION DE L'HOMME JUSQU'AUX TEMPS ACTUELS OU 1839.

Catalogue de la Librairie

DE

LAGNY FRÈRES,

Rue Bourbon-le-Château, n° 1, faubourg S.-Germain,

A PARIS.

CATALOGUE.

Ouvrages de M. Laurentie.

HISTOIRE des ducs d'Orléans; 4 vol. in-8.   24   »
   Nota. Il reste encore quelques exemplaires
des tomes II, III et IV, qui se vendent séparément. Prix de chaque volume.   6   »
ÉTUDE (de l') et de l'Enseignement des Lettres;
   in-8.   6   »
INTRODUCTION à la Philosophie; 2ᵉ éd. in-8.   6   »
LETTRES à une Mère sur l'Éducation de son Fils;
   in-18.   1   50
LETTRES à un Père sur l'Éducation de son Fils;
   in-18, 2ᵉ édition.   1   50
— Les mêmes Lettres, cartonnées et reliées diversement.

Du même Auteur.

SOUS PRESSE.

HISTOIRE, Morale et Littérature; 2 vol. in-8.
   Iᵉʳ vol. Historiens Latins. 2ᵉ édition.
   IIᵉ vol. Fragments d'Histoire, de Morale et de Lit-
térature.

Ouvrages de M. l'abbé Bautain.

PARABOLES, par le docteur F.-A. Krummacher,
   traduites de l'allemand ; in-12.   2   50
PHILOSOPHIE du Christianisme ; 2 vol. in-8.   14   »
RÉPONSE d'un Chrétien aux Paroles d'un Croyant ;
   in-8.   2   »

Ouvrages de M. l'abbé le Guillou.

LIVRE (le) de Marie conçue sans péché : 1re édition ;
   in-18.   »   60
LYRE (la) de Marie, ou Vie glorifiée de la sainte
   Vierge ; in-48.   3   »
MOIS de Marie, sur le plan du petit ouvrage italien
   du P. Lalomia, ou Vie pratique de la très-sainte
   Vierge, avec Prières nouvelles pour la Messe,
   choix de pieuses Prières, et sept Cantiques inédits ;
   in-32.   1   50
— Le même ouvrage, édition de luxe, avec vignettes et musique ; in-18.   3   »

N. B. — Ce livre, pour être spécial au mois de mai,
peut cependant, d'après son titre, servir en tout autre
temps, les Méditations s'appliquant fort bien aux diverses fêtes de la sainte Vierge, comme l'indique une
table particulière.

Il forme, avec les Neuvaines à Marie, le livre de
Marie conçue sans péché, la Lyre de Marie, ou Vie
glorifiée de la sainte Vierge, du même Auteur, un
Manuel complet de dévotions à Marie.

NEUVAINES à Marie pour implorer son assistance ;
   in-18.   2   75

— Les mêmes, avec vignettes; in-18.   5

Ouvrages de fonds et pour compte d'Auteurs.

ANNUAIRE biographique, ou Supplément à toutes
les Biographies, par M. R.-A. Henrion; 2 vol.
in-8.   10   »

HISTOIRE des ducs d'Orléans, par M. Laurentie;
4 vol. in-8.   24   »

N. B. — Il reste encore quelques exemplaires des
tom. II, III, IV, qui se vendent séparément.

LETTRES à une Mère sur l'Éducation de son Fils,
par M. Laurentie; in-18.   1   50

LETTRES à un Père sur l'Éducation de son Fils,
par M. Laurentie; in-18, 2ᵉ édition.   1   50

— Les mêmes Lettres, cartonnées et reliées diversement.

LETTRES d'un Frère à sa Sœur sur la Physique, ou
Précis élémentaire de cette science, à l'usage des
commençants des deux sexes, des gens du monde
et de toutes les personnes privées du secours d'un
maître, par M. F. Passot, professeur de sciences
naturelles, membre de la Société des sciences
physiques, chimiques et arts industriels de
France; in-18.   1   50

MÉDECINE pratique populaire; secours à donner
aux empoisonnés et aux asphyxiés, et nouveau
Traité d'Embryologie sacrée, par M. J.-J. Rosiau;
in-8.   7   50

MÉMOIRES et Expériences dans la vie sacerdotale et
dans le commerce avec le monde, recueillis dans

les années 1815-1834, par Alexandre, prince de
Hohenlohe, abbé et chanoine de Grand-Vardin ;
in-8, orné du portrait de l'auteur.   7   »

NOTICE historique et descriptive sur Pontlevoy, par
M. l'abbé Pascal, premier aumônier du collége ;
in-8.   2   25

NOUVEAU Code et Manuel pratique des huissiers,
par MM. Lavenas fils, ancien huissier à Évreux
(Eure), et Marie, avocat ; revu et corrigé par
M. Papillon aîné, huissier à Paris, publié avec
l'approbation des chambres syndicales de Paris,
Evreux, etc. 2ᵉ édition, augmentée de la loi du
17 avril 1832, sur la contrainte par corps, et
d'un Supplément de décrets, lois, ordonnances,
avis du conseil d'État ; 2 gros vol. in-8.   16   »

NOUVELLES Tables pour les calculs d'intérêts simples et composés, d'amortissement, d'annuités,
de placements viagers, etc., par M. P.-A. Violeine,
contrôleur, chargé du dépôt du double du grand-
livre, au Ministère des finances, auteur d'un recueil de Tables utiles à la navigation, etc. ; in-4.
Prix.   15   »

PÈRE LA CHAISE (le), Recueil avec texte des Monuments de ce célèbre cimetière, dessinés à l'é-
chelle de proportion, par M. Quaglia, ancien
peintre de l'impératrice Joséphine ; in-4.   12   »

   Le Texte seul se vend séparément   1   75

RÉGULATEUR universel, par M. Cattois ; colorié,
une feuille.   6   »

— Le même ouvrage, colorié, verni et sur toile ;
une feuille.   10   »

— Le même ouvrage, colorié, verni, sur toile, et
avec baguettes ; une feuille. 12 »

N. B. — Une notice explicative accompagne le tableau.

SEPT (les) Paroles de N.-S. J.-C. en croix, par
M. l'abbé Poirou ; in-32, 2ᵉ édition. » 35

STATISTIQUE raisonnée de la France, par Lewis
Goldsmith, traduite de l'anglais par M. Eugène
Henrion, avocat à la cour royale de Paris ; in-8.
Prix. 7 »

THÉODULE, ou l'Enfant de bénédiction, par le P.
Marin ; in 18. » 60

TRAITÉ des Signes, des Causes et de la Cure des
maladies aiguës et chroniques ; ouvrage d'Arétée,
traduit du grec, avec un Supplément et des Notes,
par M. L. Renaud, docteur en médecine des Écoles de Paris et d'Edimbourg, etc. ; in-8. 6 »

Histoire, Littérature et Sciences.

AGONIE (de l') de la France, par M. le marquis de
Villeneuve ; 2 vol. in-8. 14 »

A MONSIEUR DE LA MENNAIS, deux Epîtres. Politique et Religion, par M. Désiré Carrière ; une jo-
lie brochure en vers, imprimée avec luxe sur gr.
pap. vél. satiné, couv. imp. ; in-8. 4 50

ANNUAIRE biographique, ou Supplément à toutes
les Biographies, par M. B.-A. Henrion ; 2 vol.
in-8. 10 »

DICTIONNAIRE de la Langue française, publié sous
les auspices de personnes pieuses et de littérateurs.

Edition purgée de tous les mots qui ne représentent à l'esprit que des choses ou des idées immo-
rales. Un très-gros vol. de près de 900 pages ;
in-8.   5   »

DICTIONNAIRE historique, géographique et topo-
graphique de Nantes, et de l'ancien comté nantais,
par M. de Macé de Vaudoré ; in-4.   6   50

ÉCOLE (l') d'Athènes, ou Tableau des variations et
contradictions de la philosophie ancienne, par
M. Riambourg; in-8.   1   50

ÉTUDE (de l') et de l'Enseignement des Lettres, par
M. Laurentie ; in-8.   6   »

HISTOIRE de la nouvelle hérésie du xix° siècle, ou
Réfutation complète des ouvrages de M. l'abbé
F. de la Mennais, par M. N. S. Guillon ;
3 vol. in-8.   15   »

HISTOIRE de la révolution de France, par M. le vi-
comte Félix de Conny ; in-8, (nous n'avons que
les trois premiers vol). Prix du volume.   7   50

— La même ; in-18 (nous n'avons que les cinq
premiers volumes). Prix du volume.   2   50

HISTOIRE des ducs d'Orléans, par M. Laurentie ;
4 vol. in-8.   24   »

N. B. — Il reste quelques exemplaires des tom. II,
III et IV, qui se vendent séparément.

INTRODUCTION à la Philosophie, par M. Laurentie ;
in-8. Deuxième édit.   6   »

ITALIE (l') il y a cent ans, ou Lettres écrites d'Italie
à quelques amis en 1739 et 1740, par M. Charles
de Brosses, publiées pour la première fois sur les
manuscrits autographes, par M. B. Colomb ;
2 volumes in-8.   16   »

LETTRES à une Mère sur l'Éducation de son Fils, par M. Laurentie; in-18.   1 50

LETTRES à un Père sur l'Éducation de son Fils, par M. Laurentie; in-18. Deuxième édit.   1 50
— Les mêmes Lettres, cartonnées et reliées diversement.

LETTRES choisies de madame de Sévigné; 2 volumes in-18.   5 »

LETTRES d'un Frère à sa Sœur sur la Physique, ou Précis élémentaire de cette science à l'usage des commençants des deux sexes, des gens du monde et de toutes les personnes privées du secours d'un maître, par M. F. Passot, professeur de sciences naturelles, membre de la Société des Sciences physiques, chimiques et arts industriels de France; in-18.   1 50

LETTRE sur Strasbourg et sur l'Alsace, par M. le baron Massias, ancien chargé d'affaires de France près la cour de Bade, résident consul général Dantzig; in-8.   1 »

MANUEL de droit ecclésiastique, Code du clergé, par M. Henrion, avocat à la cour royale de Paris; in-18.   2 »

MANUEL de tout le monde, ou petite Encyclopédie catholique des connaissances les plus usuelles et les plus pratiques; in-18.   1 »

MÉDECINE pratique populaire, secours à donner aux empoisonnés et aux asphyxiés, et nouveau Traité d'embryologie sacrée, par M. J.-J. Rosiau; in-8.   7 50

MÉMOIRES et Expériences dans la vie sacerdotale et dans le commerce avec le monde, recueillis dans les années 1815 - 1834, par Alexandre, prince de

TRAITÉ des Signes , des Causes et de la Cure des
maladies aiguës et chroniques; ouvrage d'Arétée,
traduit du grec , avec un Supplément et des Notes,
par M. L. Renaud , docteur en médecine des Écoles de Paris et d'Édimbourg , etc. ; in-8.   6   »

TRAITÉ élémentaire de Physiologie philosophique ,
ou Éléments de la science de l'homme ramenée à
ses véritables principes , par M. P. Blaud, médecin
et membre de plusieurs Académies ; 3 vol. in-8.
Prix.   15   »

Ouvrages de Médecine.

MÉDECINE pratique populaire , secours à donner aux
empoisonnés et aux asphyxiés , et nouveau Traité
d'Embryologie sacrée, par J.-J. Rosiau ; in-8.
Prix.   7   50

TRAITÉ des Signes , des Causes et de la Cure des maladies aiguës et chroniques ; ouvrage d'Arétée, traduit du grec , avec un Supplément et des Notes ,
par M. L. Renaud , docteur en médecine des Écoles de Paris et d'Édimbourg , etc. ; in-8.   6   »

TRAITÉ élémentaire de Physiologie philosophique ,
ou Éléments de la science de l'homme ramenée à
ses véritables principes ; par P. Blaud , médecin
et membre de plusieurs Académies ; 3 vol. in-8.
Paris, 1830.   15   »

Piété, Religion et Morale.

ADOLPHE et Ermance, ou le Dévouement filial ,
suivi de l'Orphelin vertueux , contes à l'usage de
la jeunesse, par Chasserot; in-18, orné de quatre
jolies gravures.   1   50

AMANT (l') de Jésus-Christ, ou Histoire de la vie et
de la mort d'un homme de bien ; in-24.   »   40

A MONSIEUR DE LA MENNAIS , deux Epitres. Politique et Religion , par M. Désiré Carrière ; une jo-
lie brochure en vers, imprimée avec luxe sur
gr. pap. vél. satiné, couv. imp.; in-8.   1   50

ANTOINE , ou le Retour au village , par l'abbé *** ;
in-12.   1   »

BONNE (la) Journée, ou Manière de sanctifier la
journée pour les gens de la campagne ; in-24.   »   40

CAPITAINE (le) Robert , ou le Père de famille ra-
mené à la Religion par les exemples domestiques ;
in-18.   »   40

CARACTÈRES (les) de la Bruyère , précédés des
Caractères de Théophraste; 2 vol. in-18.   2   »

CHRÉTIEN (le) catholique , inviolablement attaché
à sa religion par la considération des miracles qui
en établissent la certitude , par le P. Diesbach , de
la compagnie de Jésus ; in-12 , nouv. édit.   »   75

CLÉMENCE, ou la première communion, suivie d'É-
milie et Isabelle, Camille, Caroline, Amélie,
Adèle , Lucie et Caroline, historiettes instructives,
morales et amusantes, propres à bien diriger l'esprit
des demoiselles ; par Madame Flamerand. In-18,
orné de quatre jolies gravures. 2e édition.   1   50

COEUR (le) admirable de la très-sacrée mère de Dieu,

ou la Dévotion au très-saint cœur de la bienheureuse Vierge Marie, par le R. P. Jean Eudes, prêtre de la congrégation de Jésus et de Marie; 2 vol. in-8°.   10 »

DÉFENSE DE L'ORDRE SOCIAL, par Duvoisin. in-8°. Paris, 1829.   1 50

DÉVOTION (la) au sacré cœur de Notre-Seigneur Jésus-Christ, établie dans les communautés des religieuses de la Visitation de sainte Marie, et dans plusieurs autres lieux, où on a ajouté une pratique de dévotion pour honorer le sacré cœur de la très-sainte Vierge Marie, avec la permission des Évêques dans un grand nombre de diocèses, et autorisée par des bulles des souverains pontifes; in-12.   1 50

DIEU SEUL, ou l'Association pour l'intérêt de Dieu seul, par Boudon; in-24.   » 40

DISSERTATIO DE PROBABILISMO, in qua, tum ratione, tum auctoritate asseritur plena eligendi libertas duas inter opiniones æque probabiles, juxta mentem B. Alphonsi de Ligorio. Brochure in-12. Anicii, 1833.   » 35

DISSERTATION sur les Arches de l'enfance, opuscule servant de prélude aux travaux classiques de M. Salme, ancien principal de collége; br. in-8°   1 »

DOCTEUR (le) DE VILLAGE, ou les Infortunes d'un philosophe, par d'Exauvillez; in-12.   1 »

DOCTRINE chrétienne en forme de Lectures de piété, où l'on expose les preuves de la religion, les dogmes de la foi, les Règles de la morale, ce qui concerne les Sacrements et la Prière, par Lhomond; in-12.   1 25

ÉCOLE (l') d'Athènes, ou Tableau des variations et

contradictions de la philosophie ancienne , par
M. Riambourg; in-8.   1   50

ENTRETIENS sur la Dévotion, par madame Le Prince
de Beaumont, 2 vol. in-52.   »   75

ENTRETIENS sur la Liturgie; nouvelle explication
des Prières et Cérémonies du saint Sacrifice, suivie
de la lettre curieuse de Dom Cl. de Vert au ministre Jurieu, sur les paroles et les actions du
prêtre à l'autel ; et d'une Mosaïque sacrée ou Ordinaire de la Messe , composé de Fragments de divers rites du monde catholique, par M. l'abbé
Pascal ; in-42.   2   50

Cet ouvrage , approuvé par un savant prélat, a été
spécialement composé pour l'instruction des Fidèles ,
quoique son titre semble en faire un livre exclusivement ecclésiastique. Il contient en douze dialogues
l'explication littérale et mystique de toutes les prières
et cérémonies de la Messe , ainsi que des ornements,
du pain béni, de l'encens , du prône, etc. La Mosaïque
sacrée, qui le termine , est un travail du plus piquant
intérêt. Elle est formée de douze Liturgies orientales,
et de douze Liturgies des Églises occidentales. Cet ouvrage est entièrement neuf par la manière dont il est
traité.

HIRLANDA , duchesse de Bretagne , ou Triomphe
de la vertu et de l'innocence ; par l'auteur d'Itha ,
comtesse de Toggenbourg ; in-18.   1   25

HISTOIRE de la nouvelle hérésie du xix° siècle , ou
Réfutation complète des ouvrages de M. l'abbé
de La Mennais, par M. N.-S. Guillon ; 5 volumes
in-8.   15   »

HISTOIRE des bienfaits du Christianisme ; in-52.
Prix.   »   50

HISTOIRE du Christianisme (connue sous le nom

d'Ecclésiastique), par l'abbé Fleury, augmentée
de quatre Livres (les livres CI, CII, CIII et CIV),
comprenant l'Histoire du XVme siècle, publiée pour
la première fois d'après un manuscrit de Fleury
appartenant à la Bibliothèque royale; et continuée
jusqu'à la fin du XVIIIme siècle, par une Société
d'ecclésiastiques, sous la direction de M. l'abbé
O. Vidal, membre du clergé de Paris; avec une
Table générale des matières sur le plan de celle
de Rondet; 8 vol. grand in-8 à deux colonnes.
Prix du volume :   14   »

JOURNAL de ce qui s'est passé dans la tour du
Temple pendant la captivité de Louis XVI, par
Cléry; suivi des Dernières heures de ce prince,
par l'abbé Edgeworth de Frémond, son confes-
seur, et de Détails curieux sur les quatre prison-
niers du Temple qui ont survécu à Louis XVI;
in-12.   1   »

LETTRES D'ATTICUS, ou Considérations sur la Religion catholique et le Protestantisme, par un Anglais protestant; 1 vol. in-12.   »   75

LETTRES édifiantes des Missionnaires de 93, ou
Correspondance des principaux auteurs de la Révolution, recueillie par Fabry; in-12.   »   75

LETTRES édifiantes et curieuses écrites par des missionnaires, collationnées sur les meilleures éditions et enrichies de nouvelles Notes. 40 vol.
in-18.   24   »

LIVRE (le) de Marie conçue sans péché, par M. l'abbé
Le Guillou; in-18, première édit.   »   60

LIVRE (le) du Chrétien, dans lequel se trouve tout
ce qu'un chrétien doit savoir par rapport à la Religion. Ouvrage posthume de M. Tricalet, directeur

du séminaire de Saint-Nicolas-du-Chardonnet.
in-12. » 75

LOUISE, ou la Vocation, nouvelle chrétienne, suivie d'Anecdotes édifiantes sur les diverses conditions de la société, par l'abbé Carron; in-12. 1 »

LYRE (la) de Marie, ou Vie glorifiée de la sainte
Vierge, par M. l'abbé le Guillou. in-18. 3 »

MANUEL de droit ecclésiastique, Code du clergé,
par M. Henrion, avocat à la cour royale de Paris;
in-18. 2 »

MANUEL (petit) de la Messe, ou Explications des
principales cérémonies du saint Sacrifice; in-32. » 60

Cet excellent petit Traité est revêtu de l'approbation de monseigneur l'archevêque de Paris.

MANUEL de tout le monde, ou petite Encyclopédie
catholique des connaissances les plus usuelles et
les plus pratiques; in-18. 1 »

MARIE Launois, ou Je ferai dire une messe;
in-32. » 50

MÉDITATIONS Chrétiennes, par M. l'abbé Mac-
Holley, missionnaire anglais dans l'Amérique;
in-12. 1 »

MÉMOIRES et Expériences dans la vie sacerdotale et
dans le commerce avec le monde, recueillis dans
les années 1815-1854, par Alexandre, prince de
Hohenlohe, abbé et chanoine de Grand-Vardin;
1 vol. in-8 orné du portrait de l'auteur. 7 »

MES PRISONS, Mémoires de Silvio Pellico; 2 vol.
in-18. 1 75

MOEURS des Israélites et des Chrétiens, par M. l'abbé
Fleury; 2 vol. in-18. 1 75

dé-sur-Noireau ; 2° Lettre de M. de Maistre à une
dame protestante et à une dame russe ; 3° Lettre
de Fénélon à un protestant ; 4° Exposition de la
doctrine de l'église catholique, par Bossuet ; 5°
Catéchisme de controverse, par le P. Scheffmacher,
de la Compagnie de Jésus ; 1 vol. in-12. » 75

NEUVAINES à Marie, pour implorer son assistance,
par M. l'abbé C.-M. le Guillou ; in-18. 2 75

— Les mêmes, avec vignettes ; in-18. 5 »

OEUVRES complètes de saint François de Sales, évêque et prince de Genève, fondateur de l'ordre de
la Visitation. 4 vol. grand in-8, sur papier jésus
superfin satiné, avec un portrait, un fac-simile et
divers fragments inédits. 30 »

OEUVRES complètes du Bienheureux A. M. de Li-
guori, évêque de sainte Agathe-des-Goths, publiées
par une société d'ecclésiastiques, sous la direction
de MM. les abbés Vidal, Delalle et Bousquet. Ouvrage dédié à Mgr l'archevêque de Paris ; 23 vol.
in-8. 69 »

— Le même ouvrage ; 23 vol. in-12. 57 50

OEUVRES du chanoine Schmid ; in-12 ; fig. 2 »

Ce volume renferme Henri d'Heichenfels, suivi de
la Colombe, de l'Enfant perdu, du petit Mouton, du
jeune Ermite et du Serin.
Les autres parties paraîtront successivement.

OFFICES de l'Église, à l'usage des diocèses qui suivent le rit romain ; latin-français ; deux volumes
in-18. 6 »

ORAISONS funèbres de Fléchier ; deux volumes
in-18. 2 »

PARABOLES, par le Dr Krummacher ; trad. de l'allemand, par M. l'abbé Bautain ; in-12. 2 50

Cet ouvrage est destiné aux jeunes gens au moment
de leur entrée dans le monde ; un style riche et abon-
dant, une action entraînante, et une grande abondance
de preuves et de raisonnements empruntés à nos meilleurs auteurs, le rendent un des plus utiles que l'on
puisse offrir à la jeunesse. Le nombre des éditions qui
en ont déjà été tirées en peu d'années, confirme ce
jugement.

faudrait la suivre. Divinité de N.-S. Jésus-Christ,
prouvée par l'établissement de la Religion. Dialogue sur l'enfer. Dialogue sur la confession. Il est
ridicule de ne suivre qu'une partie de ce qu'ensei-
gne la Religion, etc. —Suivies de Mélanie et Lu-
cette; 1 vol. in-12.   1   »

REGRETS, Espérances et Consolations d'une âme
chrétienne; dédiés à S. A. Eminentissime Mgr le
Cardinal, prince de Croï, archevêque de Rouen,
primat de Normandie, etc., etc., par C. Victor
d'Anglars; in-18; papier fin.   2   50

RÉPONSE d'un Chrétien aux Paroles d'un Croyant,
par M. L. Bautain. In-8.   2   »

SEPT PAROLES (les) de Jésus en croix, par M. Poirou, prêtre, professeur au séminaire de Luçon.
Deuxième édition, revue et corrigée par l'auteur;
in-32.   »   35

SOEURS JUMELLES (les), ou l'Envie de l'émulation;
historiette instructive et amusante pour la jeunesse,
traduite de l'anglais, sur la septième édition, par
Aug. Lepage. In-18, orné de quatre jolies gravures.   1   50

SOUVENIRS des petits séminaires de Saint-Acheul,
Sainte-Anne, Bordeaux, Forcalquier, Mo.tmo-
rillon, Aix, Dôle et Billom, depuis le mois
d'octobre 1814 jusqu'au mois d'août 1828; ou
Vies de plusieurs jeunes étudiants élevés dans ces
huit séminaires; 2 vol. in-12.   2   »

TABLEAU général des principales Conversions qui
ont eu lieu parmi les Protestants, depuis le commencement du xixe siècle; in-12.   1   »

THÉODULE, ou l'Enfant de bénédiction, par le P.
Marin; in-18.   60   »

THEOLOGIA MORALIS Beati A. M. de Ligorio. No-
va editio; 9 vol. in-8.   20   »

THÉORIE (la) de l'Ame, ou Classement complet des
facultés de l'esprit, par J.-C. Docteur, membre de la Société royale des sciences, lettres et arts
de Nancy. In-8.   3   50

THESAURUS SPIRITUALIS soliloquiorum Sancto-
rum, tum in preparationibus ad Missam et S. S.
Eucharistiam, tum ad beatissimam Virginem in
suavissima expositione antiphonarii Salve, Regi-
na. Libellus vere aureus. In-18.   1   »

TRÉSOR des familles chrétiennes, par madame le
Prince de Beaumont. In-12.   1   25

TRIOMPHE du Saint-Siége et de l'Église, ou les No-
vateurs modernes combattus par leurs propres armes. Ouvrage composé en italien par le cardinal
Capellari, aujourd'hui Grégoire XVI; traduit en
français par M. James, ancien aumônier de l'É-
cole polytechnique; 2 vol. in-8.   12   »

UNE PREMIÈRE COMMUNION, par M. Carolus. In-
18.   2   »

VIE de M. Olier, curé de Saint-Sulpice, à Paris,
fondateur et premier supérieur du séminaire du
même nom. In-8.   7   »

VIE (la) de N. S. Jésus-Christ, tirée des quatre Évan-
gélistes, par Croiset, auteur de l'Année chrétienne.
In-12.   »   75

VIE de saint Louis, roi de France; suivie d'un Pa-
négyrique de ce saint, par M. de Boulogne, ancien évêque de Troyes, et d'un Aperçu historique
sur les premiers descendants de saint Louis; in-12:
Prix.   »   75

VIE de saint Vincent de Paule, par Capefigue; sui-

vie de la Canonisation de ce saint, et des Lettres
de Bossuet et de Fléchier; in-12.   » 75

VIE politique, littéraire et morale de Voltaire, par
Lepan, in-12.   » 80

VIES choisies des principaux Saints, traduites de
Butler par Godescard, disposées par ordre chronologique, avec un Précis des événements les
plus remarquables arrivés dans chaque siècle, et
un traité des fêtes; 6 vol. in-12.   15   »

———

OUVRAGES A BON MARCHÉ.

———

ANTOINE, ou le Retour au village, par l'abbé*** ;
in-12.   1   »
CHRÉTIEN (le) catholique inviolablement attaché à
sa religion par la considération des miracles qui
en établissent la certitude, par le P. Diesbach, de
la compagnie de Jésus; in-12.   » 75
DÉFENSE de l'ordre social, par Duvoisin; in-8.
Prix.   1 50
DOCTEUR (le) de village, ou les Infortunes d'un
philosophe, par M. d'Exauvillez; in-12.   1   »
ECOLE (l') d'Athènes, ou Tableau des variations et
contradictions de la philosophie ancienne, par
Riambourg; in-8. Paris, 1830.   1 50
LETTRES édifiantes des Missionnaires de 93, ou

Articles en commission.

DIEU et la Patrie, poésies lyriques tirées de l'Histoire de France, par A.-L. Riant, prêtre des Vosges ; in-12, couv. imp.   1 50
DOULOUREUSE (la) Passion de N.-S. J.-C., d'a-
près les Méditations d'Anne-Catherine Emmerich,
religieuse augustine du couvent d'Agnetenberg, à
Dulmen, morte en 1824 ; ouvrage traduit de l'allemand par M. de Cazalès ; 2ᵉ éd. in-8.   7 »
— Le même ouvrage abrégé ; in-18   » 80
HISTOIRE de l'Ancien-Testament, ouvrage conte-
nant l'histoire complète des institutions religieuses, morales, politiques et civiles de Moïse et du
peuple de Dieu ; formant la première partie de l'histoire de la Religion, depuis le commencement du
monde jusqu'à la venue de Jésus-Christ, l'histoire du cœur et de l'esprit humain dans leurs éga-
rements et dans la voie de la vérité et la pratique de la vertu, de l'origine des sociétés, des
arts et des sciences, de l'établissement et des progrès de l'idolâtrie, de ses causes et de ses effets ;
offrant l'exposé des titres primitifs de la révélation, des fondements de la Religion, la série et
le développement de ses preuves ; présentant les re-
marques littérales et les réflexions historiques, critiques, dogmatiques et morales les plus intéres-
santes pour ce siècle, et dans lequel on s'est particulièrement attaché à réfuter les objections des in-
crédules, en réunissant et résumant les écrits des
apologistes, en perfectionnant leurs travaux, et
les fortifiant de tout ce que l'état actuel des connais-

GRAVURES ET IMAGES.

1° CALVAIRE (le) ou Grand chemin de la Croix, composé et lithographié par F. Courtin ; quatorze estampes de 24 pouces 1/2 de large sur 18 pouces 1/2 de haut. En noir.   60   »

En couleur.   120   »

2° CALVAIRE (le) ou Nouveau chemin de la Croix ; chromagraphie, nouveau procédé imitant la peinture à l'huile ; quatorze tableaux représentant les quatorze stations ; chaque tableau,   25   »

Quatorze cadres y compris la Croix ; chaque cadre (sans remise)   11   50

Ces cadres sont ornés d'attributs religieux ; sur la Croix est représenté le Christ mourant. Ce nouveau procédé obtient le plus grand succès.

3° CHEMIN de la Croix, d'après Sabatelli ; quatorze tableaux, 18 pouces 1/2 de large sur 15 pouces 1/2 de haut. En noir,   30   »

En couleur,   60   »

Ces tableaux contribuent à orner avec avantage les églises, chapelles et autres lieux consacrés à la piété des fidèles.

4° SIX grandes têtes, par Alberti ; savoir : Ecce Homo, Mater Dolorosa, sancta Elisabetha, sancta Maria, sancta Catharina, sancta Magdalena ; 25 pouces de haut sur 17 pouces de large ; chaque, en noir,   5   »

En couleur,   10   »

5° COLLECTION de quinze saints et saintes, par F. Courtin ; savoir : saint Joseph, saint Charles Borromée, saint Nicolas, saint Étienne, saint Paul, saint François de Sales, saint Louis, saint Vincent de Paule, saint Martin, sainte Élisabeth, sainte Adelaïde, sainte Marguerite, sainte Philomène, sainte Thérèse, sainte Madeleine ; 21 pouces 1/2 de haut sur 15 pouces 1/2 de large ; chaque, en noir, 5 »

En couleur, 6 »

6° AUTRE Collection de saints et saintes, en bustes, par Alberti ; savoir : saint Joseph, Vierge à la Chaise, sainte Julie, la Foi, l'Espérance, la Charité, le Rédempteur, sainte Thérèse, saint Jean, Enfance de Jésus, la Vierge au Rosaire, Ecce Homo, Mater Dolorosa, sainte Catherine, saint François, sainte Madeleine ; 1 pied 4 lignes de haut sur 8 pouces 1/2 de large ; chaque, en noir, 1 50

En couleur, 5 »

7° AUTRE Collection de quatre saints et saintes, par Badoureau ; savoir : N.-S. J.-C., la sainte Vierge, sainte Madeleine, saint Joseph ; in-4° ; chaque, en noir, » 40

En couleur, » 80

8° DEUX Têtes, par Négelen ; savoir : N.-S. J.-C., la sainte Vierge ; 18 pouces de haut sur 15 pouces de large ; chaque, en noir, 5 »

En couleur, 6 »

9° DEUX Têtes, par Vincent ; savoir : Ecce Homo, Mater Dolorosa ; une feuille sur 1/2 colombier ; chaque, en noir, 1 50

En couleur, 5 »

10° GRÉGOIRE XVI, par E. Desmaisons ; une feuille
    sur 1/2 colombier ; noir,   1   50
                  Couleur,   5   »
11° Le même portrait ; en noir, in-4°,   »   25
12° La sainte Église, par Boucher Delamare ; une
    feuille sur 1/2 colombier ; noir,   1   50
                  Couleur,   5   »
13° EMBLÈMES, quatre à la feuille, représentant la
    Pénitence, l'Eucharistie, l'Ame est éternelle,
    Croyez l'Évangile ; en noir,   »   30

OUVRAGES NOUVEAUX.

COSMOGONIE (de la) de Moïse comparée aux faits
    géologiques, par Marcel de Serres, conseiller et
    professeur de minéralogie et de géologie à la fa-
    culté des sciences de Montpellier ; in-8°. (Paraîtra
    en juin prochain.)
ESSAI d'Instruction, pour les Enfants, à l'époque des
    premières communions, précédées de quelques avis
    aux parents et aux fidèles, pour servir de prépara-
    tion à la retraite ; par M. Meslé, curé de la cathé-
    drale de Rennes ; 2 vol. in-12. 1825,   6   »
HISTOIRE de la Réforme protestante en Suisse ; par
    M. Ch.-Louis de Haller ; in-8.   5   »
VIE de sainte Angèle, fondatrice des religieuses Ur-
    sulines ; in-12, avec portrait.
Cet ouvrage est approuvé par monseigneur l'évêque de
    Rennes.

SAINT-CLOUD. — IMPRIMERIE DE BELIN-MANDAR.